図解
よくわかる機械計測

KAZUO MUTO
武藤一夫
［著］

共立出版

はじめに

　自動車メーカをはじめとした種々のメーカが，日本国内から海外へ転出するようになってから久しいが，「明日のモノづくりの原点は計測工学にある」といっても過言ではない．というのも，計測工学は単独で成り立つものではなく，数学や物理学をはじめとした四力（工業力学，材料力学，熱力学，流体力学）を基礎としており，また，機械加工による製品寸法の測定から，治具・工具段取りの測定や材料・熱処理などの状態測定まで含まれ，種々の計測技術が体系化された学問だからである．本書を通して，モノづくりの基本は測る技術ということを理解していただきたい．

　本書の特徴は，他の書籍にはない以下に示すオリジナルにある．
1. あまり数式や理屈を述べない．本質を理解していただく．
2. そのために，図を多用して，必要があればイラストも使用する．
3. 学習のポイントを絞り，理解しやすい構成にする．
4. これらによって，学生自身が自学自習できる．

　また，大学の教員にとっても，授業において使いやすいように，本文のほかにBox欄や脚注を多用することで，授業を進めやすいテキスト構成・分量にしている．

　具体的には，予備知識や既習事項（特に数学・物理）に関しては，基礎知識のBox欄を参照していただくことで，本文の内容を補足したり，学生が自習する上でも役立てられるように配慮している．

　本書では，図表に関して，株式会社ミツヨトをはじめとした各社から資料をご提供いただきました．それぞれの図表タイトル下に提供元を記載しております．関係各社のご厚意に御礼申し上げます．

　本書が読者の皆様にとってお役に立つようであれば，著者冥利に尽きます．

2016年8月

武藤一夫

目　次

1章　計測の基本概要

- 1.1　計測の意味 ………………………………………………………………………… 1
- 1.2　計測の小史 ………………………………………………………………………… 5
- 1.3　計測と計測工学の定義 …………………………………………………………… 9
  - 1.3.1　計測（用語）の定義 ………………………………………………………… 9
  - 1.3.2　計測工学の定義と計測器 …………………………………………………… 10
- 1.4　センサ ……………………………………………………………………………… 12
  - 1.4.1　センサの定義 ………………………………………………………………… 12
  - 1.4.2　センサの種類 ………………………………………………………………… 12
  - 1.4.3　アナログ信号とデジタル信号 ……………………………………………… 14
  - 1.4.4　センサ信号 …………………………………………………………………… 15
  - 1.4.5　センサの選定法 ……………………………………………………………… 15
- 1.5　計測工学における測定法 ………………………………………………………… 23
  - 1.5.1　直接測定法と間接測定法 …………………………………………………… 23
  - 1.5.2　絶対測定法と比較測定法 …………………………………………………… 24
- 1.6　計測工学における測定方式 ……………………………………………………… 24
  - 1.6.1　偏位法と零位法 ……………………………………………………………… 24
  - 1.6.2　置換法と補償法 ……………………………………………………………… 25
  - 1.6.3　アクティブ法とパッシブ法 ………………………………………………… 25
  - 1.6.4　接触法と非接触法 …………………………………………………………… 25
  - 1.6.5　アナログ法とデジタル法 …………………………………………………… 26
  - 1.6.6　静的測定と動的測定 ………………………………………………………… 27
- 1.7　計測工学に使う測定器の用語 …………………………………………………… 27
  - 1.7.1　感度 …………………………………………………………………………… 27
  - 1.7.2　分解能 ………………………………………………………………………… 28
  - 1.7.3　測定範囲 ……………………………………………………………………… 28
  - 1.7.4　再現性 ………………………………………………………………………… 28
  - 1.7.5　信頼性 ………………………………………………………………………… 30
- 1.8　標準とトレーサビリティ ………………………………………………………… 31
  - 1.8.1　標準 …………………………………………………………………………… 31
  - 1.8.2　校正と不確かさ ……………………………………………………………… 31

1.8.3　トレーサビリティとその制度 …………………………………………… 32
　　1.8.4　トレーサビリティにおける測定器・標準器とその具体例 …………… 33

2章　計測の基礎知識

2.1　MKS単位系から国際単位系（SI）へ …………………………………………… 35
　　2.1.1　単位の小史 …………………………………………………………………… 35
　　2.1.2　国際単位系 …………………………………………………………………… 36
2.2　単位 …………………………………………………………………………………… 36
　　2.2.1　単位の定義 …………………………………………………………………… 36
　　2.2.2　SI単位 ………………………………………………………………………… 36
　　2.2.3　組立単位 ……………………………………………………………………… 37
2.3　次元 …………………………………………………………………………………… 39
　　2.3.1　次元とは ……………………………………………………………………… 39
　　2.3.2　次元式での表し方 …………………………………………………………… 41
2.4　測定の精度 …………………………………………………………………………… 41
　　2.4.1　誤差 …………………………………………………………………………… 41
　　2.4.2　測定値（誤差）の統計的分布 ……………………………………………… 42
　　2.4.3　正規分布と標準偏差 ………………………………………………………… 43
　　2.4.4　誤差の伝播 …………………………………………………………………… 44
　　2.4.5　正確さと精密さ ……………………………………………………………… 45

3章　計測の測定データの取扱い

3.1　有効数字と誤差 ……………………………………………………………………… 46
　　3.1.1　有効数字と誤差の表し方 …………………………………………………… 46
　　3.1.2　有効数字（測定値）の加減乗除 …………………………………………… 47
3.2　測定データの統計処理 ……………………………………………………………… 47
　　3.2.1　測定データ …………………………………………………………………… 47
　　3.2.2　基本統計量 …………………………………………………………………… 47
　　3.2.3　試料（標本）平均と分散 …………………………………………………… 48
　　3.2.4　測定データの統計処理の位置付け ………………………………………… 50
　　3.2.5　測定データの基本的な統計処理 …………………………………………… 51
3.3　測定データの補間と統計処理 ……………………………………………………… 53
　　3.3.1　内挿法と外挿法によるデータの補間 ……………………………………… 54
　　3.3.2　階差 …………………………………………………………………………… 54
　　3.3.3　測定データの推定・予測 …………………………………………………… 55

4章 長さの測定

4.1 モノづくりに必要な測定 ……… 57
- 4.1.1 モノづくりに必要な測定の基礎事項 ……… 57
- 4.1.2 モノづくりに必要な測定内容 ……… 58

4.2 長さの測定 ……… 59
- 4.2.1 長さの基準と測定形態 ……… 59
- 4.2.2 直尺 ……… 61
- 4.2.3 メジャー ……… 61
- 4.2.4 標準尺 ……… 62
- 4.2.5 パス ……… 63
- 4.2.6 ノギス ……… 64
- 4.2.7 デプスゲージ ……… 67
- 4.2.8 デプスマイクロメータ ……… 67
- 4.2.9 ハイトゲージ ……… 68
- 4.2.10 マイクロメータ ……… 70
- 4.2.11 シリンダゲージ ……… 74
- 4.2.12 空気マイクロメータ ……… 75
- 4.2.13 電気マイクロメータ ……… 76
- 4.2.14 ダイヤルゲージ ……… 77
- 4.2.15 てこ式ダイヤルゲージ ……… 78
- 4.2.16 ブロックゲージ ……… 79
- 4.2.17 各種ゲージ ……… 81

4.3 長さ測定における原理と諸影響 ……… 84
- 4.3.1 測定器の構造による影響 ……… 84
- 4.3.2 アッベの原理 ……… 84
- 4.3.3 温度による影響 ……… 85
- 4.3.4 弾性変形による影響 ……… 85
- 4.3.5 自重による影響 ……… 86
- 4.3.6 接触誤差による影響 ……… 87

5章 角度・面の測定

5.1 角度測定の基礎事項 ……… 88
- 5.1.1 角度の単位と基準 ……… 88
- 5.1.2 角度の基準 ……… 89

5.2 角度測定における単一角度基準 ……… 89
- 5.2.1 角度ゲージ ……… 89
- 5.2.2 目盛分割基準 ……… 92

5.3 各種測定器による角度の測定 ... 93
- 5.3.1 角度定規 ... 93
- 5.3.2 精密水準器 ... 95
- 5.3.3 オートコリメータ ... 97
- 5.3.4 サインバー ... 98
- 5.3.5 角度基準ゲージとその比較測定 ... 99
- 5.3.6 円筒ゲージと三角法による測定 ... 100

5.4 テーパ角の測定 ... 100
- 5.4.1 外側テーパ角の測定 ... 100
- 5.4.2 ダイヤルゲージ ... 100
- 5.4.3 角度比較検査器 ... 100
- 5.4.4 テーパ・リングゲージ ... 101
- 5.4.5 内側テーパ角の測定 ... 102

5.5 面粗さの測定と製品精度 ... 102
- 5.5.1 触針式表面粗さ測定機 ... 102
- 5.5.2 製品精度とは ... 104
- 5.5.3 図面と仕上面粗さ（JISにおける加工の表示） ... 105
- 5.5.4 表面性状のJIS記号 ... 106
- 5.5.5 非接触式表面性状測定機 ... 107

5.6 幾何公差（真直度，平面度など）の測定 ... 108
- 5.6.1 幾何公差とは ... 108
- 5.6.2 幾何学公差の種類 ... 111
- 5.6.3 真円度（円筒形状物に関する幾何公差） ... 111
- 5.6.4 真円度の評価方法 ... 113
- 5.6.5 同軸度 ... 115
- 5.6.6 平行度 ... 115
- 5.6.7 真球度 ... 116
- 5.6.8 輪郭度 ... 118

6章 座標による測定

6.1 座標による測定の基礎事項 ... 119
- 6.1.1 2次元測定機 ... 119
- 6.1.2 測定顕微鏡 ... 119

6.2 3次元測定の基礎事項 ... 120
- 6.2.1 3次元測定機の特徴と導入のメリット ... 120
- 6.2.2 3次元測定機の操作手順 ... 124

6.3 3次元測定の役割 ... 124
- 6.3.1 モノづくりの流れと測定の役割 ... 124
- 6.3.2 CADデータベース上の測定点創成 ... 126

6.4 3次元測定における CAD との連携 ……………………………………………… 128
6.4.1 CAT（製品検査） ………………………………………………………… 128
6.4.2 CAT の情報流れの概要 ………………………………………………… 128
6.4.3 CAT の特徴 ……………………………………………………………… 130

7章 質量・力・圧力・密度の測定

7.1 質量の測定 ……………………………………………………………………… 133
7.1.1 質量とは ………………………………………………………………… 133
7.1.2 質量の測定 ……………………………………………………………… 133
7.2 力・トルク・ひずみの測定 …………………………………………………… 134
7.2.1 力の測定 ………………………………………………………………… 134
7.2.2 トルクの測定 …………………………………………………………… 135
7.2.3 動力（馬力）の測り方 ………………………………………………… 135
7.2.4 ひずみの測定 …………………………………………………………… 135
7.2.5 ロードセル ……………………………………………………………… 138
7.3 圧力の測定 ……………………………………………………………………… 140
7.3.1 圧力の単位 ……………………………………………………………… 140
7.3.2 圧力計の種類 …………………………………………………………… 140
7.3.3 圧力変換器 ……………………………………………………………… 142
7.4 密度の測定 ……………………………………………………………………… 142
7.4.1 密度とは ………………………………………………………………… 142
7.4.2 密度の測定 ……………………………………………………………… 143

8章 温度・湿度・熱量の測定

8.1 温度の測定 ……………………………………………………………………… 145
8.1.1 温度とは ………………………………………………………………… 145
8.1.2 液柱温度計 ……………………………………………………………… 145
8.1.3 各種の温度計 …………………………………………………………… 145
8.1.4 温度センサの種類 ……………………………………………………… 146
8.1.5 接触式温度センサ ……………………………………………………… 147
8.1.6 熱放射を利用した放射温度計の原理 ………………………………… 150
8.1.7 熱放射を利用した放射温度計（非接触温度計） …………………… 152
8.2 湿度の測定 ……………………………………………………………………… 155
8.2.1 湿度を表す計測量用語 ………………………………………………… 155
8.2.2 湿度計・湿度センサの分類 …………………………………………… 155
8.2.3 種々の湿度計 …………………………………………………………… 156
8.3 熱量の測定 ……………………………………………………………………… 157
8.3.1 熱量の単位 ……………………………………………………………… 157

8.3.2　熱量計測法 ･･･ 158

9章　時間・振動の測定

9.1　時間の測定 ･･･ 159
9.2　速度・回転数の測定 ･･･ 162
　　　9.2.1　速度の測定 ･･･ 162
9.3　振動の測定 ･･･ 163
　　　9.3.1　振動とは ･･･ 163
　　　9.3.2　振動センサの種類 ･･･ 163

10章　音の測定

10.1　音の測定 ･･ 166
　　　10.1.1　音とは ･･ 166
　　　10.1.2　音響センサの種類 ･･ 167
10.2　音と振動の周波数分析 ･･ 168
　　　10.2.1　周波数分析と周波数分析器 ･･ 168
　　　10.2.2　周波数分析器の分類 ･･ 169
　　　10.2.3　周波数分析器の使い分け ･･ 170
　　　10.2.4　FFT と信号処理 ･･ 170
10.3　超音波の測定（超音波センサ）･･ 171
10.4　AE の測定（AE センサ）･･ 172
　　　10.4.1　AE センサとは ･･･ 172
　　　10.4.2　人工物の維持・継続のためのヘルス・モニタリングに必要な AE ････････････････ 173
　　　10.4.3　AE 計測の概要 ･･･ 173
　　　10.4.4　AE 信号と AE 波の伝播特性 ･･･ 175
　　　10.4.5　AE センサの概要 ･･･ 176

11章　流体・粘度・その他の測定

11.1　流体の測定 ･･ 181
　　　11.1.1　流体とは ･･ 181
　　　11.1.2　流速と流量 ･･ 182
　　　11.1.3　流速を計るピトー管 ･･ 182
　　　11.1.4　流量測定 ･･ 183
11.2　粘度の測定 ･･ 186
　　　11.2.1　粘度とは ･･ 186
　　　11.2.2　動粘度 ･･ 186
　　　11.2.3　ニュートン流体と非ニュートン流体 ･･ 187

	11.2.4	粘度の測定方法 ……………………………………………………… 187
	11.2.5	粘度の標準 ……………………………………………………………… 189
11.3	pH の測定 ……………………………………………………………………… 189
	11.3.1	pH とは ……………………………………………………………… 189
	11.3.2	pH の測定 ………………………………………………………… 189
11.4	放射線の測定 …………………………………………………………………… 190
	11.4.1	放射線とは ……………………………………………………………… 190
	11.4.2	放射線の測定 …………………………………………………………… 191
11.5	材料関係の測定 ………………………………………………………………… 194
	11.5.1	衝撃試験 …………………………………………………………………… 194
	11.5.2	引張・圧縮試験 ………………………………………………………… 195
	11.5.3	硬さ試験 …………………………………………………………………… 196
	11.5.4	非破壊試験 ………………………………………………………………… 196
	11.5.5	X 線応力測定法 ………………………………………………………… 199
	11.5.6	その他の材料計測法 …………………………………………………… 200

12章　電気量の測定

12.1	電気量の測定 …………………………………………………………………… 201
	12.1.1　電圧・電流・インピーダンス・静電容量の測定 ……………… 201
	12.1.2　電圧値の測定 ……………………………………………………………… 202
	12.1.3　電流値の測定 ……………………………………………………………… 202
	12.1.4　電力値の測定 ……………………………………………………………… 203
12.2	センサ増幅回路 ………………………………………………………………… 204
	12.2.1　増幅回路 ……………………………………………………………………… 204
	12.2.2　ブリッジ回路 ……………………………………………………………… 205
	12.2.3　振動センサの増幅回路 ………………………………………………… 205
	12.2.4　フォト・トランジスタとその増幅回路 …………………………… 205
12.3	インタフェース ………………………………………………………………… 208
12.4	コントローラ …………………………………………………………………… 210
	12.4.1　コントローラ ……………………………………………………………… 210
	12.4.2　リレー制御 ………………………………………………………………… 211
	12.4.3　半導体リレー（無接点）制御 ………………………………………… 212
12.5	インタフェース（アクチュエータ駆動回路用） …………………………… 215
	12.5.1　アクチュエータ駆動回路 ……………………………………………… 215
	12.5.2　ダーリントン接続 ……………………………………………………… 216
	12.5.3　フォト・カプラの利用法 ……………………………………………… 217

索　引 ……………………………………………………………………………………… 221

Box 1	身体尺とは，人体や人間の能力に基づく単位	7
Box 2	古代ギリシアの科学者	7
Box 3	ニュートンの運動の3法則とアモントン＝クーロンの摩擦法則	8
Box 4	計測対象の「量，物理量，工業量，基本量，組立量」について	9
Box 5	「計測器」の用語について（JIS Z 8103 計測用語）	11
Box 6	計測管理の基本機能と JIS Q 10012 について	34
Box 7	フィートと尺	39
Box 8	近似式，$x, y \ll 1$ とすれば，以下の近似式が使える	39
Box 9	有効数字の表し方	46
Box 10	データムについて	110
Box 11	幾何公差に関する用語	112
Box 12	時計用語について	161

【ギリシア文字の読み方】

大文字	小文字	読み方	大文字	小文字	読み方	大文字	小文字	読み方	大文字	小文字	読み方
A	α	アルファ	H	η	イータ	N	ν	ニュー	T	τ	タウ
B	β	ベータ	Θ	θ	シータ	Ξ	ξ	クシー	Υ	υ	ウプシロン
Γ	γ	ガンマ	I	ι	イオタ	O	o	オミクロン	Φ	ϕ	ファイ
Δ	δ	デルタ	K	κ	カッパ	Π	π	パイ	X	χ	カイ
E	ε	イプシロン	Λ	λ	ラムダ	P	ρ	ロー	Ψ	ψ	プサイ
Z	ζ	ゼータ	M	μ	ミュー	Σ	σ	シグマ	Ω	ω	オメガ

1章 計測の基本概要

1.1 計測の意味

　広辞苑によれば，「**計測とは，数量をはかる**」ことであり，その意味は，(1) 数える，計算する，(2) はかる，ものさしで重さ，量，長さを知ろうと試みることである．ここで"**はかる**"とは，**計る**，**測る**，**量る**という言葉があたる．これらの言葉に対応して後述する"**計測**"，"**測定**"，"**計量**"という用語がある．ここでは計測のもつ意味を考えてみる．「**モノを造る**」には「**モノを測る**」ことが不可欠であることを理解していただく．

　さて，企業がグローバル競争を勝ち抜くには，世界のお客様により良いものをより廉価により早く提供できることである．そのために，例えばトヨタ自動車（株）では，モノづくりの知恵と熟練の技術をもつ「**現場力**」，新工法・材料開発・製品開発と一体の生産技術開発による「**技術革新力**」を日夜研鑽している．その技術の中核に位置する「**トヨタ生産方式**」[1] を支える考え方として，種々の問題・課題の「**顕在化**」と「**見える化**」がある．その「見える化」では，<u>「モノを測る」ことでモノづくりの流れを人の目で見えるようにして，モノづくりの原点である原理を明確化し，製品の精度や品質を良くする</u>，などの活動を行っている．

　図 1.1.1 はトヨタ自動車（株）における自動車の製造工程を示す．1台の完成車を作るためには，まず車両製造工程で，ボンネット，ドア，ルーフ，ボディ等の**プレス成形**，**ボディ組付け**，**塗装**，前後バンパの樹脂成形・塗装が行われる．一方，エンジンとトランスミッション等のユニットで，**鋳造**，**鍛造・焼結**，**熱処理**，サブアッシー等の下回り部品の**プレス・接合**，**機械加工・組付け**，**ユニット検査（測定）**が同時並行に行われ，その後，車両とユニットが合体して全部品の**組み立て**が行われ，組立後の**車両検査（計測）**に合格した自動車が出荷される．このように，**検査（計測）**は非常に重要な役割がある．もちろん，各工程における種々の検査（計測）がしっかり行われている．

　図 1.1.2 は図 1.1.1. の最終の組立後の車両検査（計測）における自動車の試験と計測器を示す．ここで図 1.1.2 に示すように，自動車の主要諸元・性能，操縦安定性，制動装置，騒音，灯火，排出ガス・燃費などの試験を行うためには，さまざまな計測器が用いられる．例えば，騒音を試験するために騒音計，車速計，エンジン回転計，風速計，ストップウォッチ，直流電圧計，温度計といった計測器がある．このように計測の目的に合った計測器が用いられる．

　図 1.1.3 は自動車のモノづくり工程における計測技術による科学的アプローチを示す．各工程において必要な要件を得るために，定量的な値による科学的なアプローチを行う．このため，多種多様な

---

1) トヨタ生産方式は，「異常が発生したら機械がただちに停止して，不良品を造らない」という考え方（トヨタではニンベンの付いた「自働化」という）と，各工程が必要なものだけを，流れるように停滞なく生産する考え方（「ジャスト・イン・タイム」）の 2 つの考え方を柱として確立された生産方式のこと．

2　1章　計測の基本概要

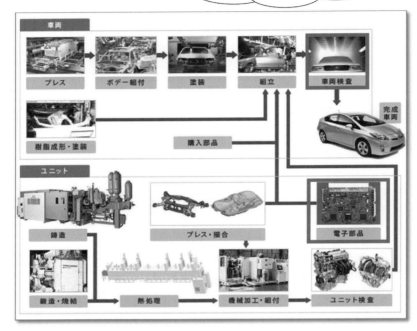

図 1.1.1　自動車の製造工程
（トヨタ自動車（株）提供）

図 1.1.2　自動車の試験と計測器
（トヨタ自動車（株）提供）

計測器を用いて目的の計測量を求める．

「いいクルマ」をつくるには「計測」がキーとなり，「測れるものは造れる，謀る（間違った値）は造れない」というスタンスで，図 1.1.4 に示すように①計測技術の開発（測れないものを測れるようにする），②計測評価設備の計画（評価する機器をグローバルに展開する），③計測精度の管理（正しく測る．測り続ける）が行われている．特に計測精度の管理では，正しく測るための自社の計測標準の管理技術・計測器の校正技術を常にレベルアップしておく必要があり，計測設備

図 1.1.3 自動車のモノづくり工程における計測技術による科学的アプローチ（トヨタ自動車（株）提供）

の保全技術をも徹底し，正しく測り続けることを実施する．また，計測管理は，製造業において生産工程，検査（計測）工程のみならず，技術・研究開発，生産技術，サービス部門まで含めた幅広い分野で，適切かつ合理的に組み込まれ，かつ有効活用することが求められ，その役割は大変重要視されている．

図 1.1.5 は生産技術革新に向けた計測技術への取組みを示す．計測技術を活用したモノづくり改革は，まず「見える化・定量化」すること，次に，正しく測り・蓄積（データやノウハウなど）・戻す（上流の設計，解析や製造工程へのフィード・バックし，利活用する）ことである．

「見える化・定量化する」では，測れないものを測れるように現場環境を調査し，図 1.1.2 に示すような計測器やツールを提供・工夫して，見える化・定量化を行い，さらに将来の計測技術をブラッシュアップ（高度化）する．これによって，①勘のメカニズム解明（熟練技能者．技術者の経験や勘を支える行動，作業動作，機構などの解明）& 良品条件づくり（モノづくりでの失敗や不具合，不良品を作ってしまうムダな条件の徹底的な排除）で見える化技術の提供，②厳しい現場環境で嘘つかない計測，③インライン計測[2]・インプロセス計測[3]（in-line in-process measurement）に向けて先端計測技術の開発が可能となる．

「正しく測り・蓄積・戻す」では，6 章で述べる 3 次元測定機を用いた CAT 計測技術による CAT データのフィード・バックや 1.8 節で述べるトレーサビリティ技術を活用することによって，モノづくりの基本である設計におけるアルゴリズムや図面を改善し，公差内に入る「いいモノづくり（良品

図 1.1.4 計測技術開発，評価設備計画，計測制度管理
（トヨタ自動車（株）提供）

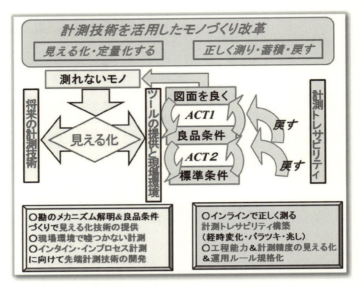

図 1.1.5 生産技術革新に向けた取組み
(トヨタ自動車(株) 提供)

作成)」のための条件を見出し,さらにこれを各工程間の壁を超えて横展開して,標準化・共有化を推進する.これによって,①インラインで正しく測る,計測トレーサビリティの構築(経時変化・バラツキ[4]・兆しへの即時対応),②工程能力&計測精度の見える化&運用ルール規格化が推進できるようになる.このように,計測技術の日々のレベルアップによって,設計など前工程の改善を支援し,新たな設計ルールの基準をつくり,業務の工期・リードタイムの削減,高スピード化をアップし,製品質の高品位化を具現し,結局,「良いクルマづくり」を可能にする.

このように,「**見える化**」に必須の基本技術の1つが「**計測**」である.計測は目に見えない現象を目に見えるようにし,製品の良品と不良品を区別し,その不良原因を明らかにし,100%良品しか造らないモノづくりの改善活動に大きな役割を担っている.

上述した内容は,主に「クルマづくり」について見てきたわけであるが,クルマの代わりに他の工業製品や農業製品などのモノに置き換えて,いわゆるモノづくりにしても同じことがいえる.つまり,「**モノを造る**」には「**モノを測る**」ことが不可欠であり,必須である.

要約すると,計測は加工点を科学して,良品条件を確立する技術なのである.ゆえに,計測はモノづくりをする上で非常に大切な技術なのである.

近年,X線CT解析装置を3次元形状計測へ応用する研究が進んでおり,トヨタ自動車はこの技術

---

2) インライン計測(in-line measurement)とは生産・製造設備の重要な部分として工場等の現場ラインに統合され,工作機械等の加工機の精度,安定性,能率,稼動率などの向上に寄与する計測のこと.
3) インプロセス計測(in-process measurement)とは生産・製造設備の重要な部分として工場等の現場ライン工作機械等に統合され,その加工機の精度,安定性,能率,稼動率などを実時間(リアル・タイム)に計測し,機器の制御や製品精度向上に寄与する計測のこと.
4) バラツキ(dispersion, imprecision)とは,詳細は後述するが,観測値・測定結果の大きさがそろっていないこと,または不ぞろいの程度.JISでは「ばらつき」と表記されるが,本書ではカタカナ表示とした.バラツキの大きさを表すには,標準偏差などを用いる.

に着目し，2002年に図1.1.6に示すような自動車部品全般に適用可能な高エネルギーX線CT[5]を用い，高速・高精度な3次元形状計測およびモデリング技術を開発した．この技術により，製品を切断せずに内部を含めた3次元形状を計測・モデル化し，シミュレーションによる性能予測までが実施可能となり，高品質な自動車開発へ活用している．

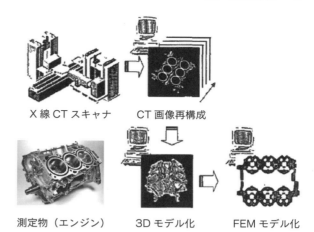

図1.1.6　高エネルギーX線CT解析装置
（トヨタ自動車（株）提供）

1.2　計測の小史

表1.2.1に計測にかかわる小史を示す[6]．人類の歴史の代表文明としては，メソポタミア文明，エジプト文明，インダス文明，黄河文明，ギリシア文明，ペルシア文明，アステカ文明，マヤ文明，インカ文明等が挙げられる．これらの文明の大きな特徴はそれぞれの文明を築いた王様の建造物（特に墓）にあるといってよい．特に図1.2.1に示すように，古代エジプトのクフ王が建造した大ピラミッドはその代表例である．このピラミッドを正確に作るのに，**直径1キュービットの計測輪**を発明し，底辺の長さを140πキュービット，高さを280キュービットとして作り上げたのが計測の小史の最初ではなかろうか．また，このキュービットは，人間のひじから中指の長さによる単位，すなわち**身体尺（Box 1）**を基準にしている点は大変興味深い．ピラミッドというモノづくりには測ることが不可欠であることがわかる．

図1.2.2は古代エジプトの天秤計測の様子を示す．左の人が手持ち式の天秤ばかりで材料を計量しており，右側の書記がそれを記録している．この種類の天秤ばかりが描かれることは珍しく，古代エジプトで一般的な中央に天秤を支える台をもつ天秤ばかりが，この時代に発明・実用されていること

---

[5] X線CT装置で撮影した断面画像は，非接触，非破壊で物体内部の形状を示すことから，工業製品の内部形状測定や欠陥検査などに利用される．近年では，デジタル画像の利点を活かした3次元CAD，CAEといったデジタルエンジニアリングにも利用され，新たな活用が進んでいる．この装置は，X線源に高エネルギー・高輝度のX線発生が可能な12 [MeV]（メガ電子ボルト）電子線加速器を用い，検出器には小型・高感度シリコン半導体検出器を採用した．これにより，鉄換算で350 [mm] まで，アルミニウム換算で1,000 [mm] までの厚さの大型構造物の測定が可能となった．測定可能範囲は，最大1.5 [m]，最大重量500 [kg]，第3世代方式では，CT断面計測に要する時間は，約13秒/断面，寸法計測精度は0.1 [mm] と，高速撮影かつ高精度を兼ね備えている．トヨタでは，X線CT装置をエンジンなどの内部に複雑な形状を有する重要機能部品の測定ツールとして注目．しかし，従来の装置では測定時間と精度に課題があることから，切断による破壊測定を用いており，高速・高精度なX線CT装置の開発が求められ，本装置の導入により，内部の状態を切断せずに3次元形状を測定できることから，さらに性能の安定した高品質な製品づくりや環境にやさしい安全な「クルマづくり」を目指していくことが可能になった．http://www.hitachi.co.jp/New/cnews/2002/0730b/
[6] http://www.kcat.zaq.ne.jp/aaagq805/girisia/earth.htm

表 1.2.1 計測にかかわる小史

年　代	事　項
クフ王（B.C. 2589～B.C. 2566 年頃）	直径 1 キュービットの計測輪を発明．
アナクサゴラス（B.C. 500～B.C. 428），古代ギリシア	太陽を天文学的に観測[7]した．
アリストテレス（B.C. 384～B.C. 322），古代ギリシア	地球が球状である考え，地球の直径 40,0000 スタディア（約 74,000 [km]）と計算．
アルキメデス（B.C. 287～B.C. 212），古代ギリシア	テコの原理，浮力の原理，比重の概念，螺線ポンプなど．
アリスタルコス（B.C. 310～B.C. 230），古代ギリシア	月と太陽までの距離を計算．
ヒッパルコス（B.C. 190～B.C. 120），古代ギリシア	46 星座を決定，三角法による測量，メトン周期の修正．
レオナルド・ダ・ビンチ（1452～1519）	回転式距離計を発明，乱流のスケッチ，力のモーメントの概念．
コペルニクス（1473～1543）	地動説，プトレマイオス（A.D. 83～168 年頃）の計算法の改良．
ヨハネス・ケプラー（1571～1630）	1609 年惑星運動の新しい理論「ケプラーの法則」．
ガリレオ・ガリレイ（1564～1642）	1610 年木星の衛星を 3 つ発見．振り子の等時性の発見，振り子時計を考案．
クリスティアーン・ホイヘンス（1629～95）	土星の環の発見，等時性をもつサイクロイド振子の発明，接眼レンズの発明．ホイヘンスの原理．
ブレーズ・パスカル（1623～1662）	パスカルの原理．
アイザック・ニュートン（1643～1727）	万有引力の発見，ニュートン力学．

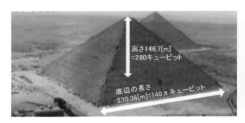
(a) ピラミッド全景

(b) 直径 1 キュービットの計測輪（イメージ）

図 1.2.2 古代エジプトの天秤計測

図 1.2.1 古代エジプトの計測の起源[8]

に驚きである．

　一方，古代ギリシアでは，表 1.2.1 に示したように，アナクサゴラスを始めとして太陽を天文学的に観測された．アリストテレスは，地球が球状である考え，地球の直径 400,000 スタディア（約 74,000 [km]）と計算した．そして，「観察を伴わぬ自然科学的理論は空虚である」と述べ，測ることが科学（哲学）の基本となることを指摘した．地球が球体という前提で距離を計算したアリスタルコスが，日食時に月と太陽の視差がほぼ同じという観察を根拠に，三角関数を用いて月と太陽までの距離を計算した．さらにヒッパルコスが太陽までの距離を地球半径（43 万 [km] と仮定）の 2,490 倍と仮定し，月までの距離の 67 倍と（実際は 38 万 [km]）精度を高めた計算を行った．それ以外にヒッパルコス

---

[7] アナクサゴラス（Anaxagoras）は，800 [km] 離れたシエネ（アスワン）とアレキサンドリアで同時刻の太陽視差を測定し，三角法で距離と大きさを求めた．これは，地球は平面という前提でなされたもので，距離を 6,400 [km]，直径を 56 [km] と算出し「太陽はペロポネソス半島ほどの大きさ」と述べた．実際とはかけ離れた数字だが，当時の人々はあまりの大きさに誰も信じなかったといわれる．

[8] http://www7b.biglobe.ne.jp/~yappi/tanosii-sekaisi/01_sensi&kodai/01-08_pyramid01.html

は，46星座を決定，三角法による測量，メトン周期の修正，太陽までの距離を地球半径（43万 [km]）の490倍と仮定，月までの距離67倍と計算した．実際は，38万 [km]．アルキメデス[9]は，テコの原理，浮力の原理，比重の概念，螺線ポンプ以外に，古代の数学者という評価を受けている．古代ギリシアの科学者を Box 2 に示す．

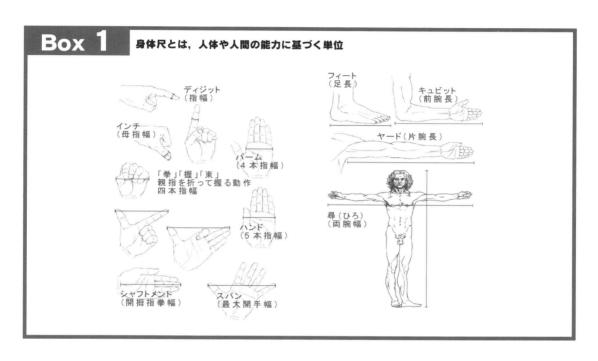

Box 1　身体尺とは，人体や人間の能力に基づく単位

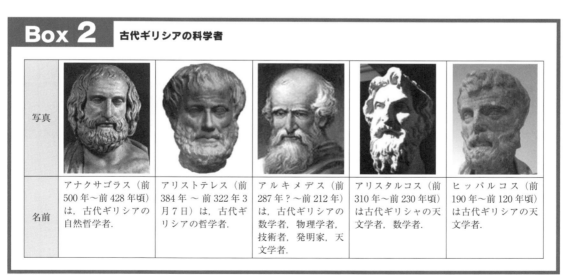

Box 2　古代ギリシアの科学者

写真					
名前	アナクサゴラス（前500年〜前428年頃）は，古代ギリシアの自然哲学者．	アリストテレス（前384年〜前322年3月7日）は，古代ギリシアの哲学者．	アルキメデス（前287年?〜前212年）は，古代ギリシアの数学者，物理学者，技術者，発明家，天文学者．	アリスタルコス（前310年〜前230年頃）は古代ギリシャの天文学者，数学者．	ヒッパルコス（前190年〜前120年頃）は古代ギリシアの天文学者．

9）アルキメデスは，古代ギリシアの数学者，物理学者，技術者，発明家，天文学者で，特に級数を用いて放物線の面積を求める取り尽くし法，円周率の近似値計算，「アルキメデスの螺旋」での代数螺旋の定義，回転面 (en) の体積の求め方，大数の記数法などを考案し数学で高い評価を受けている．

(a) ダ・ビンチのスケッチ　　　　(b) 実物再現写真[10]

図 1.2.3　ルネッサンス期（レオナルド・ダ・ビンチ）の計測関係

ルネッサンス期（16世紀）のレオナルド・ダ・ビンチ[11]は図 1.2.3 に示すように，上記の**古代エジプトの計測輪**のような押歩いて距離を測る装置，つまり**回転式距離計**を発明している．これは車輪が 21 回転毎に 1 個ずつボールが下の箱に落ち，その数と車軸の円周長から走行距離が求められる仕組みである．その他，ダビンチは非常に正確な乱流のスケッチや，流れの連続式の明示，『水の運動と測定』で水の流れに関する科学的な考察など水理学的な業績を残している．

中世ヨーロッパにおける宇宙論議では，ニコラウス・コペルニクスが地動説を提唱し，ガリレオ・ガリレイが望遠鏡を用いた天体観測を確認し，木星の衛星（ガリレオ衛星）軌道から地動説を提唱したが，2 度の宗教裁判の末に敗れた．しかし，ヨハネス・ケプラーが地動説を堅持し，アイザック・ニュートンが万有引力の法則で理論的に説明したことで広く受け入れられるようになった．これらの話は，<u>計測・測定することが科学の基礎である</u>ことを示している．

このように<u>計測と自然科学とは密接の関係があり，測る技術が進歩して初めて新しい自然科学現象の原因が明らかにされる</u>ことが理解できたであろう．

Box 3　ニュートンの運動の 3 法則とアモントン＝クーロンの摩擦法則

前者が高く評価されているが，実は後者の方が実生活では重要と筆者は考えている．前者はニュートン（英：Sir Isaac Newton, 1642〜1727）が第 1（慣性）法則，第 2（運動）法則，第 3（作用・反作用）法則を，後者はアモントン（仏：Guillaume Amontons, 1663〜1705），クーロン（仏：Charles-Augustinde Coulomb, 1736〜1806）の 2 人によって発見された摩擦法則である．なぜ後者を評価するか単純にいえば，すべての運動が起こらないからである．

ニュートン　アモントン　クーロン

---

10) http://www.amarquetarian.com
11) レオナルド・ダ・ビンチ（1452〜1519）は，絵画，彫刻，建築，科学，数学，物理学，工学，発明，解剖学，音楽，地学，地誌学，植物学などさまざまな分野に顕著な業績を残した伊国のルネッサンス期を代表する芸術家，博識者，クリエータ「万能人（uomo universale）」である．

1.3 計測と計測工学の定義

1.3.1 計測（用語）の定義

さて，1.1節で述べたように「**モノを造る**」には「**モノを測る**」ことが必要である．例えば，**図1.3.1**に示すように旋削加工[12]で軸を作る場合，切込量を調整して旋削し，マイクロメータ[13]という測定器を用いて軸径を測定する．この作業を何回か繰り返して，所要の公差内の軸径寸法Dを作り出し，合格品とする．このように，マイクロメータ（測定器）を用いて軸径（知りたい量）を基準となる単位で数値化することを「**測定する**」という．つまり，測定とは測定器（ここではマイクロメータ）を用いて対象となる測定物の大きさの絶対値，あるいは相対的な値を求めることをいう．

このように測定とは，測定し得るあらゆる**物理量**（physical quantity：長さ・重さ・時間など）や**力学量**（圧力・速度・加速度など），**工業量**（industrial quantity：角度・立体角，硬さ，表面粗さなど）などを測定して数値化し，その測定結果を2.2.2項で述べるSI単位で表示することを指す．測定

(a) 旋削加工　　　　(b) 軸径測定（マイクロメータ）

図1.3.1　軸径Dの寸法は測定しながら加工して出す

Box 4　計測対象の「量，物理量，工業量，基本量，組立量」について

- 「**量**（quantity）とは現象，物体または物質のもつ属性で，定性的に区別でき，かつ，定量的に決定できるもの」と定義される．この量には，物理量と工業量，それから基本量と組立量とがある．
- 「**物理量**とは，物理学における一定の理論体系の下で次元が確定し，定められた単位の倍数として表すことができる量」と定義される．
- 「**工業量**とは，複数の物理的性質に関係する量で，測定方法によって定義される工業的に有用な量．硬さ，表面粗さなど」と定義される．
- そして，「**基本量**とは，ある量体系の中で，取り決めによって互いに機能的に独立であると認められている諸量のうちの1つ」と定義される．
- 「**組立量**とは，ある量体系の中で，その体系の基本量の関数として定義される量」と定義される．

---

12) 旋削加工（turning）は，旋盤という工作機械の主軸に取り付けられたチャックに工作物を固定し，工作物を回転して，刃物台に固定された工具（バイト）を移動して目的の形状を得るように切削する方法．基本的には丸い軸部品を加工するのに用いられる．

13) マイクロメータ（micrometer）は，精密なねじ機構を用いて，そのねじの回転角に変位を置き換えることで，変位の感度を拡大して測定精度0.01［mm］の精密な長さの測定に用いる測定器で，その詳細は4章を参照のこと．

した量のことを**測定量**[14]（measured quantity）という．

日本工業規格[15]（JIS Z 8103）（**図 1.3.2**）では，**測定**（measurement）とは，ある量を，基準として用いる量と比較し数値または符号を用いて表すこと，と定義される．

一方，**計測**（measurement）とは，特定の目的をもって，事物を量的にとらえるための方法・手段を考究し，実施し，その結果を用い所期の目的を達成させることと定義される．つまり，単なる測定だけではなく，測定方法の選択や測定結果の活用法まで，その作業範囲が広い測定を定義したのが計測といえる．言い換えると，計測とは大きさの測定も含め，対象となる測定物の重さや容積，硬さ，回転数，振動，釣合いを求めることを指す．

図 1.3.2 日本工業規格記号

図 1.3.1 は機械工場の旋削加工におけるマイクロメータによる測定現場の一端を示したが，化学工場では，一定品質の製品を得るために各プロセスにおける製造装置内の温度，圧力等の物理量を所定の値に確保する必要がある．そのために計器を用意し，計測を行うことを**計装**（instrumentation）という．

機械工場や化学工場などにおける計測は，工業の生産過程において，または生産に関係して行う計測なので，**工業計測**（industrial instrumentation）という．

また，**計量**（metrology）とは，公的に取り決めた測定標準を基礎とする計測のことである．例えば，秤（はかり）や容器を用いて，質量や体積などの数量を計ること指す．

次節では，機械加工の現場でよく使われる測定用のセンサとそのセンシング技術について見てみる．

1.3.2 計測工学の定義と計測器

計測工学の目的は計測の定義に従い，**5W1H**，すなわち，Who（誰が），What（何を），When（いつ），Where（どこで），Why（なぜ，）How（どのように）"**測るか**"，また"**確かに測れたのか**"，そして"**何に役立つか**"を知ることが重要である．計測工学では，計測対象への5Wの問いを確認し，次に1Hを行う．ここでの1Hは今やコンピュータや電子機器の使用を暗黙の前提としている．

さて，計測工学の定義と**計測器**[16]について考える．**図 1.3.3**に示すように計測の目的を実現するためには，まず①"計測対象の現象＝入力"を，計測器内で②センシング（測定・検出）し，③信号処理・制御（分析・処理・判断・制御）する．そして④処理した信号を"出力"する，という手順になる．

繰り返すが，計測の目的を実現するためには，まず①計測対象である位置（変位），速度，加速度，角度，回転数，温度，湿度，光量，電力，流量，磁気，AE，超音波，赤外線などの**現象量**（physical quantity）を**入力信号**として捕捉し，次に計測器内で②センシング（測定・検出：物理量の検出（数値化，符号化），電気信号変換（アナログ信号からデジタル信号へ））し，③信号処理・制御（分析・処理・判断・制御）して，④測定値として**出力**する．

---

14) 測定の対象となる量は英語で measurand という．
15) 日本工業規格（Japanese Industrial Standards）は，工業標準化法に基づき，日本工業標準調査会の答申を受けて，主務大臣が制定する工業標準であり，日本の国家標準の1つである．JIS（ジス）またはJIS規格（ジスきかく）と通称されている．Z 8103 2000 は 2000 年に制定された規格番号を意味し，Zは部門記号を表し，その他を意味する．計測技術は種々の分野で独自に進展したため，JIS用語は統一されていない．しかし，本書ではJIS用語を基本としている．
16) JIS Z 8103 計測用語によれば，計測器とは，計器，測定器，標準器などの総称．**Box 5**にまとめたのでご参照いただきたい．

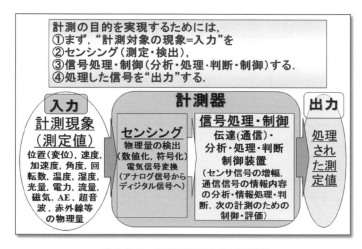

図1.3.3 計測工学の定義と計測器

ここで**信号**（signal）とは，測定量が，測定または伝送しやすい量に変えられ，伝えられている量のことである．また，**変換**（conversion）とは，量または信号を，これに対応する量または信号に変えることを指し，変換するための機器を**変換器**（converter）という．

そして**入力**（input）とは，計測器の各要素に入る信号のことで，逆に，出てくる信号を**出力**（output）という．また，測定量や信号を検出する目的で用いる変換器を**検出器**（detector）という．信号を機械的に拡大する機器を**拡大器**，電気的に増幅する機器を**増幅器**（amplifier）という．信号を伝送するための機器を**伝送器**（transmitter）という．さらに，信号を最終的に受信し，指示・記録する機器を**受信器**という．最後に，信号は大きく分けて**アナログ信号**と**デジタル信号**がある．

これまで説明してきたように，計測器の構成は図1.3.3に示すように，計測器に対して信号が入る**入力**と，信号が出る**出力**という構成要素からなる．

Box 5　「計測器」の用語について（JIS Z 8103 計測用語）

番号	用　語	定　義
4101	計測器（measuring instrument, measuring equipment, measuring apparatus, measuring device）	計器，測定器，標準器などの総称． 備考）計器，測定器など個々のものを計測器という場合は，それが計測器に含まれるという意味で用いる．
4102	測定器（measuring instrument）	測定を行うための器具装置など．
4103	測定機（measuring machine）	測定を行うための機械．備考）電力などのエネルギーの供給を受けて相対運動などの仕事をする測定装置．通常，複数の機能要素の組合せからなる．
4104	計器（measuring instrument, measuring meter, measuring gauge）	a）測定量の値，物理的状態などを表示，指示又は記録する器具．備考）検出器，伝送器などを含めた器具全体を指す場合もあれば，表示，指示又は記録を担当する器具だけを指す場合もある． b）a）で規定する器具で，調節，積算，警報などの機能を併せもつもの．
4105	実量器（material measure）	使用中に，ある量の既知の値を恒常的に再現する器具．
4106	測定装置の連鎖（measuring chain）	計器又は測定系の要素の連なりであり，入力から出力への測定信号の経路を構成するもの．
4107	工業計器（industrial instrument）	工業計測を行うために用いる計測器．
4108	試験機（testing machine）	材料の物理的性質，又は製品の品質・性能を調べる装置．
4109	分析機器（analytical instrument）	物質の性質，構造，組成などを定性的，定量的に測定するための機械，器具又は装置．

話がくどくなるが，計測した入力を出力するための手段として，①「計測対象の現象」である測定量，物理量（化学量）である"信号"の測定をセンサによって検出（数値化，符号化・電気信号の変換），②伝達（通信），③分析・処理・判断（信号・情報処理），④制御する技術と⑤評価が必要である．特に上記①の「計測対象の現象」である物理量をセンシングする変換素子，その回路系を含んだものを**センサ**という．

本書では，Box 5 に示したように，計測器，測定器，測定機，計器などの測定用語は JIS Z 8103 計測用語に従った．

1.4 センサ

1.4.1 センサの定義

図 1.4.1 に示すように**センサ**（sensor）[17]とは自然界のさまざまな物理量（あるいは化学量）を検出し，電気自信号に変換するものである．センサの学問的な定義は図 1.4.1 に示すように，物理量（あるいは化学量）を検出するもので，JIS Z 8103 では「対象の状態に関する測定量を信号に変換する系の最初の要素」としている．今やセンサはあらゆる分野の工業製品に不可欠なものとなっている．例えば，**図 1.4.2** は自動車に使用される代表的なセンサの例を示す．種々のセンサが装備されており，今やセンサは自動車走行時の状態検知や安全を確保するために不可欠なものになっていることが理解できよう．

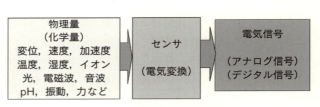

図 1.4.1 センサの学問的定義

1.4.2 センサの種類

この物理量（あるいは化学量）を数え上げると千差（センサ）万別というダジャレができてしまうほどであるので，ここでは重要なものを挙げておく．位置（変位），速度，加速度，角度，回転数，このほかに温度，湿度，光量，電力，流量，磁気，AE，超音波，赤外線などがある．これらの物理量に従って市販されている主なセンサを仕分けて，各センサの主な動作原理と用途を合わせてまとめたのが**表 1.4.1** である．表 1.4.1 を見ると，いかにセンサの種類が多いかがわかるだろう．以下では，代表的な物理量を取り上げ，センサの

図 1.4.2 自動車に使用されるセンサの例

---

17) センサとは本来，物理量（あるいは化学量）を検出するもので，JIS Z 8103 では対象の状態に関する測定量を信号に変換する系の最初の要素としている．トランスデューサ（transducer）は，測定量に対して処理しやすい出力信号を与える変換器と定義される．しかし，現在ではトランスデューサもセンサとして取り扱われており，センサの解釈が広くなっている．

表 1.4.1　さまざまなセンサ（物理量別）

機能	センサ名	主動作原理	出力信号	用途	機能
位置	マイクロ・スイッチ	スナップアクション機構	電気	位置決め, 物の有無, トルク, 重量	触（視）覚
	リミット・スイッチ	ばね機構	電気	位置決め, 物の有無, トルク, 重量	触（視）覚
	リード・スイッチ	磁力変化	電気	位置決め, 物の有無	触（視）覚
	タッチ・センサ	抵抗変化	電気	位置決め, 物の有無, 寸法測定	触覚
	リニア・スケール	光学的干渉	電気	位置決め, 物の有無	視覚
	ガラス・スケール	光学的干渉	電気	位置決め, 物の有無	視覚
	マグネ・スケール	光学的干渉	電気	位置決め, 物の有無	視覚
	レーザ干渉計	レーザ干渉	電気	位置決め, 物の有無	視覚
変位	差動変位計	電磁力	電気	寸法測定	触（視）覚
	マグネ・センサ	磁力	電気	寸法測定	触（視）覚
	容量形変位計	電気容量	電気	寸法測定	触（視）覚
	渦電流変位計	起電力	電気	寸法測定	触覚
	エア・マイクロ	圧力変化	電気	寸法測定, 位置決め	触覚
	マグネ・スイッチ	磁力	電気	位置決め, 物の有無	触覚
	近接スイッチ	磁力	電気	位置決め, 物の有無	触（視）覚
速度	回転計	ドップラー効果	電気	回転数測定	聴覚
	パルスエンコーダ	光学的干渉	電気	回転数測定, カウンタ	視覚
	近接スイッチ	磁力	電気	回転数測定, カウンタ	触覚
加速度	圧電形加速度センサ	圧電効果	電気	振動測定	触覚
	抵抗形センサ	抵抗変化	電気	ひずみ測定	触覚
	ストレイン・ゲージ形センサ	抵抗変化	電気	ひずみ測定	触覚
角度	インダクトシン	電磁力	電気	位置決めフィード・バック	触覚
	レゾルバ	電磁力	電気	位置決めフィード・バック	触覚
	マグネ・スケール	光学的干渉	電気	ワーク長, 位置測定	触覚
	エンコーダ	光	電気	ワーク長, 位置測定	触覚
力（圧力）	ストレイン・ゲージ	抵抗変化	電気	構造物の応力・ひずみ測定	触覚
	ロード・セル	抵抗変化（圧電効果）	電気	切削力・荷重点測定	触覚
	圧力センサ	圧電効果	電気	振動・衝撃測定	触覚
		ピエゾ抵抗効果	電気	振動・衝撃測定（エンジン制御）	触覚
温度	ブルドン管	圧力変化による管の膨張	電気	圧力測定・温度・湿度	触覚
	弾性バイメタル	熱による体積膨張	電気	温度測定	触覚
	サーミスタ	抵抗変化	電気	温度測定	触覚
	熱電対	（pとn間の）起電力	電気	温度測定	触覚
	抵抗線温度計	抵抗変化	電気	温度測定	触覚
湿度	セラミック湿度センサ	抵抗変化	電気	オーブンレンジの湿度測定	触覚
	セラミック温度ガスセンサ	抵抗変化	電気	ガス検出	触・臭覚
	セラミック温度・湿度センサ	抵抗変化	電気	冷暖房器具の温度・湿度測定	触覚
光量	CdSセンサ	導電率の変化	電気	光量測定（自動ランプ）	視覚
	フォト・ダイオード	ツェナー効果	電気	光通信, 光測定	視覚
	フォト・トランジスタ	電子なだれ効果	電気	光通信, 光測定	視覚
	CCDイメージセンサ	光起電効果	電気	パターン認識, 画像処理	視覚
	ビジコン	光導電効果	電気	パターン認識, 画像処理	視覚
電力	ホール素子センサ	ホール効果	電気	電力計測	触覚
流量	流量センサ	BIPトランジスタの温度特性	電気	ガス・液体の流量測定	触覚
磁気	ホール素子センサ	ホール効果	電気	ガウスメータ, 電流計測	触覚
	SDMセンサ（強磁性磁気抵抗素子）	抵抗変化	電気	回転計測, 位置検出	触覚
AE	AEセンサ	圧電効果	電気	構造物の破壊現象測定	触覚
超音波	超音波センサ	圧電効果	電気	流速・流量・距離測定	視覚
赤外線	赤外線センサ	（温度変化による）電荷変化	電気	フィルム厚さ測定, 表面温度測定, 炎検知, 自動ドア	視覚

基本と応用例を見てみる．センサの選定に当たっての諸注意事項を挙げておく．まず，①何を測りたいのか．次に②使用目的と条件，さらに③測定範囲と精度，分解能，最後に④測定環境，安定性，寿命，使用勝手，入手性，価格などである．

1.4.3 アナログ信号とデジタル信号

まず，センサの信号を見てみよう．センサとは，物理量（化学量）を検出し，電気的信号に変換するものである．ここで，センサが取り扱う電気信号には**アナログ信号**と**デジタル信号**とがある．連続的に変化する物理量や化学量を**アナログ**[18]量という．例えば，皆さんの朝の出勤の様子である．図1.4.3に示すように，朝，起きて「ああ寒い」というときの気温目覚し時計の針はすでに7時（アナログ時計は24時間切れ目なく連続的に時を刻む．7時というのは時間の連続的な流れの一状態）である．

次に，**デジタル**（digital）は**図1.4.4**に示すように，スイッチが「ON」か「OFF」，あるいは電圧が「＋5ボルト」か「ゼロボルト」，または「1」か「0」，「はい」か「いいえ」，はたまたトイレに「行く」か「行かない」，朝食を「取る」か「取らない」，はては「生きる」か「死ぬ」というように2つの状態しか許されない離散的な世界である．このように，**デジタル**量というのは，本来，指を折った状態と折らない状態で区別できる**離散的な状態**を指す．

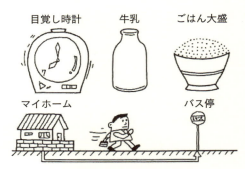

図1.4.3　アナログ量のあれこれ

電気信号といっても，その性質の異なるアナログ信号とデジタル信号とがある．その各々の信号波形を**図1.4.5**に示す．電流や電圧のほとんどはアナログ信号である．デジタル信号は，信号として取り扱われるのは＋5ボルトの論理「1」とゼロボルトの論理「0」のみで，中間の過渡状態は信号として取り扱われない．これに対し，アナログ信号は連続したすべての波形状態を信号として取り扱われる．

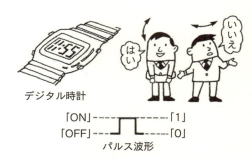

図1.4.4　デジタル量のあれこれ

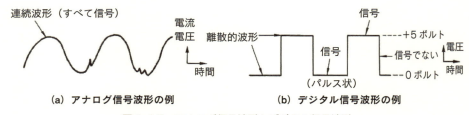

(a) アナログ信号波形の例　　(b) デジタル信号波形の例

図1.4.5　アナログ信号波形とデジタル信号波形

18）アナログ（analog あるいは analogue）とは，本来「類似物」といった意味である．何に類似しているのかというと，私たちの身の回りの事象や自然界のさまざまな現象に類似しているものを指す．

1.4.4　センサ信号

アナログ信号とデジタル信号との区別が確認できたところで，**表 1.4.2** に示すようにセンサ信号を見直すと，例えば，位置決めで使用されるリミット・スイッチやフォト・インタラプタは，いわゆるON・OFF制御をするものであるから，これらのセンサ信号はデジタル信号である．ところが，**サーミスタ**[19]とか**ストレインゲージ**[20]といったセンサの信号は，連続した抵抗値の大小変化による信号であるから，アナログ信号となる．センサ信号を取り扱うにはアナログとかデジタルといった信号に区別する必要がある．一般に，センサ信号はコントローラで処理されるため，コントローラがその信号の正体を知っておかないと，そのセンサ信号の処理ができないのである．

1.4.5　センサの選定法

具体的なセンサの使い方と選び方として，ここでは（1）位置センサ，（2）変位センサについて取り上げる．

(1) 位置センサ

位置センサは，今やFAにおける工場の設備の自動化・無人化には不可欠で，特に，工作機械や産業ロボットの位置決めを行う際に，重要な役割をするのが位置センサである．その代表的センサの分類例を**図 1.4.6**に示す．ここでは接触検知するか否かで分類した．近年は，非接触式の近接センサや光電センサが広く普及している．

(a) リミット・スイッチ

位置センサの接触式として，**リミット・スイッチ**[21]は位置決めをする際に最もよく用いられる．名

表 1.4.2　センサの電気信号

機能	センサ素子	信号変換の様子	情報手段の区別
目の働き	太陽（光）電池	光→電気（電流）	アナログおよびデジタル
	フォト・トランジスタ	光→電気（電流）	アナログおよびデジタル
	発光ダイオード	電気（電流）→光	アナログおよびデジタル
	エレクトロ・ルミネセンス（EL）	電気（電圧）→光	アナログおよびデジタル
耳および触覚の働き	ストレイン・ゲージ	変位→電気（電圧）	アナログ
	感圧ダイオード	変位→電気	アナログ
	ホール素子	磁気→電気（電圧）	アナログ
	磁気ダイオード	磁気→電気（抵抗）	アナログ
	圧電素子	圧力→電気	アナログ
	熱電対	温度（熱）→電気（電圧）	アナログ
	サーミスタ	温度（熱）→電気（抵抗）	アナログ
鼻の働き	湿度	湿度→電気（抵抗）	アナログ
	ガス	ガス→電気（抵抗）	アナログ

---

[19] サーミスタ（thermistor）とは，気温や水温といった熱（アナログ量）を検出する温度センサ．8.1.4項を参照のこと．
[20] ストレイン・ゲージ（strain gauge）とは，ひずみゲージのことで，圧力や慣性力といった力による物体の変形（ひずみ）による抵抗値の変化を原理的に利用したもの．7.2.4項を参照のこと．
[21] リミット・スイッチ（limit switch）は，マイクロ・スイッチを外力，水，油，塵挨などから保護する目的で，金属ケースや樹脂ケースに組み込んだもの．

称の通り，リミット（限界点）位置の検出によく用いられる．リミット・スイッチの外観と内部構造を**図 1.4.7** に示す．図に示したのはローラ・リーフ・スプリング形のリミット・スイッチである．またその主な特長は次の通りである．①高容量（10.1 A 250 V AC）の開閉ができる，②長寿命である（機械的 3,000 万回以上，電気的 5 万回以上（10.1 A 250 V AC），10 万回以上（5 A 250 V AC），20 万回以上（3 A 250 V AC）），③優れた動作位置精度であり，ピン押釦タイプで ± 0.25 [mm]，④端子部の同時成型により，フラックスがスイッチ内部へ侵入しない，⑤ハンダ付けしやすい端子方向であり，絶縁ガード付きもある，⑥各国安全規格の取得（UL，CSA，SEMKO）．

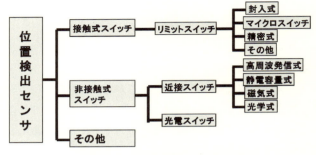

図 1.4.6　位置（変位）センサの分類

　図 1.4.8 は，図 1.4.7 で説明したリミット・スイッチを，工作機械のテーブルの位置決めを行う際に利用した例を示す．その他のリミット・スイッチの汎用横形の種類を**表 1.4.3** に示す．各用途に合わせて選定する必要がある．機器的な注意事項として，適切な接触力範囲内で使用し，合わせてストロークを調整する．電気的な注意事項として，**定格値**[22]での使用を行う．微小電圧・電流の場合は微小負荷用を使う．

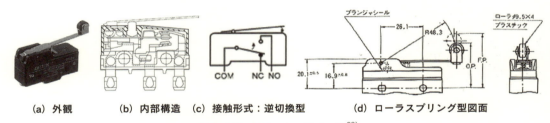

図 1.4.7　リミット・スイッチ[23]

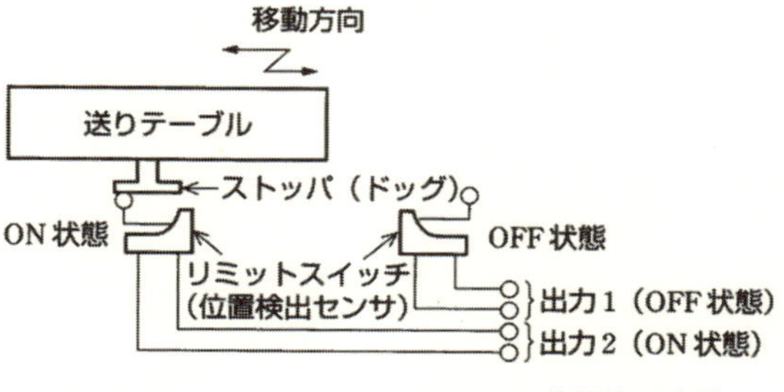

図 1.4.8　リミット・センサによる位置決め方法

表 1.4.3　市販のリミット・スイッチの汎用横形の種類[24]

イメージ	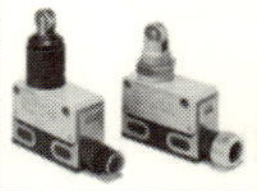	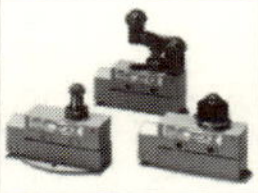	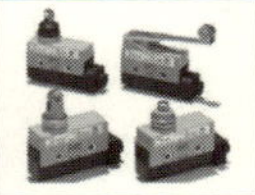
名称	小形封入スイッチ	汎用封入スイッチ	コンパクト封入スイッチ
種類	汎用横形	汎用横形	汎用横形
サイズ (W×D×H) [mm]	43×18×32.9	86×25.4×44.5	55×21.7×37.3

---

22) 定格値（rated value）とは，一般にスイッチの特性および性能の保証基準となる量をいう．例えば，定格電流定格電圧などである．
23) 松下電工（株）http://ctlgserv.mew.co.jp/ctlg/acg/jpn/det/turq_jpn/@Generic__BookView
24) オムロン（株）http://ib-Info.tin.omron.go.jp/usr/plsql/ckass_search.search2

また，突入電流，突入時間，定常電流を確認する．このスイッチの特長は，さまざまな大きさや形があるため，周囲の状況に応じて選択できること，さらに，非常に安価で取り扱いやすいことが挙げられる．欠点として，接触式なので故障する割合が高く，電気的な**ノイズ**[25]が発生しやすいことなどが挙げられる．したがって，このタイプのものには，ノイズを防止するような対策が必要となる．

このようなリミット・スイッチやマイクロ・スイッチの欠点を補うものに，ノイズ発生の少ない非接触式の位置検出センサである近接センサと光電センサがあり，前者の代表として**リード・センサ**[26]（**図1.4.9**および**表1.4.4**），後者の代表として**フォト・センサ**（**図1.4.10**）がある．

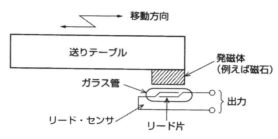

図 1.4.9　リード・センサによる位置決め方法

表 1.4.4　リード・センサの構造・動作原理

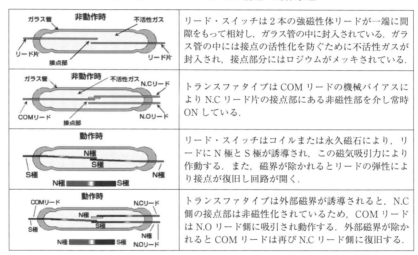

非動作時（ガラス管，不活性ガス，リード片，接点部）	リード・スイッチは2本の強磁性体リードが一端に間隙をもって相対し，ガラス管の中に封入されている．ガラス管の中には接点の活性化を防ぐために不活性ガスが封入され，接点部分にはロジウムがメッキされている．
非動作時（ガラス管，不活性ガス，COMリード，接点部，N.Cリード，N.Oリード）	トランスファタイプは COM リードの機械バイアスにより N.C リード片の接点部にある非磁性部を介し常時 ON している．
動作時（N極，S極）	リード・スイッチはコイルまたは永久磁石により，リードに N 極と S 極が誘導され，この磁気吸引力により作動する．また，磁界が除かれるとリードの弾性により接点が復旧し回路が開く．
動作時（COMリード，N.Cリード，N極，S極，N.Oリード）	トランスファタイプは外部磁界が誘導されると，N.C 側の接点部は非磁性化されているため，COM リードは N.O リード側に吸引され動作する．外部磁界が除かれると COM リードは再び N.C リード側に復旧する．

(b) 近接センサ

近接センサは，無接触式で，しかも高速化・高頻度に対応した位置センサである．近接スイッチは，主に発信回路，検波回路，シュミット回路，出力回路，電源回路から構成される．さて，接触式リミット[27]・スイッチは接点も有接触式であるため，スイッチングの際，チャタリングなどのノイズの発生があり，問題を

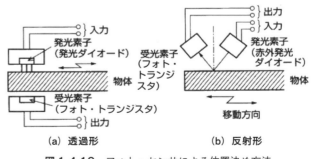

(a) 透過形　　　(b) 反射形

図 1.4.10　フォト・センサによる位置決め方法

---

25) ノイズ（noise）とは雑音のことで，信号伝送系統に正規の信号以外に外部や内部の径路から混入して，信号の伝送に妨害を与える有害な電圧・電流成分のこと．
26) リード・センサ（reed sensor）とはリード・スイッチのこと．リード・センサを使ったリレーをリード・リレーという．
27) 沖電気工業（株）http://www.osdc.co.jp/jpn/seihin.html のデータを編集．

リード・センサは**磁気（マグネ）センサ**ともいわれ，表1.4.4 に示すようなガラス管内に薄板金属を2枚向かい合わせたもので，外部から（磁石などの）磁界を与えることで，リード片が閉じたり開いたりするスイッチになっている．リード・センサの用途として，意外と様々な場所に用いられ，特にタンクなどの水量を計るフロート・スイッチなどに用いられる．

(c) 光電センサ

光電センサの代表として**光センサ**について見てみる．光は電磁波の一種であり，これは目に見える可視光線を中心とした紫外線・赤外線など，広い波長をもっている．また，光は波動的性質と粒子的性質がある．したがって，検出感度・使用目的によって光センサを選ぶことが必要である．光によって引き起こされる物理的電気現象は，**表 1.4.5** に示すように3種類ある．その現象を利用したセンサとして**フォト・ダイオード**[28]，**フォト・トランジスタ**[29]，**フォト IC**，**CdS セル**[30] などがある．フォト・センサは光センサと呼ばれるもので，種々のタイプがある．ここでは図 1.4.10 に示す発光素子（発光ダイオード：LED）と受光素子（フォト・トランジスタ）の1組からなるフォト・センサについて見てみる．発光素子は電気信号を光信号に，受光素子はその逆に光信号を電気信号に変換する素子である．図 1.4.10 (a) に示した，両素子の間から物体が通り抜けるのを検出するタイプと，図 (b) に示した，物体に投光したその反射光を検出するタイプがある．これらの物体検出用のフォト・センサを**フォト・インタラプタ**と呼ぶ．この特長は，<u>検出精度が高い，応答性が非常によい，電子回路への結合が容易</u>などである．**図 1.4.11** にフォト・インタラプタの外観と内部構造を示した．こういった電子部品を購入する際は，図中にある部品の番号を正確に調べておく必要がある．番号が1つ違うだけで部品の機能が異なっているので注意を要する．各メーカにカタログを請求したり，市販の各素子

表 1.4.5　光電効果の種類とその概要

光電効果の種類	素子名（素材名）	特徴
光起電力効果	フォト・ダイオード，フォト・トランジスタ，フォト IC，太陽電池	・一般に応答速度が速い． ・一般に波長帯域が狭い．
光導電効果	CdS セル，CdSe セル，PbS セル	・一般に応答速度が遅い． ・内部構造がオーミックである． ・視感度に近い素子がつくりやすい．
光電子放出効果	光電管，光電子倍増管（フォトマル）	・一般に大型である． ・消費電力が大きい．

---

28) フォト・ダイオードは，光エネルギーを電気エネルギーに変換する代表的な光センサとして使用されている．フォト・ダイオードは，チップに光を当てると光量に比例した逆電流が流れる．この逆電流を光電流と呼び，この性質を光センサとして利用している．フォト・ダイオードの特長は，①光量と出力の直線性が良好，②応答速度が速い，③ 400～900 nm の広帯域で検出可能，④温度変動が小さい，⑤振動衝撃に強い，⑥小型軽量である．⑦カラーセンサの基本素子である．フォト・ダイオードにはその構造から pn 型，pin 型，ショット型，アバランシェ型の種類がある．

29) フォト・トランジスタは，フォト・ダイオードの出力をトランジスタで増幅する構造となっている．フォト・ダイオードより数倍感度の高い光センサで，現在最も広く使用されている受光素子である．特徴としては，無接点寿命，高速，低価格である．

30) CdS セルは，硫化カドミウムを主成分とした光導電素子で，一般に CdSe セルを含めて CdS セルと総称されている．その特徴は，可視光線に対して高感度・小型で軽量，しかも比較的安価に作れる．また，電気伝導度と光量の直線性の範囲が狭い．しかし，応答性があまりよくない．そのため，ゆるやかな照度変化の検出に限定されている．

の**規格表**[31] を購入することを薦める．上述してきた電子部品を購入して作るのが面倒な際は，オムロンやキーエンス，サンクスといったメーカからセット商品が出ているので，それを利用するとよい．**表 1.4.6**は市販のフォト・マイクロ・センサの種類・特徴を示す．

このように，位置センサもさまざまであり，その使い方と選び方にはセンサ使用者のはっきりとした目的意識が必要であることが理解いただければ充分である．

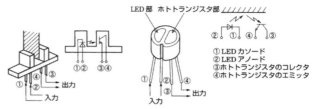

(a) 透過形（東芝 TLP800，TLP507A など）　(b) 反射形（東芝 TLP901，TLP902 など）

図 1.4.11 フォト・インタラプタの外観と内部構造

表 1.4.6 市販のフォト・マイクロ・センサ[32]

タイプ	イメージ	形名／原理	商品名／内容	概　要
通過形		EE-SPW311/411	長距離透過形	投光部と受光部が分離しており，任意の距離に設定可能．
通過形		EE-SPW321/421	アンプ中継形（コード引き出しタイプ）	小型でスリム，スペース効率にすぐれたアンプ中継形．
反射形		EE-SY671/672	感度ボリウム付反射形（直流光）	反射形はワークに光を照射し，返ってくる光で検出するタイプ．
反射形		EE-SPY31/41	限定反射形コネクタタイプ	反射形のなかで，ある一定距離のワークだけを検出．背景に物体があるときなどに有効．

(2) 変位センサ

機械工場の工作機械や産業ロボットの位置決めを行う際に，特に重要な役割をするのが**変位センサ**である．変位センサはその運動形態から**直線変位センサ**と**回転センサ**に分類される．その代表的センサの分類例を**図 1.4.12**に示す．直線変位センサには，主に差動変圧器，ポテンショメータ，スケール，光学式変位測定装置がある．**表 1.4.7**は図 1.4.12 に示した主な変位センサの測定原理，検出距離，分解能，応答速度，特徴を示す．代表的な直線変位センサである差動変圧器は，**インダクタンス**[34]（inductance）の変化を利用して変位を検出するセンサである．

---

31) CQ 出版が刊行している『半導体マニュアル・シリーズ』は，トランジスタからマイコン BASIC の規格表まで揃っている．
32) オムロン（株）http://www.fa.omron.co.jp/data_pdf/commentary/photomicro_tg_j_4_2.pdf
33) ある回路を貫く磁束とその磁束を生じさせている電流との比．通常，電磁誘導の大きさを表す磁束が，その回路自身の電流によって生じる自己インダクタンスのことをいう．また，インダクタンスをもつ回路素子を指す場合もある．MKSA 単位はヘンリー（記号 H）．誘導係数．

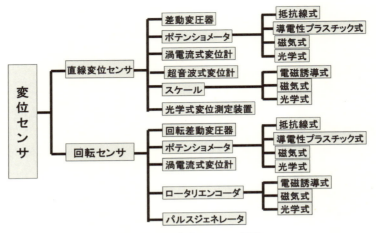

図1.4.12 変位センサの分類

表1.4.7 主な変位センサの特徴

種類	測定原理	検出距離	分解能	応答速度	特徴
差動変圧器	2つのコイルに生じる電圧の差	普通 1〜300 [mm]	高い 0.01 [μm]	遅い 100 [Hz]	耐環境性，耐久性が良い．測定点が小さい．
渦電流式変位計	インピーダンスの変化	短い 1〜10 [mm]	0.3[μm]位	早い 〜20 [kHz]	耐環境性，耐久性が良い．測定対象で変わる．
超音波式変位計	超音波の反射時間	広い 0.05〜10 [mm]	0.1 [mm]	遅い 〜20 [Hz]	ほとんどの材質の測定が可能．表面性状に影響を受ける．
光学式変位計	レーザ式	短い 3〜300 [mm]	高い 0.01 [μm]	遅い 〜20 [Hz]	ほとんどの材質の測定が可能．表面性状に影響を受ける．
	三角測量式	普通 10〜800 [mm]	高い 0.01 [μm]	早い 〜20 [kHz]	ほとんどの材質の測定が可能．表面性状に影響を受ける．
静電容量式	静電容量の変化	短い	高い	早い	分解能が高い．水蒸気の影響を受ける．

(a) ポテンショメータ

ポテンショメータ（potentiometer）は，原理的には後述する可変抵抗器を利用して，直線変位や回転角などの機械的変位を電気信号に変換する変位センサである．抵抗体には，銅ニッケル合金，ニッケル・クロム合金，導電性プラスチック，そしてサーメットなどが用いられる．**表1.4.8**は比較的大きなサイズの導電性プラスチック型ポテンショメータを示す．回転型ポジションセンサは従来，産業機器で使用されてきたが，最近は用途がペットロボットやラジコン等の民生機器などにも利用されている．これらに使用するには高価な非接点タイプよりも安価な有接点タイプが有効で，以前はサイズと寿命に課題があったが，特に寿命については，従来10万回転から100万回転まで長寿命のものが市販化されている．スケールは，回転変位センサには，主に回転差動変圧器，ポテンショメータ，渦電流式変位計，ロータリ・エンコーダ，パルス・ジェネレータがある．以下では，代表的な回転変位センサとしてロータリ・エンコーダ，パルス・ジェネレータの特徴を見ておく．

表 1.4.8 導電性プラスチック型ポテンショメータ[34]

ポテンショメータ	直線型		回転型		
有効電気角	10～50 [mm]	100～500 [mm]	320°	343°	345°
単独直線度	± 0.5%	± 1%	± 1%	± 0.5%	± 0.3%
定格電力	0.13～0.6 [W]	1.5～7 [W]	0.5 [W]	0.7 [W]	1.5 [W]
公称抵抗値	1～10 [kΩ]	1～10 [kΩ]		500 [Ω]～20 [kΩ]	

(b) ロータリ・エンコーダ

ロータリ・エンコーダ（rotary encoder）は，機械的な回転変位（アナログ量）を電気的なパルス（デジタル量）に変換する代表的な検出器である．機械装置の位置，角度，速度などの測定やモータの回転速度，回転量の制御など多くの分野で各種用途に使用されている．

図 1.4.13 は，ロータリ・エンコーダの動作原理を示す．間隔の格子目盛が刻まれたスリット円板が取り付けられ，これに相対して同じ間隔の目盛が刻まれた固定スリットが本体に固定されている．この2つのスリットを挟んで発光素子（発光ダイオード）と受光素子（フォト・トランジスタ）が設置され，発光素子から出た光は回転軸が回転することによってスリット1ピッチ毎に光路を遮られ，回転量に比例した回数の明暗を繰り返す．この明暗を受光素子で電気信号として取り出し，波形整形をして矩形波としたものがエンコーダの出力信号になる．

この出力信号は互いに1/4ピッチずれるように位相が調整された2相信号であり，回転方向が反転することで位相も反転し，方向弁別回路をもった可逆カウンタと組み合わせることによって，回転量の加算・減算をすることができる．出力信号相数には二相出力型，単相出力型，ゼロマーク付出力型がある．二相出力型は，図1.4.13（b）の信号1および信号2の90°位相をもった二相の信号を出力する．

ロータリ・エンコーダの回転軸は，等回転方向の弁別が可能なため，方向弁別回路をもった可逆カウンタと組み合わせることにより，角度の精密割出し，移動量の検出，自動位置決めの制御などに用

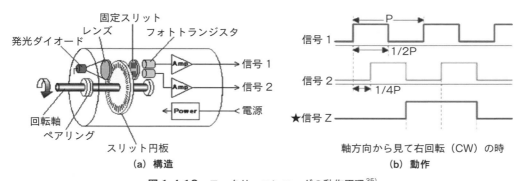

(a) 構造　　(b) 動作
図 1.4.13 ロータリ・エンコーダの動作原理[35]

---

34) 日本電産（株）http://www.nidec.com/product/eo/sensor/potentiometer
35) （株）小野測器 http://www.onosokki.co.jp/HP-WK/products/category/encoder.htm

いることができる．単相出力型は図 1.4.13 (b) のうち信号 1 の信号のみを出力する．

回転方向の弁別をしないので，左右どちらに回転しても同じ単相信号を出力するため，回転速度の検出，メジャーリングロールなどと組み合わせて一定方向に動かし，長さの検出や送り量の検出などに用いることができる．ゼロマーク付出力型は，二相または単相出力に併せて 1 回転に 1 パルスの信号 Z を出力する．図 1.4.14 はロータリ・エンコーダの使用例を示す．

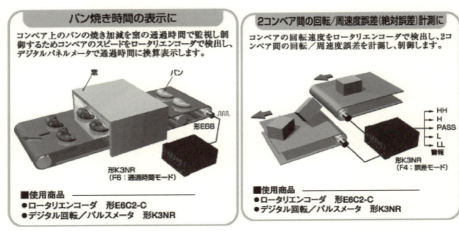

図 1.4.14　ロータリ・エンコーダの使用例[36]

(c) 光学式変位測定装置

光学式変位測定装置の構成は，取扱い上の便宜から，センサ部とアンプ部とに分かれている．そのセンサ部の基本原理は，図 1.4.15 に示した発光素子と受光素子が 1 組になったフォト・センサと同じで，発光素子にレーザ光を，受光素子に **PSD**[37] や **CCD**[38] を用いて，物体に投光したその反射光を検出するタイプがある．

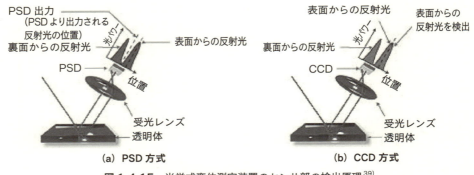

(a) PSD 方式　　　　　(b) CCD 方式

図 1.4.15　光学式変位測定装置のセンサ部の検出原理[39]

---

36) オムロン（株）http://www.omron.co.jp/cgi-bin/catalog/bestweb00.cgi
37) PSD（Position Sensitive Detector）のことを半導体位置検出素子といい，スポット状の光の位置を検出できる光センサである．
38) CCD（Charge-Coupled Device）のことを電荷結合素子といい，入力された光の明暗に比例した電流を発生する素子である．
39) オムロン（株）http://www.fa.omron.co.jp/products/prd/z300/chara/index.html

図 1.4.15 に示すように，PSD 方式は拡散反射タイプを使用した場合，拡散反射光が小さいため，測定不可能である．正反射タイプでは，裏面または背景からの反射光により，PSD が反射光の位置を誤認識するため，正確な表面の変位を測定できない．それに対して，CCD 方式は CCD の正反射モードなら，表面の光のみを安定して抽出することが可能であり，裏面や背景からの反射光の影響を受けずに，透明体の表面変位を確実に測定できる．このため，高精度タイプには CCD が用いられるようになってきている．図 1.4.16 は光学式変位測定装置の適用例を示す．

図 1.4.16 光学式変位測定装置の適用例[40]

1.5 計測工学における測定法

1.5.1 直接測定法と間接測定法

直接測定法（direct measurement）とは，図 1.5.1 (a) に挙げたマイクロメータなどの測定器で測定物を直接測ること，つまり，その測定器の目盛や表示部の値から目的の測定値を直接読み取る方法である．長所は直接測れること，短所は個人差による測定誤差が出やすい，測定に時間がかかることである．

間接測定法（indirect measurement）とは，例えば，3 辺 a, b, c の長さが未知の直方体の体積 V を求めるとき，直接 秤(はかり)で測るのではなく，3 辺 a, b, c の長さを測って $V = abc$ という関係式を用い

(a) 直接測定に用いられる測定器

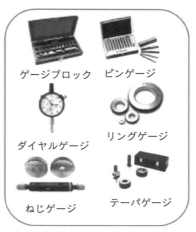

(b) 間接測定法に用いられる測定器

図 1.5.1 直接測定法と間接測定法

---

40) オムロン（株）http://www.omron.co.jp/cgi-bin/catalog/bestweb00.cgi

1.5.2 絶対測定法と比較測定法

絶対測定法（absolute measurement）とは，物差しや秤のように測定物の測定量を，校正された目盛（物差しの場合）や校正された指針と目盛（秤の場合）で測定すること，つまり，**組立量**（derived quantity）の測定を**基本量**（base quantity）のみの測定から導く方法である．

比較測定法（relative measurement）とは，測定物の測定量をブロックゲージと比較して長さを求めたり，天秤に分銅と測定物を乗せて重さを測ったりすること，つまり，既知の量で校正された目盛や，然るべき基準値との差を測定する方法である．比較測定法を図 1.5.2 に示す．まず，ブロックゲージの厚みを基準寸法として，ダイヤルゲージの指針をゼロに合わせる．次に，測定物に置き換えて，ダイヤルゲージで測る．指針の振れの目盛を読めば，その測定物の厚さ（差異）が計測できる．

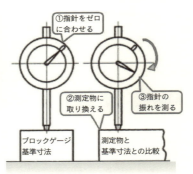

(a) 比較測定の様子　　(b) 比較測定の手順

図 1.5.2　比較測定法

1.6 計測工学における測定方式

1.6.1 偏位法と零位法

図 1.6.1 は偏位法と零位法を示す．**偏位法**（deflection method）とは，体重計や電圧計などの測定量の結果として生じる計器の指示値を読む方法で，この方法は測定器の指示値を読むだけでよいため，簡単で早いが，あまり精度の高い測定が行えない．例：ばねばかり，ガラス製温度計，可動コイル形電流計，ストレインゲージ，ダイヤルゲージなど．

零位法（zero method, null method）とは，上皿天秤や電位差計（ブリッジ回路）などの測

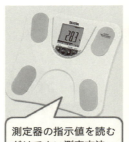

(a) 偏位法　　(b) 零位法

図 1.6.1　偏位法と零位法

定量がある基準量と等しいかどうかを調べることで測定量を知る方法で，この方法は測定量の大きさと既知量の大きさとを比較して差をゼロにする操作が必要であるため，迅速な測定は望めないが，精度の高い測定ができる．例：電位差計，マイクロメータ，光高温計，重錘型圧力計など．

1.6.2 置換法と補償法

置換法（substitution measurement）とは，ある測定機器で基準となる量を測り，これと対象を置き換えて測り，基準量に差分を加えて数値を得る方法である．例えば，手動天びんによる交換測定，天秤で左右の腕の長さが異なる場合の左右の測定物と分銅を交換して2回測定し，その結果から測定物の質量を求める場合の測定法である．

補償法（compensation measurement）とは，測定する量を超えない，ある程度の計測を置換法で測り，残り部分は偏位法を用いて測定する方法である．例えば，直示天秤でほぼ釣り合った天秤で，正確に釣り合わない微小質量を指針の振れから求める場合の測定法である．

表 1.6.1 は天秤における置換法と補償法の比較を示す．

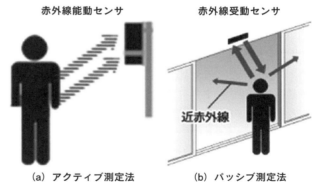

表 1.6.1　天秤における置換法と補償法の比較

1.6.3 アクティブ法とパッシブ法

図 1.6.2 はアクティブ法とパッシブ法を示す．この2つの測定方法は測定対象への働きかけ方で分類される．特に，センサ，センシング分野で用いられる．

アクティブ測定法（active measurement）とは，能動型測定と訳され，レーザ照射など測定器側から何かしらの働きかけを行い，その変化等の情報を測定する方法である．例えば，赤外線能動センサは，人体表面から放出する赤外線を受信し，人を検出するセンサである．このセンサは防犯用として主に室内外などに設置され，室内外に入ってくる人間を検知する．

図 1.6.2　アクティブ測定法とパッシブ測定法

パッシブ測定法（passive measurement）とは，受動型測定と訳され，測定対象が自然に発する信号などの情報を待ち受ける形で読み取る方法である．例えば，赤外線受動センサは，赤外線ビームを自ら発射し，そのビームを反射したり，遮ったりした物体を検出する．その用途は防犯や監視用として玄関ドア，庭，勝手口，風呂の前，駐車場などに設置され，近づく人間や車などを検知する．

1.6.4 接触法と非接触法

接触測定法（contact measurement）とは，一般に測定物に触れて測定する方法である．通常の測定はこの方法で行われる．測定対象に影響を与える場合があるので，そのときは注意を要する．

非接触測定法（non-contact measurement）とは，光学式あるいはレーザ式カメラ等を用いた測定機器やその写真やカメラ撮影を介して画像を得て測定する方法である．測定対象に影響を与えない測定法で，近年では測定物の長さ，形状，表面粗さ，温度，材質，組成構造，内部の応力状況なども測定できるようになってきている．例えば，表 1.6.2 は表面粗さ測定における接触法と非接触法の比較を示す．接触法は触針による差動増幅式であり，非接触式はレーザ光学式である．この他，非接触温度計測は，サーモグラフィや放射温度計のように物体表面から放射される赤外線のエネルギー量を測定し，対象物に触らずに非接触で行う温度計測法である．

表 1.6.2 表面粗さ測定における接触法と非接触法の比較

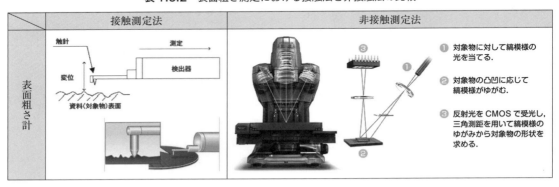

1.6.5 アナログ法とデジタル法

アナログ測定法（analogue method）とは，測定結果の値としてアナログ信号を取り扱う測定方法で，通常はこの測定である．

デジタル測定法（digital method）とは，測定結果の値としてデジタル信号を取り扱う測定方法で，コンピュータなどのデジタル機器からの信号値はこの測定である．半導体技術の急激な発達によって，測定もコンピュータで自動化され，近年はこのデジタル測定が主流になっている．

表 1.6.3 はテスタと温度計におけるアナログ測定法とデジタル測定法の比較を示す．

表 1.6.3 アナログ法とデジタル法の比較

1.6.6 静的測定と動的測定

静的測定と動的測定という言葉は，測定法ではなく測定量に適用される．**静的測定**（static measurement）とは，<u>測定中一定な値をもつと見なすことができる量の測定のこと</u>をいう．**動的測定**（dynamic measurement）とは，<u>変動する量の瞬時値の測定および場合によってはその時間的変動の測定のこと</u>をいう．

ここで，静ひずみと動ひずみについて見てみる．**静ひずみ**（static strain）とは，<u>時間の経過に対して変化しないと見なせるひずみ</u>で，**動ひずみ**（dynamic strain）とは，<u>時間とともに変化するひずみ</u>を指す．ひずみ測定器には，静ひずみ測定を目的とした静ひずみ測定器と，動ひずみ測定を目的とした動ひずみ測定器がある．図 1.6.3 に示すように，静的ひずみは，測定されるひずみ量が時間とともに変化しない場合や緩やかに変化する場合である．これに対して動的ひずみは，測定されるひずみ量が時間とともに速く変化する場合，また，ある周波数で正弦波的に変化する振動現象も含まれる．

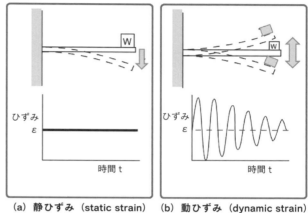

図 1.6.3　静的測定と動的測定[41]

1.7　計測工学に使う測定器の用語

本書では，計測器の用語については，JIS Z 8103 計測用語に従っている．Box 5 を参照のこと．

1.7.1 感度

感度（sensitivity）とは，計器または測定系における一定の指示値の変化に対する測定対象の変化，または計器が検知することのできる最小の量，または最小の変化量をいう．例えば，0.01 [mm] 指示値の変化に対する計器の針が 1 [mm] の変化があれば，感度は 100 倍である．

JIS 8103 では，<u>ある計測器が測定量の変化に感じる度合い．すなわち，ある測定量において，指示量の変化の測定量の変化に対する比</u>と定義される．また，<u>感度の値を表すのに感度係数，振れ係数の用語が使われることもある</u>とされ，**感度限界**（sensitivity limit）は，<u>計測器が測定し得る最少量</u>を意味する．分解能ともいわれる．**感度係数**（sensitivity coefficient）は測定量の変化に対する計測器の<u>指示値の変化の比</u>，**振れ係数**はその逆数で，例えば 1 [V] だけ電圧を増したときに指針が 2 cm だけ振れる電圧記録計の感度係数は 2 [cm/V]，振れ係数は 0.5 [V/cm] である．

---

41) http://www.tml.jp/product/instrument/catalog_pdf/instrument.pdf

1.7.2 分解能

分解能（resolving power）は，計測器が測定し得る最少量を意味する．感度限界ともいわれる．望遠鏡・顕微鏡では，見分けられる2点間の最小距離または視角．分光器では，近接する2本のスペクトル線を分離できる度合い．JISでは，a) 測定器については，識別限界と同じ意味．ここで，**識別限界**（discrimination threshold）とは，測定器において，出力に識別可能な変化を生じさせることができる入力の最小値．不感帯，雑音に関する量，b) 指示計器については，識別可能な指示間の最小の差異．デジタル指示計器では，最小の有効数字が1だけ変わるときの指示変化と定義されている．

1.7.3 測定範囲

測定範囲（measuring range）とは，指定された限度内に計器の誤差が収まるべき測定量の範囲をいう．例えば，マイクロメータでは，測定対象の大きさによって，測定範囲が0〜25［mm］，25〜50［mm］，50〜100［mm］などに区別されている．

1.7.4 再現性

再現性（repeatability）とは，計測で得られた結果が1回限りのものではなく，別の人が同じ条件で行えば，いつどこで行っても同じ結果が得られることをいう．計測結果の信頼性を測る最も基本的な指標で，以下の直線性，確度（分解能，精度），応答性（応答時間）などが重要視される．

(1) 直線性（linearity）

変位センサのアナログ出力電圧は圧力に対して比例の関係にあり，ほぼ直線的である．しかし，**図1.7.1**に示すように理想直線に対して，わずかなズレがあり，このズレが理想直線に対してどの程度の範囲にあるかを±1% of F.S. などと表示す．この誤差と測定範囲との割合のことを**直線性**という．

(2) 確度（分解能，精度）

正確度（accuracy）とは，その値が「真値」に近い値であることを示す尺度で，系統誤差の小ささのことをいう（**確度**とも呼ぶ）．**精度**（precision）とは，その複数回の値（複数回の測定または計算の結果）の間での互いのバラツキの小ささの尺度のことである．偶然誤差の小ささのことで，**精密度**，**再現性**とも呼ばれる．

さて，**図1.7.2**に示すように測定対象物が静止しているときでも，アナログ出力電圧を拡大してみると内部ノイズにより微小なゆらぎが発生している．このゆらぎの幅を**分解能**（resolution）といい，幅が小さいほど「**分解能が良い・高い**」という．

例えば，**±0.1% of F.S.**（Full Scale（フルスケール）：全測定範囲）とは，測定範囲の1/1,000単位で読み取れることを示す．デジタル信号処理方式における**分解能**とは，その測定値の最小読取値のことで，その機器が表示できる最小数

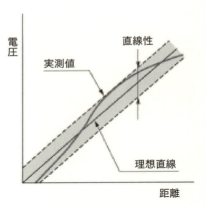

図1.7.1 直線性

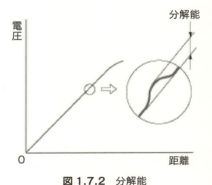

図1.7.2 分解能

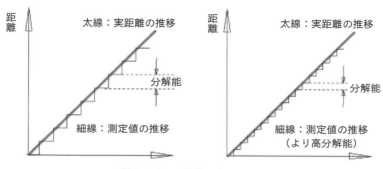

図 1.7.3 分解能の良し，悪し

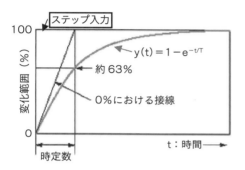

図 1.7.4 時定数

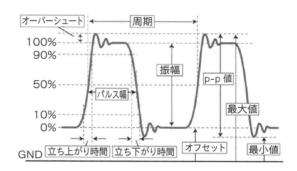

図 1.7.5 パルス波形の呼称

字のことである．

変位センサなどでの分解能は，連続的に変化する距離に対して，距離センサは測定レートに応じた間隔で段階的に測定値を出力するが，その段階的に出力する測定値の最小単位を指す．図1.7.3では右図の方が分解能は良い（高い）．

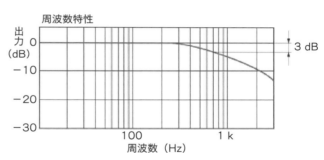

図 1.7.6 アナログ出力の応答周波数

(3) 応答性（応答時間）

応答性（responsiveness）とは，計測器への入力信号に対して出力信号が対応する速さ，あるいは，入力信号に対して出力信号が対応する様子を指す．図1.7.4に示すように入力信号がステップ状に変化した場合，1次遅れの出力が最終値の決められた割合に達するまでの時間で表示される．一般に最終値の63.2%，90%，95%または98%の値に達する時間で示されるステップ入力を与えると，時間をt，最終変化を1（= 100%）として，出力の1次遅れの計算式は，次式になる．

$$y(t) = 1 - e^{-t/T} \tag{1.7.1}$$

この式の T を**時定数**（time constant）という．この図では，63.2%に到達する時間が時定数である．図1.7.5に示すように，パルス波形の立ち上がりの10%点から90%点の部分（レベル）を**立ち上がり時間**（rise time），立ち下がり90%点から10%点の部分（レベル）を**立ち下がり時間**（fall time）という．50%点の部分の幅を**パルス幅**（pulse width）という．

(4) アナログ出力の応答周波数

測定対象物が連続的に回転あるいは振動するような場合，出力量は実際の変位の速度（周波数）に追従できる限界があり，出力が $-3\,\mathrm{dB}$（約 70%）に減衰したときの周波数を**応答周波数**（response frequency）と規定している（図 1.7.6）．アナログ出力の応答時間とは，測定対象物がある点からある点へ瞬間的に動いたとき，出力が最終の安定値の 90% に達するまでの時間をいう．

1.7.5 信頼性

計測工学にかかわる**信頼性**（reliability）に関する用語について，次節と重複する説明もあるが，JIS Z 8103 から**表 1.7.1** に参照しておく．

表 1.7.1 計測用語①（JIS Z 8103 より一部抜粋）

用語	意味
偏差	測定値から母平均を引いた値．
補正	系統誤差を補償するために，補正前の結果に代数的に加えられる値．またはその値を加えること．
目量（めりょう）	目幅に対応する測定量の大きさ．1目の読みということもある．
目幅（めはば）	相隣る目盛線の間隔．
最小目盛値	目盛が示す測定量の最小値．
測定範囲	指定された限界内に計器の誤差が収まるべき測定量の範囲．
真の値	ある特定の量の定義と合致する値．
測定値	測定によって求めた値．
誤差	測定値から真の値を引いた値．
かたより	測定値の母平均から真の値を引いた値．
正確さ	かたよりの小さい程度．
バラツキ	測定値の大きさが揃っていないこと．また不揃いの程度．バラツキの大きさを表すには，例えば標準偏差を用いる．
精密さ，精密度	バラツキの小さい程度．
残差	測定値から試料平均を引いた値．
不確かさ	合理的に測定量に結びつけられ得る値のバラツキを特徴づけるパラメータ．これは測定結果に付記される．
精度	測定結果の正確さと精密さを含めた，測定量の真の値との一致の度合い．
感度	ある測定量において，指示量の変化の測定量の変化に対する比．
繰返し性	同一の測定条件下で行われた，同一の測定量の繰り返し測定結果の間の一致の度合い．
視差	読み取りに当たって視線の方向によって生じる誤差．
許容差	(a) 基準に取った値とそれに対して許容される限界の値との差． (b) バラツキが予想される限界の値．
公差	規定された最大値と最小値の差．
トレーサビリティ	不確かさがすべて表記された切れ目のない比較の連鎖によって，決められた基準に結びつけられ得る測定結果．または標準の値の性質．基準は通常，国家基準または国際基準である．
校正	計器または測定系の示す値，もしくは実量器または標準物質の表す値と，標準によって実現される値との間の関係を確定する一連の作業．校正には計器を調整して誤差を修正することは含まない．
器差	(a) 測定器が示す値から示すべき真の値を引いた値． (b) 標準器の公称差から真の値を引いた値．

1.8 標準とトレーサビリティ

標準（standard）とは，広辞苑によると，①判断のよりどころ，②あるべきかたち・手本，③いちばん普通のありかた，とされている．例えば，録画テープのVHSはビデオの世界標準，パソコンのWindowsはOSの世界標準というように，それぞれの規則や規制の取り決めを**標準**という．そして，この「標準」を，関係者が集まり，協議して作り，それを利用する活動を**標準化**（standardization）という．標準化の機能は，製品の互換性やインタフェースの整合性を確保することで，ボルトやナットなどの機械要素では，**JIS（日本工業規格）**や**ISO**（International Organization for Standardization：**国際標準化機構**）などの活動がある．

計測分野では標準を決め，それを実際に示して，しかも広く実用上不便のないように供給する必要がある．これを実現するための仕組みが**トレーサビリティ**である．

1.8.1 標準

正しい測定を行うためには，信頼できる安定した計測器，正しい測定方法，および値の基準となる測定標準が必要となる．**測定標準**とは，基準として用いるために，ある単位またはある量の値を定義，実現，保存または再現することを意図した計器，実量器，標準物質または測定系と定義される．測定結果を互いに適正に比較したり，利用したりするためには，その測定系で統一された**単位**が必要で，現在は，国際単位系（SI）で7種類の基本単位が決められている．この単位の大きさを実際に示すことを**現示**といい，現示のための器具や装置を**原器**（prototype）または**標準器**（standard）という．この原器は，キログラム原器とかメートル原器などのように，物理・化学的に安定な材料で作られたものを指し，質量のみに使われる．

1.8.2 校正と不確かさ

校正（calibration または compensation）とは，計測器の指示値や実量器（分銅等）のもつ値とその**不確かさ**（uncertainty）とを，計量標準に基づいて決めることをいう．JIS TS Z 0032 では，指定の条件下において，第一段階で，測定標準によって提供される測定不確かさを伴う量の値と，付随した測定不確かさを伴う当該の指示値との関係を確立し，第二段階で，この情報を用いて指示値から測定結果を得るための関係を確立する操作と定義されている．適切に校正することで，計測器は器差を求め，その補正をすることができ，初めて信頼しうる測定値を表示することができる．校正を順次実施し，ある誤差範囲で最終的に同じ基準，例えば国家標準のスケールに到達できれば，使っている測定器は同等であり，その測定は国家標準に"**トレーサブルである**"という．標準を用いて校正すれば，国家標準までのトレーサビリティにより，測定器の精度が確保され，保証されることになる．

さて，**不確かさ**（uncertainty）とは，計測値のバラツキの程度を数値で定量的に表した尺度である．不確かさは通常，0以上の非負の有効数字で表現され，その絶対値が大きいほど，測定結果として予想されるバラツキも大きい．

このように，不確かさとは計測データの信頼性を表すための新しい考え方で，1993年に7つの国際機関の合同編集により，ISOから**『不確かさ表現のガイド』**（**GUM**：Guide to the expression of Uncertainty in Measurement）が発行された．後述する誤差は，「（測定値−真値）」と定義されるが，真値があいまいである以上，誤差を定量的に表すことができない．これに代わって「不確かさ」は統

計的手法で測定値からどの程度のバラツキ範囲内に真の値があるかを示すものである．すなわち真の値が存在していると推定できる範囲（確率）を定量化しようとする考え方である．

具体的には，図 1.8.1 に示すように不確かさは標準偏差で表され，標準偏差は一般に σ で表される．不確かさについて JIS では次の項目を挙げている．

① **標準不確かさ**：A タイプは統計的解析による評価：標準偏差 1σ を求める方法．B タイプは統計的解析以外の評価：カタログ，仕様書，データ等．

② **合成標準不確かさ**：複数の成分がある場合，これらの 2 乗和として合成したもの．

③ **拡張不確かさ**：標準偏差 σ の，2σ，3σ を使う方法．すなわち，測定結果の大部分が含まれると期待される範囲（参考 $\pm 1\sigma$：68.3%，$\pm 2\sigma$：95.4%，$\pm 3\sigma$：99.7%）．

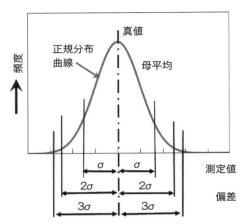

図 1.8.1　不確かさを示す正規分布曲線におけるバラツキ σ

1.8.3　トレーサビリティとその制度

トレーサビリティ（traceability）は，種々の分野で言葉の意味が異なる．流通分野におけるトレーサビリティは，例えば，食の安全として，生産者情報等の伝達のための仕組みを指す．計測分野では，例えば，計測器の標準器に対する精度を確認するための仕組みを指す．ここでは，もちろん後者について学習する．

計測器は標準機によって校正され，その標準器は**より上位の測定標準**に基づいて校正する必要がある．こういった校正の連鎖のことを**（測定）トレーサビリティ**という．計測のトレーサビリティとは，JIS Z 8103 で，不確かさがすべて表記された切れ目のない比較の連鎖によって，決められた基準に結びつけられ得る測定結果または標準の値の性質．基準は通常，国家標準または国際標準と定義されている．

上述した校正の連鎖，すなわちトレーサビリティが円滑に機能するためには，源流となる最上位の計量標準（国家計量標準）を含めて，その仕組みを安定に維持する必要がある．**図 1.8.2** に示すように，**JCSS**（Japan Calibration Service System：**計量法校正事業者認定制度**）は国家計量標準にトレーサブルな計量標準の供給を目的とした計器等（計器，標準物質）の校正に関する制度で，1993 年に計量法に導入し，校正等を行う計器等を明確に位置付け，国家計量標準とのつながりによって，その信頼性を対外的に確保する体制を整備したもので，計量標準供給制度と校正事業者登録制度からなる．

最上位の基準を **1 次標準（特定標準）** と呼び，国家標準として維持管理され，その下に，**2 次標準（特定 2 次標準）**，**3 次標準（実用標準）** が用意され，認定事業者（公的機関および民間機関）により企業や家庭で用いる計測器が正しい値を示すことを検査し，確認する．一般に標準は，下位にいくほど手軽に使えるように配慮してあり，誤差の許容レベルがゆるく設定されている．

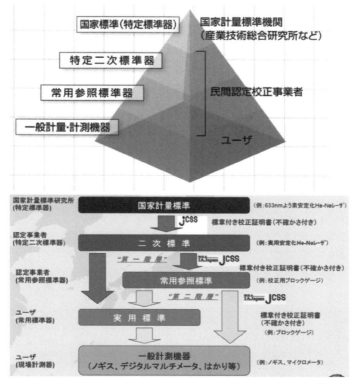

図 1.8.2 JCSS を主体とした計量法トレーサビリティ制度[42]

1.8.4 トレーサビリティにおける測定器・標準器とその具体例

前項で述べた「**より上位の測定標準**」とは，少なくとも次の条件を備えたものである．

① それよりもさらに高位の測定標準によって校正されており，登録事業者の発行し校正証明書（「計量法」第144条に係る校正証明書）があり，かつ校正期限内にあるもの．

② その精度は校正される計器の精度と比べて，理想的には1/10より高いもの，もしそれが難しい場合でも，少なくとも1/5より高いもの．

不確かさの考え方においては，計器や標準器はそれぞれの不確かさを明確にして，その計器や標準器を使って検査・校正した計器の不確かさの中に校正の不確かさとして含める．したがって，不確かさは次々に下位へと伝播して含めていくことになる．つまり下位へいくほど誤差の許容範囲が緩やかに設定されている．

例えば図1.8.2のように，あるユーザ（会社）の中において，末端で使用しているマイクロメータやノギスなどの一般計測器が，長さの国家標準とトレーサビリティがあると保証するためにはどうすればよいかを考える．まず，末端の測定器は，定期的に検査用ブロックゲージなどの標準器で検査・校正を行う．その会社が，さらに上位の実用標準になるようなブロックゲージ（K級）と比較測定器をもっていない場合，その検査用ブロックゲージの校正は，特定2次標準器をもつ登録事業者に依頼して，定期的に校正証明書の発行を受ける必要がある．また，その会社がさらに上位の実用標準ブロッ

---

42) https://www.jisc.go.jp/intellectual/outline.html

クゲージと比較測定器を所有し，社内で検査用ブロックゲージを検査・校正するときは，実用標準ブロックゲージと比較測定器の校正を，定期的に特定 2 次標準器をもつ登録事業者に依頼して校正証明書の発行を受ける．あるいは検査用ブロックゲージの検査・校正作業は，その実用標準ブロックゲージと比較測定器を使って，測定器の管理に責任をもち，適格な人が，適正な方法で行ったことを証明することが必要となる．

Box 6 計測管理の基本機能と JIS Q 10012 について

　下表は計測管理の基本機能と JIS Q 10012 との比較表を示す．JIS Q 10012 は，このような従来の計測器・計器そのものの管理よりも，計測計量のプロセスの管理に重点を置いた，より顧客重視指向の適正な計測管理の実施に有効なものとなった．

　ISO/JIS Q 10012 とは，2011 年 5 月 20 日に制定された「計測マネジメントシステム − 測定プロセス及び測定機器に関する要求事項」のことで，2000 年度版 ISO 9001 と同様に，マネジメントシステム規格として，プロセスの継続的改善を指向しており，モノづくりの基盤である計量計測を有効にマネジメントして，適切な測定を通して製品品質を改善し，顧客満足を実現することも目的としている．

表　計測管理の基本機能と JIS Q 10012

計測目的の明確化	7.2.1 測定プロセス／一般
計測対象の選定	7.2.1 測定プロセス／一般
測定器・測定法の改善	7.2.2 測定プロセスの設計　8.4.1 改善／一般
計測器の管理・校正	7.1 計量確認 7.3 測定の不確かさ及びトレーサビリティ
測定の実施	7.2.3 測定プロセスの実現　7.2.4 測定プロセスの記録
データの処理・解析	8.2.4 計測マネジメントシステムの監視
測定結果の評価	7.2.4 測定プロセスの記録　7.3.1 測定の不確かさ
活用	7.2.3 測定プロセスの実現 8.1 計測マネジメントシステムの分析及び改善

2章 計測の基礎知識

2.1 MKS単位系から国際単位系（SI）へ

2.1.1 単位の小史

単位の小史を表 2.1.1 に示す．秦の始皇帝は古代中国の戦国時代からの度量衡，三進法や十進法など位取り記数法等を最初に統一した．西欧では，五賢帝時代のローマ帝国（1世紀～2世紀）に統一された．11世紀，英国のヘンリー1世時代に長さの単位**ヤード**が制定された．1790年に仏国のタレーラン＝ペリゴールが，世界で統一した単位制度の確立を目的として提案した**メートル法**は，ナポレオン2世の呼びかけもあり，1875年に23か国の間で制定された．メートル法では，地球の北極点から赤道までの子午線弧長の1,000万分の1として定義された長さから単位**メートル**が確立された．その後，1954年に，国際単位系は国際度量衡総会（CGPM）で決定された．この国際単位は，メートル条約に基づきメートル法で使用されていた **MKS単位系**（長さの単位：**メートル** [m]，質量の単位：**キログラム** [kg]，時間の単位：**秒** [s] を用い，この3つの単位を組み合わせて種々の量の単位を表現したもの）を拡張したもので，一量一単位制を原則として，一貫性のある単位系で，「いつでもどこでも」計測ができるものである．

1991年に**日本工業規格**（JIS）が完全に国際単位系準拠となり，JIS Z 8203（国際単位系（SI）およびその使い方）が主に次のように規定された．

①正確に表現できる量であること．
②一定に維持できる量であること．
③実用上有効な量であること．
④すべての組立単位ができるだけ簡単な形で組み立てられること．

なお，1995年までは補助単位として位置づけられていた**平面角**（ラジアン：rad）と**立体角**（ステラジアン：sr）は，**組立単位**に組み込まれた．そして，1999年10月より国際単位系が実施された．

表 2.1.1　単位にかかわる小史

年　代	事　項
紀元前 250 年頃	秦の始皇帝が中国の単位を統一する．
1 世紀～2 世紀	五賢帝時代のローマ帝国（西欧）で統一される．
11 世紀	英国のヘンリー1世が長さの単位ヤードを制定．
1790 年	メートル法を仏国のタレーラン＝ペリゴールが世界で統一した単位制度の確立を目的として提案．
1875 年	23 か国の間で制定．
1960 年	国際単位系が国際度量衡総会（CGPM）で決定．
1992 年以降	国際単位系の採用が推奨．取引や証明については7年の猶予期間が設けられた．
1999 年 10 月	国際単位系が実施．

2.1.2 国際単位系

国際単位系とは国際度量衡総会によって採択され推奨された一貫性のある単位系で，**SI 単位系**と呼ばれる．SI は仏語で Systeme International d'unites の略，英語では International System of Units の略である．SI 単位系は，SI 単位（基本単位，組立単位），SI 接頭語，SI 単位の 10 進の整数乗倍で構成される．表 2.1.2 は 7 つの SI 基本単位とその定義を示す．

表 2.1.2　SI 基本単位（JIS Z 8203）

量	基本単位 名称	基本単位 記号	定　義
時間	秒	s	セシウム 133 原子の基底状態の 2 つの超微細準位（F = 4，M = 0 および F = 3，M = 0）間の遷移に対応する放射の周期の 9, 192, 631, 770 倍の継続時間．
長さ	メートル	m	1 秒の 1/299, 792, 458 の時間に光が真空中を進む距離．
質量	キログラム	kg	国際キログラム原器（プラチナ 90%，イリジウム 10% からなる合金で直径，高さともに 39 [mm] の円柱）の質量．
電流	アンペア	A	無限に長く，無限に小さい円形断面積をもつ 2 本の直線状導体を真空中に 1 メートルの間隔で平行においた時，導体の長さ 1 メートルにつき 2×10 ニュートンの力を及ぼしあう導体のそれぞれに流れる電流の大きさ．
熱力学 温度	ケルビン	K	水の三重点の熱力学温度の 1/273.16 で，温度間隔も同じ単位．
物質量	モル	mol	0.012 kg の炭素 12 に含まれる原子と等しい数の構成要素を含む系の物質量．モルを使う時は，構成要素（entités élémentaires）が指定されなければならないが，それは原子，分子，イオン，電子，その他の粒子またはこの種の粒子の特定の集合体であってよい．
光度	カンデラ	cd	周波数 540×10 ヘルツの単色放射を放出し，所定方向の放射強度が 1/683 ワット毎ステラジアンである光源のその方向における光度．

2.2　単位

2.2.1　単位の定義

上記の JIS では，単位（unit）とは取決めによって定義され，採用された特定の量であって，同種の他の量の大きさを表すために比較されるものと定義される．上述したように，単位には**基本単位**（base unit）と**組立単位**（derived unit）とがある．基本単位とは採用する単位系における基本量の単位，組立単位とは採用する単位系における組立量の単位である．

2.2.2　SI 単位

SI 基本単位は 7 つあり，その定義は表 2.1.2 に示したとおりである．接頭語をつけた単位は SI 単位の整数乗倍と呼ぶ．

2.2.3 組立単位

固有の名称をもつ SI 組立単位を表 2.2.1 に示す．

表 2.2.1 固有の名称をもつ SI 組立単位

組立量	SI 組立単位		
	固有の名称	記号	SI による表し方
平面角	ラジアン	rad	1 rad = 1 m/m = 1
立体角	ステラジアン	sr	1 sr = 1 m^2/m^2 = 1
周波数	ヘルツ	Hz	1 Hz = 1 s^{-1}
力	ニュートン	N	1 N = 1 kg·m/s^2
圧力, 応力	パスカル	Pa	1 Pa = 1 N/m^2
エネルギー, 仕事, 熱量	ジュール	J	1 J = 1 N·m
パワー, 放射束	ワット	W	1 W = 1 J/s
電荷, 電気量	クーロン	C	1 C = 1 A·s
電位, 電位差, 電圧, 起電力	ボルト	V	1 V = 1 W/A
静電容量	ファラド	F	1 F = 1 C/V
電気抵抗	オーム	Ω	1 Ω = 1 V/A
コンダクタンス	ジーメンス	S	1 S = 1 Ω^{-1}
磁束	ウェーバ	Wb	1 Wb = 1 V·s
磁束密度	テスラ	T	1 T = 1 Wb/m^2
インダクタンス	ヘンリー	H	1 H = 1 Wb/A
セルシウス温度	セルシウス度[1]	℃	1℃ = 1 K
光束	ルーメン	lm	1 lm = 1 cd·sr
照度	ルクス	lx	1 lx = 1 lm/m^2

組立単位は次の 3 種類がある．
① 基本単位を用いて表される SI 組立単位（面積, 速度, 波数, 密度等）．
② 固有の名称とその独自の記号で表される SI 組立単位（表 2.2.2）．
③ 単位の中に固有の名称とその独自の記号を含む SI 組立単位（力のモーメント, 角速度, 誘電率, 放射強度等）．

なお，表 2.2.2 の単位は SI に属さないが，SI 単位と併用できる．表 2.2.3 は人の健康を守るために認められる固有の名称をもつ SI 単位を示す．福島の原発事故[2] によって放射能は

表 2.2.2 SI 単位と併用できる単位

量	SI 組立単位
時間	分 [min], 時 [h], 日 [d]
平面角	度 [°], 分 ['], 秒 ["]
面積	ヘクタール [ha]
体積	リットル [l]
質量	トン [t]
エネルギー	電子ボルト [eV]
質量	ダルトン [Da] または統一原子質量単位 [u]
長さ	天文単位 [ua]

---

[1] セルシウス度は，セルシウス温度の値を示すのに使う場合の単位ケルビンに代わる特有の名称である．
[2] 福島第一原子力発電所事故は，2011 年 3 月 11 日の東北地方太平洋沖地震による地震動と津波の影響により，東京電力の福島第一原子力発電所で発生した炉心溶融など一連の放射性物質の放出をともなった原子力事故．国際原子力事象評価尺度（INES）において最悪のレベル 7（深刻な事故）に分類される事故．

表2.2.3 人の健康を守るために認められる固有の名称をもつSI単位

組立量	SI組立単位		
	固有の名称	記号	SIによる表し方
放射能（放射性核種の）	ベクレル	Bq	$1\,Bq = 1\,s^{-1}$
吸収線量, 質量エネルギー分与, カーマ, 吸収線量率	グレイ	Gy	$1\,Gy = 1\,J/kg$
線量当量	シーベルト	Sv	$1\,Sv = 1\,J/kg$

特に着目されるようになった．計測量は極微量から巨大量まで，その範囲は広がる一方なので，当然，単位の分量の倍量が必要になる．

表2.2.4はその分量，倍量を表すためのSI接頭語を示す．ヨクトからヨタまで48桁のレンジを表現できる．例えば，基本単位の10^{-6}はマイクロキログラム［μkg］ではなくミリグラム［mg］と記す．このように，接頭語を重ねて用いることは禁じられている．**表2.2.5**はSI制定後，使えない単位を示す．

【例】長さの単位，質量の単位を確認しよう．

- 1［km］　= 1,000［m］= 10^3［m］
- 1［m］　= 1,000［cm］（センチメートル）
  　　　　 = 10^2［cm］
- 1［cm］　= 10［mm］
- 1［mm］　= 1/1,000［m］= 10^{-3}［m］
- 1［kg］　= 1,000［g］= 10^3［g］
- 1［g］　= 1,000［mg］（ミリグラム）
  　　　　 = 1/1,000［kg］= 10^{-3}［kg］
- 1［mg］　= 1/1,000［g］= 10^{-3}［g］

【例】重力と加速度の単位を確認しよう．

- 地球上の物体にかかる重力は力．力は方向と大きさをもつベクトル量である．
- 1［N］（ニュートン）
  - 質量1［kg］の物体に1［m/s²］の加速度を生じさせる力
  - 1［N］= 1［kg］× 1［m/s²］
    　　　= 1［kg·m/s²］
- 自由落下→等加速度運動
  - SI単位では，9.8［N］
  - 1［kg］× 9.8［m/s²］
    = 9.8［kg·m/s²］= 9.8［N］

表2.2.4 SI接頭語

乗数	接頭語		
	名称		記号
10^{24}	ヨタ	一秭	Y
10^{21}	ゼタ	十垓	Z
10^{18}	エクサ	百京	E
10^{15}	ペタ	千兆	P
10^{12}	テラ	一兆	T
10^{9}	ギガ	十億	G
10^{6}	メガ	百万	M
10^{3}	キロ	千	k
10^{2}	ヘクト	百	h
10	デカ	十	da
10^{-1}	デシ	一	d
10^{-2}	センチ	一分	c
10^{-3}	ミリ	一厘	m
10^{-6}	マイクロ	一毛	μ
10^{-9}	ナノ	一微	n
10^{-12}	ピコ	一塵	p
10^{-15}	フェムト	一漠	f
10^{-18}	アト	一須臾	a
10^{-21}	ゼプト	一刹那	z
10^{-24}	ヨクト	一清浄	y

表2.2.5 SI単位と併用できない単位

量	SI組立単位
カロリー［cal］	4.186 ジュール［J］
気圧［atm］	1,013.25 ヘクトパスカル［hPa］
ミクロン［μ］	1マイクロメートル［μm］
ガウス［G］	100マイクロテスラ［μT］
キュリー［Ci］	37ギガベクレル［GBq］
ラド［rad］	10ミリグレイ［mGy］
レントゲン［R］	258マイクロクーロン／キログラム［μC/kg］
レム［rem］	10ミリシーベルト［［m/s］v］

Box 7　フィートと尺

① **フィート**（複：feet，単：foot）は，**ヤード・ポンド法**における**長さ**の単位．1フートは12インチであり，3フィートが1ヤード．
② **尺**（しゃく）は，**尺貫法**における**長さ**の単位．東アジアでひろく使用されている．日本では，明治時代に1尺＝（10/33）メートル（曲尺）（約303.030 mm）．中国では，1尺＝（1/3）メートル（約333.333 mm）

Box 8　近似式，$x, y \ll 1$ とすれば，以下の近似式が使える

① $(1 \pm x) \fallingdotseq 1 \pm nx$　ただし $nx \ll 1$
② $(1 + x)(1 + y) \fallingdotseq 1 + x + y$
③ $\dfrac{1+x}{1+y} \fallingdotseq 1 + x - y$
④ $e^x \fallingdotseq 1 + x$ または $\ln(1 + x) \fallingdotseq x$
⑤ $\sin x \fallingdotseq x$ または $\tan x \fallingdotseq x$ ただし，x はラジアン単位．以下の式も同様である．
⑥ $\sin(A + x) \fallingdotseq \sin A + x \cos A$ ただし A は任意の数値（ラジアン単位）．
　以下の式も同様である．
⑦ $\cos(A + x) \fallingdotseq \cos A - x \sin A - x^2 \cos A/2$　（注）右辺第3項は省略可の場合がある．
⑧ $\cos x \fallingdotseq 1 - x^2/2$　（注）⑦で $A = 0$ とした場合に相当する．
⑨ $\tan(A + x) \fallingdotseq \tan A + x \sec^2 A$　（注）$\sec \theta$ はセカント（シータ）と読み，$\cos \theta$ の逆数（$1/\cos \theta$）

2.3　次元

2.3.1　次元とは

　次元には，空間の広がりを表す1つの指標として，16世紀にデカルト[3]が発明した**座標**が導入された．**表 2.3.1** に示すように，空間では要素の数・自由度として捉えられる．

表 2.3.1　空間表現

点(0D)	直線(1D)	平面(2D)	立体(空間，3D)	移動空間(4D，宇宙)	X Y Z W Y
0	1	2	3	4	Dim

[3) ルネ・デカルト（仏：René Descartes, 1596〜1650）は，仏国生まれの哲学者，数学者．合理主義哲学の祖．『方法序説』（Discours de la méthode）で提唱した命題「我思う，ゆえに我あり：Je pense, donc je suis」は有名．また同書で，直交座標系を平面上の座標の概念を確立したルネ・デカルトの名からデカルト座標系（Cartesian coordinate system）という．

表2.3.2 さまざまな量の次元

量	SI組立単位 固有の名称	SI組立単位 記号	SI基本単位, 組立単位	L	M	T	θ	I	N	J
平面角	ラジアン	rad	1 rad = 1 m/m = 1	0	0	0	0	0	0	0
立体角	ステラジアン	sr	1 sr = 1 m²/m² = 1	0	0	0	0	0	0	0
面積	平方メートル	S, A	m²	2	0	0	0	0	0	0
体積	立方メートル	V	m³	3	0	0	0	0	0	0
周波数	ヘルツ	Hz	1 Hz = 1 s⁻¹	0	0	-1	0	0	0	0
振動数	ヘルツ	f	1 Hz = 1 s⁻¹	0	0	-1	0	0	0	0
速度	メートル毎秒	v, u	m/s	-1	0	-1	0	0	0	0
角速度	ラジアン毎秒	ω	rad/s	0	0	-1	0	0	0	0
加速度	メートル毎秒・毎秒	a	m/s²	1	0	-2	0	0	0	0
力	ニュートン	N	1 N = 1 kg·m/s²	1	1	-2	0	0	0	0
圧力, 応力	パスカル	Pa	1 Pa = 1 N/m²	-1	1	-2	0	0	0	0
エネルギー, 仕事, 熱量	ジュール	J	1 J = 1 N·m	2	1	-2	0	0	0	0
パワー, 放射束	ワット	W	1 W = 1 J/s	2	1	-3	0	0	0	0
運動量	ニュートン秒	p	N·s	1	1	-1	0	0	0	0
角運動量	ニュートンメートル秒	L	N·m/s	2	1	-1	0	0	0	0
力のモーメント	ニュートンメートル	N	N·m	2	1	-2	0	0	0	0
慣性モーメント	イナーシャ	I	Kg·m²	2	1	0	0	0	0	0
弾性係数(率)	パスカル		1 Pa = 1 N/m²	-1	1	-2	0	0	0	0
粘性	パスカル秒	μ, η	Pa·s	-1	1	-1	0	0	0	0
表面張力	ニュートン毎メートル	γ	N/m	0	1	-2	0	0	0	0
熱伝導率	ワット毎メートル・ケルビン	λ, k	W/(m·K)	1	1	-3	-1	0	0	0
熱容量	ジュール毎ケルビン		J/K	2	1	-2	-1	0	0	0
比熱		C_p	J kg⁻¹ K⁻¹	2	0	-2	-1	0	0	0
エントロピー	ジュール毎ケルビン	S	J/K	2	1	-2	-1	0	0	0
照度	ルクス	lx	1 lx = 1 lm/m²	-2	0	0	0	0	0	1
電荷, 電気量	クーロン	C	1 C = 1 A·s	0	0	1	0	1	0	0
電位, 電位差, 電圧, 起電力	ボルト	V	1 V = 1 W/A	2	1	-3	0	-1	0	0
静電容量	ファラド	F	1 F = 1 C/V	-2	-1	4	0	2	0	0
誘電率	ファラド毎メートル	ε	F m⁻¹	-3	-1	4	0	2	0	0
電気抵抗	オーム	Ω	1 Ω = 1 V/A	2	1	-3	0	-2	0	0
インダクタンス	ヘンリー	H	1 H = 1 Wb/A	2	1	-2	0	-2	0	0
電力	ワット	P	W	2	1	-3	0	0	0	0
コンダクタンス	ジーメンス	S	1 S = 1 Ω⁻¹	-1	-2	3	0	2	0	0
電場・電界強度		E	V/m	1	1	-3	0	-1	0	0
起磁力			A	0	0	0	0	1	0	0
磁束・磁界強度	ウェーバ	Wb	1 Wb = 1 V·s	-1	0	0	0	1	0	0
磁束密度	テスラ	T	1 T = 1 Wb/m²	0	1	-2	0	-1	0	0
光度	カンデラ(cd)	I, I_v	J							

もう1つの次元として物理量の次元がある．物理的単位の種類を記述するのに用いられ，計測工学で重要な学習事項となる．上述した組立量は7つの基本量の関係式として表せる．一般的には物量は次式で表せる．

$$Z = L^\alpha M^\beta T^\gamma I^\delta \theta^\varepsilon N^\xi J^\eta \tag{2.3.1}$$

ここで，L は長さ［m］，M は質量［g］，T は時間［t］，I は電流［A］，θ は温度［t］，N は物質量［1 kg·m/s²］，J は光度の次元［cd（カンデラ）］を表す．このとき，Z の**次元**（dimension）を式（2.3.2）あるいは式（2.3.3）で表す．

$$\dim Z = L^\alpha M^\beta T^\gamma I^\delta \theta^\varepsilon N^\xi J^\eta \tag{2.3.2}$$

$$[Z] = L^\alpha M^\beta T^\gamma I^\delta \theta^\varepsilon N^\xi J^\eta \tag{2.3.3}$$

上式の dim は次元の意味である．指数 α（アルファ），β（ベータ），γ（ガンマ），δ（デルタ），ε（イプシロン），ξ（クシー），η（イータ）は整数または分数で，これを L，M，T，I，θ，N，J に関する次元という．平面角や立体角，ひずみなど，指数がゼロの場合は，次元はゼロであり，**無次元**（dimensionless）という．

2.3.2　次元式での表し方

例えば，速度 v［m/s］は，時間を t［s］，距離 l［m］としたとき，$V = \dfrac{l}{t}$ で表せる．この式の速度 v は距離 L の1次元［m］と時間 T の－1次元［s⁻¹］の積であり，次元の式で表せば，次のようになる．

$$\dim v = \frac{L}{T} = LT^{-1} \tag{2.3.4}$$

表 2.3.2 に代表的な計測物理量の次元をまとめた．物理量が定義できれば，次元式は作成できる．

【例題】ニュートンの運動方程式 $F = ma$ を次元式で示せ．
【解答】次元式 $[F] = [m][a] = M \cdot LT^{-2}$

2.4 測定の精度

2.4.1　誤差

測定値（measured value：測定を行った値）と**真値**（conventional true value：測定物の真の値）には，何らかの**不確かさ**が伴い，必ずしも測定値と真値が一致するとは限らない．測定値（M）と真値（T）の差を**誤差**（error）ε（イプシロン）といい，式（2.4.1）のようになる．また，その誤差率 ε_r は式（2.4.2），誤差百分率 ε_h は式（2.4.3）で表される．

$$\varepsilon = M - T \tag{2.4.1}$$

$$\varepsilon_r = \frac{M - T}{T} \tag{2.4.2}$$

$$\varepsilon_h = \frac{100\,T}{T} \tag{2.4.3}$$

測定精度の評価は誤差の絶対量を用いるよりも，相対値である誤差率 ε_r の方が大切で，誤差率は真値との相対比率として上式で表せる．通常，真値が不明なので，実際には測定の代表値，例えば，平均値などを用いることになる．

誤差の種類は表 2.4.1 に示すように, ①**系統誤差**（systematic error：**定誤差**), ②**偶然誤差**（random error：**確率的誤差**), および③**間違い**（mistake：**ミスによる誤差**）があり, それぞれの対策を行うことが大切である.

表 2.4.1　誤算の種類と対策

種類	説明	対策
①系統誤差	測定結果にかたよりを与える原因によって生じる誤差. 測定器の校正が不十分なために生じる器差や測定条件が基準から外れたために生じる誤差などがある.	・測定器の定期的な校正（較正）検査を行い, 調整・修正する. ・論理誤差式で計算補正する. ・複数人による照合・検証をする.
②偶然誤差	突き止められない原因によって起こり, 測定値のバラツキとなって現れる誤差.	・全くでたらめに発生する誤差なので, 統計手法を用いて確率論的に取り扱う.
③間違い	測定者が気付かずにおかした誤り, またはその結果求められた測定値.	・測定に十分な注意を払う. ・測定値に対して棄却検定を行う.

さて, 測定回数がきわめて多い場合, 偶然誤差の起こる確率には, 次に示す「**誤差の 3 公理**」（the three axio［m/s］of error）という特徴をもつ. また, この公理を満足するとき, 誤差は正規分布に従うとされる.
(1) 絶対値の小さい誤差は, 大きい誤差よりも多く起こる.
(2) 絶対値の同じ正負の誤差は, 同じ確率で起こる.
(3) 絶対値の非常に大きい誤差の発生する確率は非常に小さい.

2.4.2　測定値（誤差）の統計的分布

図 2.4.1 は, 同一条件下で無限回ある測定をしたときの測定値とその測定頻度の関係を示す. 測定値には偶然誤差のバラツキが現れ, 図 2.4.1 に示すようになだらかな山形の分布（広がり）になる. 同一条件下で無限回ある測定をしたときのすべての測定値の集まりを**母集団**（population）といい, その平均を**母平均**（population mean）m という.

また, 母集団からランダムに得られる有限個の測定値の 1 組を**試料**あるいは**標本**（sample）M_i といい, その平均値を**試料平均**（sample mean）$\overline{M}$ という.

同程度の確からしさをもつ, いくつかの測定値があるとき, その最も確からしい値は**算術平均**（arithmetic mean）である. 測定回数が無限に近くなると, 大数の法則から算術平均は真値に限りなく近づく. ここで, 1 行に並んだ変数の加算式を $\sum i$ と表し[4], $i = 1$ 番目から n 番目までの加算式, つまり総和を $\sum_{i=1}^{n} i$ とかき, 式 (2.4.4) のようになる.

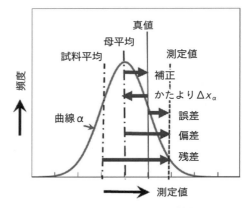

図 2.4.1　測定値（誤差）とその測定頻度の関係

---

4) Σ（シグマ, sigma）は, ギリシア文字の 1 つで σ の大文字. ここでは, Σ は数学の数列の和（総和）を表す（Σ は英字の S に対応し, 和は英語でサンメンション（summation）という.

$$\sum_{i=1}^{n} i = 0+1+2+\cdots+(n-1)+n \tag{2.4.4}$$

よって，算術平均は式（2.4.5）のようにかける．

$$\overline{M} = \frac{M_1 + M_2 \cdots + M_n}{N} = \frac{1}{N}\sum_{i=1}^{n} M_i \tag{2.4.5}$$

ここで，**偏差**（deviation）d と **残差**（residual）r は次式で区別される．

$$偏差\ d = 測定値 - 母平均 = M_i - m \tag{2.4.6}$$

$$残差\ r = 測定値 - 試料平均 = M_i - \overline{M} \tag{2.4.7}$$

補正（correction）とは，<u>系統誤差を補償するために，補正前の結果に代数的に加えられる値，またはその値を加えること</u>である．ただし，偶然誤差は補正できないので，誤差がゼロになることはない．

$$補正\ \alpha = -\varepsilon\ （系統誤差）= T - M_i \tag{2.4.8}$$

ここで，**かたより**（bias）Δx_a とは，<u>測定値の母平均から真の値を引いた値</u>で，

$$\Delta x_a = m - T \tag{2.4.9}$$

このように測定値は誤差が含まれるため，統計的な測定値の取扱いをして，この誤差を軽減し，評価する．

2.4.3　正規分布と標準偏差

正規分布（normal distribution）は**ガウス分布**（Gaussian distribution）とも呼ばれる．16世紀の数学者ガウス[5]が上述の誤差の3公理をもとに算術平均の原理を用いた偶然誤差の確率分布である．正規分布は推測統計の基礎となる最も重要な確率分布である．

さて，母平均 m と後述する式（2.4.12）で定義される標準偏差 σ を用いて，正規分布曲線 $f(M)$ が式（2.4.10）で表される．$f(M)$ は測定値が M 値となる確率で，**確率密度関数**と呼ばれる．

$$f(M) = \frac{1}{\sigma\sqrt{2\pi}} \exp\left\{-\frac{(M_i - m)^2}{2\sigma^2}\right\} \tag{2.4.10}$$

ここで，**標準偏差**（standard deviation）σ は式（2.4.11）で定義され，m は母平均値，$f(M)$ は測定値が m 値となる確率である．偏差 d は複数の測定値 M の母平均 m から，ある1つの測定値のかたよりのことで，式（2.4.6）で表せる．

これに対し，<u>標準偏差 σ は複数の測定値で形成される母集団の偏差を表し</u>，書き直せば式（2.4.14）となり，<u>正規分布曲線の広がり</u>，つまり<u>偶然誤差のバラツキを表す量</u>である．正規分布は平均 m を中心として左右対称になった西洋の釣鐘と似た形状の曲線（ベルカーブ）の分布形を描く．

なお，標準偏差の2乗である σ^2 は**分散**（dispersion）という．**正規分布**は $N(m, \sigma^2)$ と表記する．これはカッコ内の2つの値，平均 m と分散 σ^2 が決まれば正規分布が一意に定まることを意味しており，この平均 m と分散 σ^2 を**母数**（parameters）という．

---

[5] ヨハン・カール・フリードリヒ・ガウス（独：Gauß De-carlfriedrichgauss.ogg listen，1777～1855）はドイツの数学者，天文学者，物理学者．最小二乗法の発見，平方剰余の相互法則の証明，代数学の基本定理の証明，複素数表記，円周等分多項式，最小二乗法を用いたデータ補正，正規分布，複素積分，ガウス平面，微分幾何学を創始した．

$$\sigma = \sqrt{\frac{1}{n}\sum_{i=1}^{n}(M_i - m)^2} \tag{2.4.11}$$

$$\sigma^2 = \frac{(M_1 - m)^2 + (M_2 - m)^2 + \cdots + (M_n - m)^2}{n} \tag{2.4.12}$$

式（2.4.12）で，標準偏差 σ は母集団に対する量なので直接算出しがたいため，推定した値として**試料標準偏差**（standard deviation）s が用いられる．ただし，n は試料数（測定回数）である．

$$s = \sqrt{\frac{1}{n-1}\sum_{i=1}^{n}(M_i - m)^2} \tag{2.4.13}$$

$$s^2 = \frac{(M_1 - m)^2 + (M_2 - m)^2 + \cdots + (M_n - m)^2}{n-1} \tag{2.4.14}$$

また，試料標準分散 s^2 は真値 T の代わりに，母平均値 m を用いたことを考慮したもので，分母の値が $n-1$ となる．つまり，試料数あるいはデータ数が1つ少ないことを意味する．

ここで，ガウス分布の統計的な意味について考える．測定値の分布が正規であり，母平均値 m，母標準偏差 σ がわかっているとき，すべての測定値 $m \pm k\sigma$ の範囲を外れる確率 ε は，**表 2.4.2** に示すように，$\pm 1\sigma$ 以下の範囲に入る確率は 68.27%，$\pm 2\sigma$ 以下だと 95.45%，さらに $\pm 3\sigma$ だと 99.73% となる．その様子を**図 2.4.2** に示す．

<u>3σ の場合，ほとんどすべてのデータが精度的に許容できる範囲内にあるので，製品の良品が 3σ 内にあるように生産管理すれば，不良品が少なく，歩留まりがよいということになる</u>．生産管理ではこうした考え方が非常に重要になる．

表 2.4.2 測定値の確率分布

	確率 ε（%）
平均値 $m \pm \sigma$	68.3%
平均値 $m \pm 2\sigma$	95.4%
平均値 $m \pm 3\sigma$	99.7%

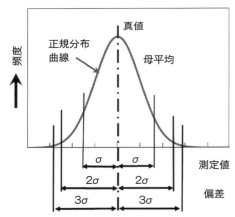

図 2.4.2 正確さがあるのは真値からのかたよりが小さい方

2.4.4 誤差の伝播

測定値は一般に**最確値**[6]であるので，その測定値には誤差が含まれる．したがって，最確値は最小二乗法で求められる．また，その値の信頼度（精度）は式（2.4.11）で表した標準偏差で示される．この測定値を使った計算で得た値も誤差を含む．このような現象を**誤差伝播**（propagation of error）という．

---

[6] 最確値（most probable value）とは，ある量を数回測定したときの，最も真の値に近い値．最小二乗法によって求め，同じ条件による測定では相加平均をとる．

ここで，測定値を x_i，その標準偏差を**精度**と呼び，σx_i で表す．測定値を用いた計算結果を y とすると，y は関数 f を用いて次式で表すことができる．

$$y = f(x_1, x_2, \cdots, x_n) \tag{2.4.15}$$

そして，測定値を用いた計算結果 y の精度 σ_y は，誤差伝搬の法則により次式で計算できる．多変数なので偏微分を利用している．

$$\sigma_y^2 = \left(\frac{\partial f}{\partial x}\right)^2 \sigma_{x1}^2 + \left(\frac{\partial f}{\partial x}\right)^2 \sigma_{x2}^2 + \cdots + \left(\frac{\partial f}{\partial x}\right)^2 \sigma_{xn}^2 \tag{2.4.16}$$

2.4.5 正確さと精密さ

(1) 正確さ

正確さ（trueness）とは，かたより（deviation）の小さい程度をいう．上述したように，系統誤差のかたより $\Delta x_a (= m - T)$ は，測定値の母平均から真の値を引いた値で，これが小さいほど正確といえる．

さて，**図 2.4.3** で比較すれば，曲線 b の測定結果の方が，その平均値の真値からのかたより Δx_b が曲線 a の平均値のかたより Δx_a より小さいので，曲線 b の方がより正確といえる．

(2) 精密さ

精密さ（precision）とは，偶然誤差のバラツキ（variability）の小さい程度をいう．バラツキが小さい方が，より精度が良い，または高いという．**図 2.4.4** は横軸を測定値，縦軸を測定値の頻度として，2種類の曲線を示す．図 2.4.4 では，曲線 a のデータの方が曲線 b より幅が狭くバラツキが小さいので，精密であるという．精度は偶然誤差の分布にだけ依存し，真の値や特定の値には関係しない．

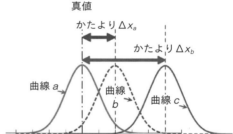

図 2.4.3 正確さがあるのは真値からのかたよりが小さい方

【**例題**】1，2，3，4，5の標準偏差を求めよ．
【**解答**】式（2.4.10）および**表 2.4.3** を参照して，次の①〜④の手順で求める．
　①平均値 = 3
　②二乗和：4 + 1 + 0 + 1 + 4 = 10
　③個数で割る（平均）：10／5 = 2
　④ルートでくくる：標準偏差 = $\sqrt{2}$

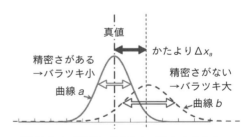

図 2.4.4 精密さがあるとバラツキが小さい

表 2.4.3 例題の解答方法

各サンプル	1	2	3	4	5
平均との差	− 2	− 1	0	1	2
平均との差の2乗	4	1	0	1	4

3章 計測の測定データの取扱い

3.1 有効数字と誤差

3.1.1 有効数字と誤差の表し方

有効数字（significant figures）とは，JIS K 0211 では，測定結果などを表す数字のうちで位取りを示すだけのゼロを除いた意味のある数字と定義されている．つまり，測定器で測定した測定値の有効な桁数の数字である．

ここで，15 という有効数字を考えると，有効数字は 2 桁となる．この有効数字 15 を測定値・データとして取り扱うときは，15 の最小桁の 5 に，測定上の誤差が含まれると考える．つまり，5 には誤差が含まれる．しかし，その 5 の上位の桁の 1 にまでは影響せずに，上位の桁の 1 は信頼できると考えるのである．

さて，前章で**誤差**（ε）は**測定値**（M）と**真値**（T）の差，$\varepsilon = M - T$（式（2.4.1））のように表された．ここで，15 という測定値に対して真値 T が ± 0.5 以内の誤差があるとすれば，大小関係を使って表すと，次式のように書ける．

$$14.5 \leq T < 15.5 \tag{3.1.1}$$

また，測定値がそれぞれ 1.5 [m]，1.50 [m]，1.500 [m] の場合，1.5 [m] のとき有効数字は 2 桁で，意味あるデータとして 0.1 [m] まで保証され，一般に誤差としては，それぞれ ± 0.1 [m] 程度，1.50 [m] のとき有効数字は 3 桁で 0.01 [m] まで意味のあるデータとして保証され，誤差としては ± 0.01 [m] 程度生じるとされ，1.500 [m] のとき有効数字は 4 桁で 0.001 [m] まで，誤差としては ± 0.001 [m] 程度生じるとされる．

Box 9　**有効数字の表し方**

・0 ではない数字に挟まれた 0 は有効である．
　【例】60.8 は有効数字 3 桁である．
　　　　39008 は有効数字 5 桁である．
・0 ではない数字より前に 0 がある場合，その 0 は有効ではない．
　【例】0.093827 は有効数字 5 桁である．
　　　　0.0008 は有効数字 1 桁である．
　　　　0.012 は有効数字 2 桁である．
・小数点より右にある 0 は有効である．
　【例】35.00 は有効数字 4 桁である．
　　　　8000.000000 は有効数字 10 桁である．

さて，**数値の丸め方**（guide to the rounding of numbers）は JIS Z 8401 で次のように規定される．

(a) **丸める**とは，与えられた数値を，ある一定の丸めの幅の整数倍がつくる系列の中から選んだ数値に置き換えることである．この置き換えた数値を**丸めた数値**と呼ぶ．この丸めによって生じた誤差を**丸め誤差**という．

【例 1】丸めの幅：0.1 の場合，整数倍：12.1, 12.2, 12.3, 12.4, …

【例 2】丸めの幅：10 の場合，整数倍：1210, 1220, 1230, 1240, …

(b) 与えられた数値に最も近い整数倍が 1 つしかない場合には，それを**丸めた数値**とする．

【例 1】丸めの幅：0.1　与えられた数値→丸めた数値

　　　　12.223 → 12.2,　12.251 → 12.3,　12.275 → 12.3 とする．

【例 2】丸めの幅：10　与えられた数値→丸めた数値

　　　　1222.3 → 1220,　1225.1 → 1230,　1227.5 → 1230 とする．

(c) 与えられた数値に等しく近い，2 つの隣り合う整数倍がある場合には，次の規則 A が用いられる．
規則 A：丸めた数値として偶数倍の方を選ぶ．

3.1.2　有効数字（測定値）の加減乗除

(a) 有効数字で与えられた数値を**加減**する場合は，末位が最大の数値を調べ，それよりも 1 桁下まで計算し，最後の桁を 4 捨 5 入する．減算の場合，桁落ちで大きな誤差が生ずることがあるので注意する．

【例 1】加算 1.8 + 0.03 を計算すれば 1.8 + 0.03 = 1.83 → 1.8 とする．

　　　　減算 1.8 − 0.03 を計算すれば 1.8 − 0.03 = 1.77 → 1.8 とする．

(b) 有効数字で与えられた数値を**乗除**する場合は，有効数値の最小の数値を調べ，それよりも 1 桁余分になるように計算し，最後の桁を 4 捨 5 入する．

【例 2】乗算 12.34 × 4.56 を計算すれば 56.2704 → 5.63 × 10 とする．

　　　　除算 12.34 ÷ 4.56 を計算すれば 2.7061（40350877193），カッコ内は意味がないので無視する → 2.71 とする．

3.2　測定データの統計処理

3.2.1　測定データ

測定データはただ数字の羅列であり，これでは無意味である．そこで，測定データを整理・要約することによって，さまざまな視点からデータを見ることができるようになる．測定データのもつ性質・特徴を示す新しい情報が得られることで，その測定データの傾向を把握することができ，実験状況や測定条件あるいは測定器の状況など，多くの場面で測定データが役に立つことになる．本節では，その統計的な処理方法について見てみる．

3.2.2　基本統計量

基本統計量（basic statistics）とは，データの基本的な性質を示す数値で，具体的にはデータから計算される「平均」や「分散」といった数値のことである．統計処理によって 1 つの数値に計算された

表 3.2.1　基本統計量の測定データの性質

基本統計量		意味	計算式	表計算の関数
データのバラツキ具合	平均 m（相加・算術平均）	測定データの合計をデータの個数で割ったもの.	$\left(\sum m_i\right)/n$	= AVERAGE（セル範囲）
	中央値（中位数，中位値，メディアン）	取得データを昇順（小さい順）に並べ替えた時，その順番が真ん中の位置にあたるデータの値.	$m_{[(n+1)/2]}$ if n is odd. $(m_{(n/2)} + m_{[(n/2)+1]})/2$ if n is even.	= MEDIAN（セル範囲）
	最頻値	度数分布表から，最も度数の多い階級の値を最頻値.	（本文参照）	= MODE（セル範囲）
	分散 s^2 不偏分散 $\hat{\sigma}^2$	偏差平方和（データと平均との差を2乗したものの総和）をデータの個数（標本の大きさ）で割ったもの.	$s^2 = \sum(m_i - m)^2/n$ $\hat{\sigma}^2 = \sum(m_i - m)^2/(n-1)$	= VARP（セル範囲） = VAR（セル範囲）
	標準偏差 s（不偏）標準偏差 $\hat{\sigma}$	データと同じ次元（同じ単位）で表現されるバラツキの指標.	$\sqrt{s^2}$ $\sqrt{\hat{\sigma}^2}$	= STDEVP（セル範囲） = STDEV（セル範囲）
分布の形態	歪度	データにおける分布のひずみを意味し，左右対称性の指標.	$\left\{\sum(m_i - m)^3/n\right\}/s^3$	= SKEW（セル範囲）
	尖度	データにおける分布の尖り具合を意味し，扁平性の指標.	$\left\{\sum(m_i - m)^4/n\right\}/s^3$	= KURT（セル範囲）
	最小値	データの中で最も小さい値.	$m_{(1)}$	= MIN（セル範囲）
	最大値	データの中で最も大きい値.	$m_{(n)}$	= MAX（セル範囲）
大きさ	標本サイズ	データの個数.	n	= COUNT（セル範囲）
	合計	すべてのデータの値の総和.	$\sum m_i$	= SUM（セル範囲）

値を**統計量**（statistics）といい，その中で最も基本的な指標となるのが，この基本統計量である．**記述統計量**（descriptive statistics），または**要約統計量**（summary statistics）とも呼ばれる．

表 3.2.1 は，基本統計量の測定データの性質をわかりやすく簡潔に表した．初めに，1つの数値が**代表値**（averages）として使われる場合がある．代表値とは，データの中心位置を示す統計量のことで，統計では**平均**（mean），**中央値**（median），**最頻値**（mode）の3つがよく用いられる．データのバラツキ具合は，データのまとまり具合や変動の尺度で，**散布度**（dispersion）を示す基本統計量の中で，**分散**（variance）と**標準偏差**（standard deviation）は特に重要な指標である．

別の視点から測定値を統計的に処理する場合，一般に，測定データの特徴を表すには，測定値の大きさとバラツキの程度を示す．ここでは，これまで学習してきた算術平均，分散，標準偏差についての概念を整理すると，算術平均，分散，標準偏差は重複するが，表 3.2.1 は**表 3.2.2** のように表せる．Σ（シグマ）は総和の略記号で，Π（パイ）は総積の略記号として使用する．表 3.2.2 の計算値の列は，測定データ m が 1, 2, 3, 4, 5 の5個（$n = 5$）のときの結果を示す．

総和は $\sum_{i=1}^{5} m_i = 1 + 2 + 3 + 4 + 5 = 15$，総積は $\prod_{i=1}^{5} m_i = 1 \times 2 \times 3 \times 4 \times 5 = 120$，算術平均は $\overline{m} = \dfrac{1}{n}\sum_{i=1}^{5} m_i \sum_{i=1}^{5} m_i = \dfrac{15}{5} = 3$，偏差平方和は**表 3.2.3** のようになる．

3.2.3　試料（標本）平均と分散

表 3.2.4 は**統計学**（statistics）[2]と本節，すなわち測定データの基本的な統計処理法との関係を示す．つまり，この表から統計学における統計的手法を計測工学でどのように使うのか，具体的には実験計画，データの要約や解釈をどうするかを理解してもらえばよい．

3.2 測定データの統計処理

表 3.2.2 算術平均, 分散, 標準偏差について

項目	意味・特徴	記号と計算式	計算値 [単位]
算術平均	測定データの大きさを示す尺度.	$\bar{x} = \dfrac{\sum x_i}{n}$	3 [m]
偏差平方和	$(m_i - m)$ を偏差という. 偏差の大きさを示すのに, 偏差を単純に合計したのでは 0 になり, 絶対値での処理は面倒なので, 偏差^2 の合計で示す.	$S = \sum (x_i - \bar{x})^2$	10 [m^2]
分散	データの分布が平均からどのくらい離れているかを示す指標. バラツキの尺度. データ数が大ならば偏差平方和も大きくなるので, その平均をとることで, データ数の影響をなくす. しかし, 推計統計論では, 個数 (n) ではなく, 自由度 ($n-1$) を用いる.	$s^2 = \dfrac{\sum (x_i - \bar{x})^2}{n-1}$	2.5 [m^2]
標準偏差	分散では単位が m^2 であるので, 分散の$\sqrt{\ }$とすることで, 元のデータと同じ単位にする.	$s = \sqrt{\dfrac{\sum (x_i - \bar{x})^2}{n-1}}$	$\sqrt{2.5}$ = 1.58 [m]
変動係数	標準偏差÷平均値とすることで, データの単位や大きさの影響をなくせ, 一般的なバラツキの尺度とすることができる.	$C_v = \dfrac{s}{\bar{x}}$	0.527 [－]

表 3.2.3 偏差平方和の求め方

変数	平均	平均の2乗	偏差平方和：平均の2乗の総和
m	$m_i - m$	$(m_i - m)^2$	$\sum (m_i - m)^2 \qquad (\downarrow (a-b)^2 = a^2 - 2ab + b^2)$
1	-2	4	$= \sum m_i^2 - 2m \sum m_i + m^2 \sum 1 \quad (\downarrow \sum m_i = nm)$
2	-1	1	$= \sum m_i^2 - 2nm^2 + nm^2$
			$= \sum m_i^2 - nm^2$
3	0	0	$= 1^2 + 2^2 + 3^2 + 4^2 + 5^2 - 5 \times 3^2$
4	1	1	$= 1 + 4 + 9 + 16 + 25 - 45 = 10$
5	2	4	(表 3.2.2 と一致)
		10 ←偏差平方和	

表 3.2.4 統計学と本節との関係[1]

本節	統計学			
実験計画法	統計母集団, サンプリング, 層化抽出法, 反復, ブロック化			
標本推定	帰無仮説, 対立仮説, 第一種過誤と第二種過誤, 統計的検出力, 効果の大きさ			
記述統計学	連続データ	位置	平均（算術, 幾何, 調和）, 中央値, 最頻値	
		分散	範囲, 標準偏差, 変動係数, 百分率	
		モーメント	分散, 歪度, 尖度	
	カテゴリデータ	頻度, 分割表		
統計的推測	ベイズ推定, 仮説検定, 有意性, Z 検定, スチューデントの t 検定, カイ二乗検定, F 検定, 有意, 区間推定, 最尤度, 最小距離, メタアナリシス, 信頼区間			
生存時間分析	生存時間関数, カプラン＝マイヤー推定量, ログランク検定, 故障率, 比例ハザードモデル			
相関	交絡変数, ピアソンの積率相関係数, 順位相関（スピアマンの順位相関係数, ケンドールの順位相関係数）			
線型モデル	一般線型モデル, 一般化線型モデル, 分散分析, 共分散分析			
回帰分析	線形回帰, 非線形回帰, ロジスティック回帰			
統計図表	棒グラフ, バイプロット, ボックスプロット, 管理図, 森林プロット, ヒストグラム, Q-Q プロット, ランチャート, 散布図, 幹葉図			
歴史	統計学歴史, 統計学の創始者, 確率論と統計学の歩み			
応用	社会統計学, 生物統計学, 統計力学, 計量経済学			

さて，測定データの母集団の平均や分散を知りたいとき，母集団すべてを調べることは不可能なので，いくつかの試料（標本）を取り出して，その平均や分散を調べる．その後，母集団の平均や分散を推定する．このように母集団と試料での平均と分散の関係を知るような理論を**推測統計**（inferential statistics）という．統計学的推測は，①点推定，②区間推定，③仮説推定に分かれる．抽出集団から母集団を推定するため，抜き取り調査による品質管理や疫学調査の基礎となる学問といえる．

ここでは，その最も基本的な**点推定**についてのみ見ておく．点推定とは，抽出集団のデータを用いて，母集団を推定するパラメータを点として推定することである．

平均 μ，分散 σ^2 の 2 つのパラメータで表される．その母集団から n 個の試料を取り出したとき，**試料平均** μ_0 と**平均の分散** σ_0^2 は次の式で与えられる．

$$\mu_0 = \mu, \quad \sigma_0^2 = \sigma^2 / n \tag{3.2.1}$$

3.2.4 測定データの統計処理の位置付け

ここでは測定データの統計処理方法について学習するが，その前提となる統計学と本節との関係について見ておく．

統計学においては次のように区分される．
①実験計画法，②標本推定，③記述統計学，④統計的推測，⑤生存時間分析，⑥相関，⑦線型モデル，⑧回帰分析，⑨統計図表，⑩歴史，⑪応用．
上記⑤以外は本計測工学に関係し，その中でも①，③，⑥，⑧，⑨は重要である．ここでは⑨の統計図表について触れる．

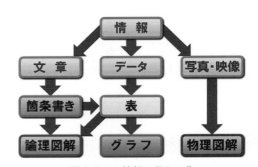

図 3.2.1 情報の見える化

統計図表（statistical chart）とは，図 3.2.1 に示すような**情報の見える化**，つまり情報である複数の統計データを整理・視覚化・分析・解析などに用いられるグラフの総称である．ここで，グラフとは，図形を用いて視覚的に，複数の数量・標本資料の関係などを特徴付けたものを指す．この意味においてのグラフはしばしば「統計グラフ」と呼ばれる．

情報の種類と図解への変換統計グラフの種類は，図 3.2.2 に示すように，**棒グラフ**を中心として，**バイプロット**，**ボックスプロット**，**管理図**，**森林プロット**，**ヒストグラム**，**Q-Q プロット**，**ランチャート**，**散布図**，**幹葉図**などがある．

統計図表は，統計データの整理・分析・検定などの過程で用いられる．統計図表を駆使することで調査活動によって得られた数量（統計データ）の特徴（増減の傾向の型，集団の構成など）統計データ同士の関係（相関関係など）を視覚的に理解できる．

図 3.2.3 は**特性要因図**を示す．これは図 3.2.1 に示した「論理図解」の一例で，実験データを分析して，ある特性がどのような要因で成立し，その複数の要因は，それぞれどのような子要因や孫要因からなるのかを，積み上げたデータを分析・解析することで得られる，論理的な要因図である．

---

1) https://ja.wikipedia.org/wiki/分散分析
2) 統計学（statistics），経験的に得られたバラツキのあるデータから，応用数学の手法を用いて数値上の性質や規則性あるいは不規則性を見いだす統計に関する研究を行う学問である．統計的手法は，実験計画，データの要約や解釈を行う上での根拠を提供する学問であり，幅広い分野で応用されている．

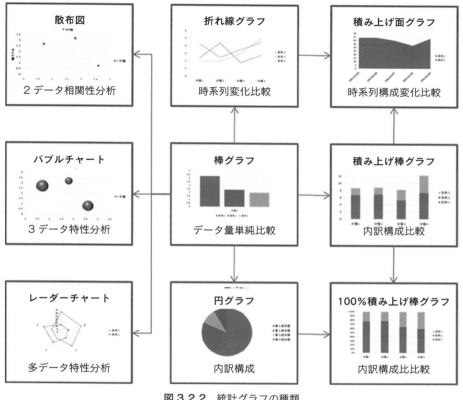

図 3.2.2 統計グラフの種類

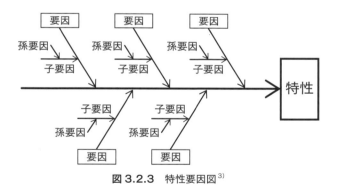

図 3.2.3 特性要因図[3]

3.2.5 測定データの基本的な統計処理

　得られたデータ（測定値群）をグラフにすると，その傾向を知ることができるが，これには不確かさがあるし，データ間の法則性も導けない．そこで，測定データから1次式などの関数形を指定し，最適な回帰係数を導くのが**最小二乗法**で，測定データとの誤差関係を最小にするものである．ここで

---

3) 特性要因図（とくせいよういんず）は，魚の骨図（フィッシュボーン・チャート，fishbone diagram），Ishikawa diagram とも呼ばれ，1956年に石川馨が考案した，特性と要因の関係を系統的に線で結んで（樹状に）表した図のこと．ここで，特性（effect）とは，管理の成績・成果として得るべき指標（不良率・在庫金額など），要因（factor）とは，特性に影響する（と思われる）管理事項，原因（cause）とは，トラブルなど特定の結果に関与した要因を指す．

は誤差を最小にする原理として，以下では最小二乗法と確率分布について学ぶ．

(1) 最小二乗法

未知の量が1つの場合，最も信頼し得る値は算術的平均値で求められる．しかし，未知の量が2つ以上の場合，その間に関数関係があり，全体として直接・間接測定される．未知の量の数よりも測定回数の方が多いほど，未知の量が正確に求まる．**最小二乗法**（method of least squares）とは，同一程度の正確さをもつ多くの測定値があるとき，残差の2乗の総和を最小にすることで，最も精度が高く信頼できる値を関数値として算出する方法である．

例えば，**図3.2.4**に示すように，毎年 (x_i) の売上高 (y_i) のようなデータがあるとき，x を**従属変数（説明変数）**，y を**独立変数（目的変数）**という．そして，$y = Ax + B$ としたときの A, B を**回帰係数**という．

A は直線の**傾き**，B は**切片**である．**回帰分析**（regression analysis）とは，従属変数（説明変数）と独立変数の関係を推定する統計的手法である．換言すると，最小二乗法とは，回帰係数を求める手法ともいえる．つまり，$\varepsilon_i = Ax_i + B - y_i$ としたとき，残差の2乗の総和 $\sum \varepsilon_i^2$ が最小となるような A と B を求める手法である．なお，$y = Ax_1 + Bx_2 + C$ のように従属変数が x_1, x_2 のように2つ以上あるときを**重回帰分析**という．

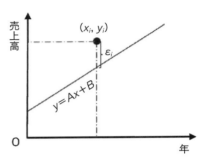

図3.2.4 最小二乗法の理解

さて，最小となる回帰係数 A と B を求めるために，それぞれを微分して定式化する．つまり，残差の2乗の総和 $\sum \varepsilon_i^2 = \sum (Ax_i + B - y_i)^2$ を最小にするために，B について微分して0とすると，$Bn + A\sum x_i = \sum y_i$，同様に A について微分して0とすると，$B\sum x_i + A\sum x_i^2 = \sum x_i y_i$ となる．この連立方程式を解くと，A, B が得られる．

【例題】 数値例を x_i として，1，2，3，4，5の5つのデータの場合を例題として考えてみよう．

【解答】 それぞれの変数とその和は**表3.2.5**のようになる．この連立方程式は

$$5B + 15A = 120$$
$$15B + 55A = 430$$

これを解くと，$A = 7$, $B = 3$ となる．なお，この $y = 7x + 3$ の式に，$x = 6$ を代入すると $y = 7 \times 6 + 3 = 45$ になる．

表3.2.5 変数とその和

x_i	y_i	x_i^2	$x_i y_i$
1	10	1	10
2	20	4	40
3	20	9	60
4	30	16	120
5	40	25	200
合計 15	120	55	430

(2) 確率分布

測定データの統計を作成するには，実験の意味を認識した上で，適切なデータ収集法を理解と実践し，得られたデータを要約し，グラフなどを用いてわかりやすく表現するスキルが求められる．そのためには，母集団と標本，標本誤差の知識や不確実な測定上の事象の起こりやすさを表す確率や確率分布の知識の習得も求められる．確率や確率分布は測定事象の確率的な構造を理解するために必要となる．

確率分布（確率密度関数，分布関数，期待値，分散）における確率変数のとる値が有限個，あるいは無限個であっても，自然数で番号が付けられる場合は，**離散型確率分布**（discrete probability distributions）といい，これには，**二項分布**，**ポアソン分布**，**超幾何分布**，**幾何分布**，**パスカル（負の二項）分布**がある．離散型のグラフは，横軸の確率変数がその値になるときの確率を縦軸で表す．

一方，確率変数がある区間内のすべての実数を取り得る場合を**連続型確率分布**（continuous probability distributions）といい，これには，**ガウス（正規）分布，対数正規分布，指数分布，アーラン分布，ワイブル分布，ガンマ分布，三角分布，矩形（連続一様）分布，多変量正規分布**がある．連続型のグラフは，横軸の確率変数が連続量なので，縦軸はその値での確率密度を表しており，区間内（横軸のある値とある値の間）を積分した面積がその確率に相当する．

さて，計測工学における統計的処理（仮説検定）で用いられる**確率分布**（probability distribution for the statistical hypothesis testing）は，**表 3.2.6** に示すように，主に 2.4.3 項で述べた**正規分布**のほかに **t 分布，カイ二乗分布，F 分布**などがある．

表 3.2.6 統計的処理（仮説検定）で用いられる確率分布[4]

確率分布の名称	母数（パラメータ） 確率変数 X と その範囲（区間）	統計的仮説検定		分布形（グラフ）の一例
		統計量	意味と検定目的の一例	
標準正規分布 $N(0, 1)$ ［統計数値表］	平均 $m = 0$, 分散 $\sigma^2 = 1$ （母数は定数） X：実数， $-\infty < X < \infty$	z 値	（1 次元）正規分布は，その平均を m, 分散を σ^2 としたとき，式 (2.4.12) で表せ，$N(0, 1)$ の時，標準正規分布と呼ばれる． ・平均の検定（母分散が既知 or 大標本） 検定統計量：（標本平均 − 検定する平均）を $\sqrt{(分散/標本サイズ)}$ で割ったもの．	
t 分布 ［統計数値表］	自由度 X：実数， $-\infty < X < \infty$	t 値	t 分布は，連続確率分布の一つで，正規分布する母集団の平均と分散が未知で標本サイズが小さい場合に平均を推定する問題に利用される． ・平均の検定（母分散が未知 and 小標本），検定統計量：（標本平均 − 検定する平均）を $\sqrt{(分散/標本サイズ)}$ で割ったもの．	
カイ二乗分布 ［統計数値表］	自由度 X：実数， $0 \leq X < \infty$	χ^2 値	カイ二乗分布は，確率分布の一種で，推計統計学で最も広く利用される． ・分散の検定検定統計量：偏差平方和を，検定する分散で割ったもの．	
F 分布 ［統計数値表］	自由度 1（分子）， 自由度 2（分母） X：実数， $0 \leq X < \infty$	F 値	F 分布は，統計学および確率論で用いられる連続確率分布． ・2 つの独立した母集団の分散の検定 ・検定統計量：分散 1／分散 2	

3.3 測定データの補間と統計処理

前節の最小二乗法は，測定データをもっともらしい関数曲線で表す手段であったが，必ずしも測定点を通るものではなかった．とびとびの実験測定データを得たとき，それらの中間点を推定したり，点列を結んでなめらかな曲線を引いたりする必要が生じる．これらは**データ補間**とか**曲線近似**といわれる．ここでは，すべての点列を通りつつ，なめらかな曲線を引く手法を見てみる．

---

[4] さまざまな確率分布—数理的思考：中川雅央『知と情報の科学』
http://www.biwako.shiga-u.ac.jp/sensei/mnaka/ut/statdist.html

3.3.1 内挿法と外挿法によるデータの補間

内挿（interpolation）は**補間**とも呼ばれ，ある既知の数値データ列をもとにして，そのデータ列の各区間の範囲内を埋める数値を求めること，またはそのような関数を与えることである．また，その手法を**内挿法（補間法）**という．いわゆるデータの中間を補うことである．これに対して，ある既知の数値データをもとにして，そのデータの範囲の外側で予想される数値を求めること，またその手法を**外挿法**（extrapolation：**補外法**）という．

内挿法は平滑化や最小二乗近似と似ているが，これらは全く異なり，区間の間に成り立つ関数モデルや境界条件を仮定し，その関数のパラメータのうちのいくつか，またはすべてを決定する．

内挿法には，**0次補間**（最近傍補間，最近傍点補間），**線形補間**（直線補間，1次補間），**放物線補間**（2次補間），**多項式補間**，**キュービック補間**（3次補間），**ラグランジュ補間**，**スプライン補間**，**Sinc関数**，**Lanczos-n補間**（ランツォシュ補間），**クリギング**などがあるが，表3.3.1に代表的な補間方法・補間関数をまとめたので，参照していただきたい．

表 3.3.1 代表的な補間方法・補間関数

	例題	最近傍補間	線形補間	多項式補間	スプライン補間
グラフ					
説明	点がデータとして与えられたとき，これらの点の間の値を補間することを考える．	データの点の最も近い区間の点を直線表示したもの．	一次式（線形式）を用いて，データの点同士を直線で結んだ回帰分析の手法．	与えられたデータ群を多項式で内挿（補間）する手法．	隣り合う点に挟まれた各区間に対し，個別の多項式を用いた補間法．各区間で，境界条件として導関数の連続性を仮定する．

3.3.2 階差

時系列 y_i の隣り合う値の差を**階差**（difference）という．階差は，測定データから近似すべき多項式の次数を推定するのに役立つ．

【例題】 数列 1, 2, 5, 10, 17, 26, … の一般項 a_n を求めよ．

【解答】 一見したところ，この数列は等差数列や等比数列と違う．そこで，各項の差をとってみると，図 3.3.1 のようになる．1, 3, 5, 7, 9, … という数列が得られる．この数列の公差は一定 (2) なので，各項の差の数列 b_k は等差数列となっている．このように，与えられた数列の差が数列となっているとき，その差を1回取ってできる数列を**第1階差数列**という．第1階差を求めてもわからない場合は，第2階差数列，第3階差数列を求める．一般に，差が数列になるとき，その数列を**階差数列**（progression of differences）と呼ぶ．

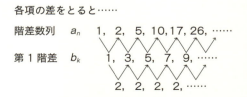

図 3.3.1 階差数列の説明

3.3.3 測定データの推定・予測

　一般に，測定データから推定あるいは予測を行うには，測定データから測定値間の変数の関係（関数関係）を調べ，その数式で関係を記述する．要因を変えれば測定値が変わる．この間の因果関係は相関係数で求まるが，予測はできない．これに対して，**回帰法**（regression）は，測定データ間にどういう因果関係があるかを記述して，予測にも役立つようにする方法である．

　一方，**分散分析**の手法は，測定したいくつかのものが，互いに本質的に差異があるのかを判断したいときに用いる．

(1) 回帰分析

　回帰分析（regression analysis）とは，ある変数が他の変数とどのような相関関係にあるのかを推定する統計学的手法の1つである．3.2.5項の最小二乗法で述べたように，原因となる変数（説明変数，従属変数）x と，結果となる変数（目的変数，独立変数）y の間に，回帰式 $y = Ax + B$ と表される関係があるとすると，x, y の観測値から最小二乗法を用いて A, B が求められる．この回帰式をもとに将来予測や要因分析を行うことを指す．

(2) 相関

　相関（correlation）とは，2つの測定値（変量）のあいだの関係を表す尺度，つまり関係性があるかどうかを判断する指標である．x の大小と y の大小との間に関係があることを「**相関がある**」という．「x が原因で y が結果」というような関数関係が存在するときは，上述した**回帰分析**が適用できる．これに対し，ある原因があって x も y もその結果である場合には，明確な関数で表すことができないが，同じ傾向（関係）があるかどうかを調べることはできる．

　変量 X, Y（例えば各個人の身長と体重）の組 (X, Y) の観測値として (a_1, b_1), (a_2, b_2), …, (a_n, b_n) が与えられたとき，これらを xy 平面上の点としてプロットした図を**相関図**（correlation diagram）という．x が増加すると y も増加するという関連性があると，「**正の相関がある**」といい，x が増加すると y は減少するという関連性があると，「**負の相関がある**」という．このように視覚化してわかりやすくした図のことを，**散布図**（scatter diagram, scatterplots）という．**図 3.3.2** は相関の種類を示す．

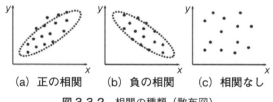

図 3.3.2　相関の種類（散布図）

　また X, Y ごとに観測値を階級に分類して，各階級の代表値をそれぞれ $\{x_1, x_2, …, x_n\}$, $\{y_1, y_2, …, y_m\}$ としたとき，(x_i, y_j) の度数が f_{ij} であったとして，これらを表にまとめたものを相関表という．

　さて，相関を示す尺度として，**相関係数**というものがあり，上記の x と y の相関係数は次式で表される．ここで，Cov (x, y) という表記は，x と y との**共分散**（covariance）を表す．

$$r_{xy} = \frac{\mathrm{Cov}(x, y)}{\sigma_x \sigma_y} \tag{3.3.1}$$

ただし，相関係数の範囲は，$-1 \leq r_{xy} \leq 1$ である．それぞれの分散が分母にきて，共分散が分子に来ているから，分子数≦分母数である．

　また，相関係数と相関との関係は，次のようになる．

(a) ＋1に近い：xとyは **正の相関が強い**
(b) －1に近い：xとyは **負の相関が強い**
(c) 　0に近い：xとyは **相関がない**（xとyは独立）

＋1，－1に近づくほどデータの集まりは直線的になる（$y = ax + b$に近くなる）．また，相関の強弱の度合いの尺度も示され，相関係数が次に値のときに区別される．ただし，相関係数の符号が負でも同じである．

(a) 0.0〜0.2：ほとんど相関がない
(b) 0.2〜0.4：弱い相関がある
(c) 0.4〜0.6：中程度の相関がある
(d) 0.8〜1.0：強い相関がある

(3) 分散分析

データにはバラツキ（誤差）がある．この誤差によるバラツキを，要因[5]によって変化した値と混同してしまうと間違った分析のもととなってしまう．そこで，意味のない変動（誤差変動）と意味のある変動（要因によって変化した部分）の分散を分け，その分散比を求めることで，要因による変動が誤差に比べて十分に大きければ，要因による変動があると判定する方法を **分散分析**（**ANOVA**：Analysis Of VAriance）という．これは統計的仮説検定の一手法で，2つ以上の水準[6]を考慮しながらそれぞれの要因の有意性や要因を探ろうとした手法である．

分散分析では，その要因数が1つのときを一元配置分散分析，2つ以上のときを **二元（多元）配置分析**（two-way RMANOVA：two-way Repeated Measures ANalysis Of Variace）として分ける．

---

[5] 要因とは，測定値に影響・効果を及ぼす原因系のこと．
[6] 水準とは，要因の中のそれぞれの設定条件のこと．

4章 長さの測定

4.1 モノづくりに必要な測定

4.1.1 モノづくりに必要な測定の基礎事項

　モノづくりにおける寸法・形状などの測定には，必ず誤差が伴うが，その誤差のおもな要因として，測定者の測定技術と測定器の精度とが考えられる．モノづくりにおける測定値の分布状態を調べてみると，図 **4.1.1** に示すような形態に分けられる．2.4.5 項で述べたように，図 4.1.1（a）はバラツキが小さく，かたよりもない，「正確さ」と「精密さ」がよい状態を示し，（b）はバラツキが大きい．このバラツキの程度 y を **精密さ**（precision）と呼び，測定値の最小値を $M_{\min}$，最大値を $M_{\max}$ としたとき，y は次式で表される．

$$y = \pm \frac{M_{\max} - M_{\min}}{2} \tag{4.1.1}$$

　図 4.1.1（a）（b）はともに真の値 A を中心に左右にほぼ等しく測定値が分布している．これに対して（c）（d）はともに真の値 A と測定値の平均値とが一致しない，かたよりが見られる．このようなかたよりを **正確さ**（accuracy）と呼ぶ．精度は精密さと正確さを含めたものである．

　さて，モノづくりの製作時の許容される誤差の最大限度を **公差**（tolerance）といい，特に最終的な製品に対しては **製品公差** が定められている．この製品公差で製造された製品は図 4.1.1（a）に示すような分布になる．これを測定すると測定者と測定器の誤差を受けて，バラツキの大きい図 4.1.1（b）のような分布になる．このため，少なくとも製品精度に影響を与えない測定器を選定する必要がある．測定器の選定に当たっては，製品公差よりも 10 倍程度の精度の高い測定器が必要である．

　一般に，製品公差は 3σ の範囲に分布する σ は，2.4.3 項で学んだ **標準偏差**（standard deviation）と呼ばれ，測定値のバラツキの度合いを示す目安である．2 章で学習したが，標準偏差が小さければ小さいほど，バラツキは少ないものになる．測定個数を n，測定値を x とすると

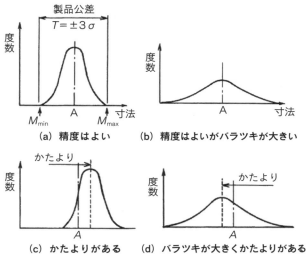

図 **4.1.1**　測定値の分布曲線のあれこれ

式 (2.4.12) で表される．モノづくりに必要な測定内容として，長さ・角度などの寸法，座標位置，平面度・直角度・位置度などの幾何偏差，2 次元あるいは 3 次元の曲面などの輪郭形状，そして表面粗さがある．

4.1.2　モノづくりに必要な測定内容

　モノづくりに必要な測定内容に有効な測定器を，測定要素別に分類したものを図 4.1.2 に示す．**長さ測定**の内容としては，長さ，厚さ，幅，直径，基準面からの距離，軸間距離，ピッチ間距離などがある．**角度測定**には角度，テーパ，抜きこう配等分割り出し，極座標分割などがある．**形状測定**にはコーナ R，2 次元輪郭形状，円筒および円錐形状，球，3 次元自由曲面形状などが挙げられる．

　図 4.1.2 のいずれの計測器においても，1.6.5 項で説明したように，メカトロニクスやマイコン技術の発展により，アナログ方式からデジタル方式に変わり，誰が測定しても測定誤差の少ない計器になってきている．具体的には，ノギスやマイクロメータまでもが液晶表示のデジタル方式になっている．また，マイコンやパソコンなどに連結して，速やかにデータ処理ができる装置が付加されたものが多くなってきている．

　機械加工の現場でよく使われる測定器を図 4.1.3 に示す．図 4.1.3 は主に長さを測る測定工具である．また，少々高額であるが，測定精度の優れた計測器を図 4.1.4 に示す．その他，角度，水平度，圧力などの機械量は，ゲージや測定器などを用いて目で読み取る従来からの方法で測定する．

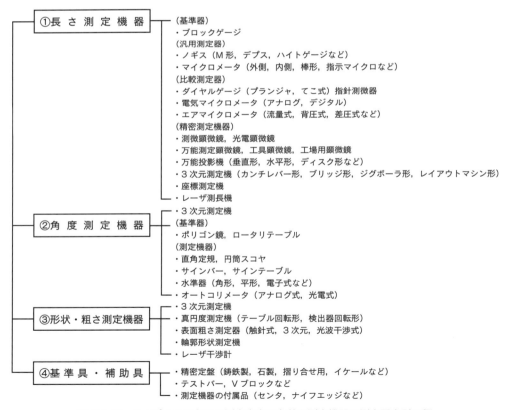

図 4.1.2　モノづくりに必要な測定内容に有効な測定機器の測定要素別分類

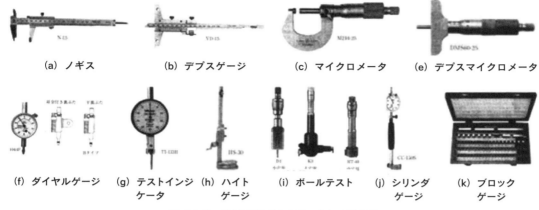

図 4.1.3 機械現場でよく用いられる測定器

図 4.1.4 少々高額だが測定精度の優れた計測器

4.2 長さの測定

4.2.1 長さの基準と測定形態

測定しようとする**長さの基準**となるもので，習慣上から**表 4.2.1** のような**光波基準**，**端面基準**，**線基準**の 3 種類に大別される．長さの基準について，例えば**図 4.2.1** にメートルの定義と国家標準の変遷を示すように，1 メートルの長さの標準は，1889 年には国際メートル原器，1960 年にはクリプトン 86 の原子が出す赤橙色の光の進行中の 1 波長の長さを 165 万 63.73 倍したもの，1983 年にはヨウ素安定化 He-Ne レーザで発生する光の速さ，2009 年には光周波数コム装置で発生する正確な周波数の光というように，特定の物質や自然現象に固有な性質を利用したものを定義して決められている．

さて，**長さの測定法**には種々の形態があり，測定の基準のとり方や測定器と測定物の設定の仕方によって異なる．主なもの**表 4.2.2** に示す．

表 4.2.1　長さの光波基準・端面基準・線基準

基準名	定　義	基　準　器
光波基準	特定の元素の原子スペクトル線の波長の長さ	クリプトン（Kr）86 元素光源の発生する澄色の波長（1 次基準）
端面基準	平行な 2 つの平面間の距離（端度器）	ブロックゲージ（2 次基準）
線基準	平行に引かれた目盛線間の距離（線度器）	標準尺（2 次基準）

図 4.2.1 メートルの定義と国家標準の変遷[1]

表 4.2.2 長さの測定法における種々の形態

測定基準	定 義	測定機器名
測定物の一方の測定位置	測定物やそれを光学的に拡大した像に，測定器の目盛を突き当て，その目盛を読んで寸法を測る．	尺（スケール）類，顕微鏡，投影検査器など
固定測定面	測定器の固定測定面と移動測定面で測定物を挟み，移動測定面の移動量を読んで寸法を測る．	マイクロメータ，ノギス，フレーム付きダイヤルゲージ
水平面	定盤など水平面の上で，測定器の測定子を測定物に当て，測定子の上下の移動量を読んで高さ寸法を測るか，寸法を移す．	ハイトゲージ，ダイヤルゲージ，電気マイクロメータなど
固定測定子の接触している位置	測定器の測定子を広げて測定物の内側に当て，測定子の移動量を読んで内側寸法を測る．	測定子2本：棒形内側マイクロメータ，シリンダゲージなど 測定子3本：三点式内側マイクロメータ
測定物の外径の測定端	測定物を平行に走査（スキャン）する光線の中に置き，光線の遮られる状態を検出して寸法やその変動を測る．	レーザ外径測定器
測定器の原点・第一測定位置	測定器の検出部を測定物上の第一測定位置に合わせ，次に第二測定位置に合わせ，検出部または測定物を載せた台が移動した距離を読んで，2つの測定位置の間の寸法を測る．	万能測長機，測定顕微鏡，投影検査器，三次元座標測定機など
摺動面	測定子の移動量を読んで変動量を測る．	ダイヤルゲージ，てこ式ダイヤルゲージ，電気マイクロメータ

---

[1] 産業技術総合研究所 計量標準総合センター https://www.nmij.jp/library/units/length/

表 4.2.1 で示したように，**線基準**による**線度器**（平行に引かれた目盛線間の距離），**端面基準**による**端度器**（平行な 2 つの平面間の距離），**光波基準**による原子スペクトル線の波長の長さがあるが，以下では前者の 2 つについて見ていく．

4.2.2 直尺

直尺（scale，JIS B 7516）は，一般の長さの測定に最も多く用いられる目盛尺で，**スケール**とも呼ばれる．1 [mm] 目盛，0.5 [mm] 目盛の単位に目盛られている．構造や材料は使用目的や精度によって種々のものがある．材質には竹製，プラスチック製金属製，ガラス製がある．また，直尺は実目盛直尺，伸縮目盛直尺，角度直尺などに分類される．JIS に規定されている金属製直尺はステンレス鋼製で，機械工場でよく用いられる．金属製直尺は精密用の A 形，製図用の B 形，一般用の C 形の 3 種類がある．

図 4.2.2 は金属製直尺の構造および各部の名称を，**表 4.2.3** は呼び寸法（JIS B 7516）を示す．最も多く使用されるのは 150 [mm] と 300 [mm] である．

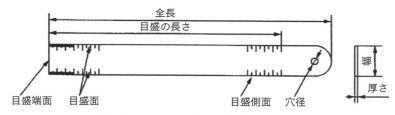

図 4.2.2 金属製直尺の構造および各部の名称

表 4.2.3 直尺（スケール）の呼び寸法（JIS B 7516）（単位 [mm]）

呼び寸法	150	300	600	1000	1500	2000
全　長	175	335	640	1050	1565	2065

4.2.3 メジャー

メジャー（tape measure または measuring tape）は，目盛が振られた帯を用いて長さを測定する道具の総称で，呼称は**巻尺**，**コンベックス**（convex）等がある．**図 4.2.3** はメジャーの外観を示す．建築関係や洋裁のほか，陸上競技での測定などにも用いられている．材質は金属，樹脂，布などで，帯記入された目盛の数字を見て測定する．JIS B 7522 の規格名称「**繊維製巻尺**」では，繊維を素材として，合成樹脂で処理した帯状の巻尺と定義されている．

JIS B 7512 の規格名称「**鋼製巻尺**」の種類別での名称は「**コンベックス・ルール**」で，「テープ断面が樋状になった直立性に優れた巻尺」と定義されている（**表 4.2.4**）．鋼鉄製は温度の影響が大きく，布製は湿度の影響が大きい．2 [m] から 10 [m] 程度を測る製品が多い．

図 4.2.3 メジャーの外観

表 4.2.4　メジャーの構造および用途（JIS B 7512）

種類	呼び寸法		構造・用途
バンドテープ	5 [m] の整数倍 (5～200 [m])		テープに厚い材料を使用しており、精密な測定に適している巻尺.
タンク巻尺			テープの先端に分銅が付いており、槽内の液体の深さや掘削した穴の深さの測定に用いる巻尺.
広幅巻尺			一般の測量・測定に用いる巻尺.
細幅巻尺	0.5 [m] の整数倍	0.5～3 [m]	幅が細いテープを用いたポケットタイプの巻尺.
コンベックスルール		0.5～10 [m]	テープ断面が樋（とい）状になっており、直立性に優れた巻尺.

4.2.4　標準尺

標準尺（standard scale, JIS B 7541）は，<u>直尺の検査に用いたり，精密な工作機械や測定器の寸法指示部に組み込んで，補任の加工や寸法測定に用いる目盛尺で</u>ある．図 4.2.4 に示すようにメートル原器の長さを2次的に写し，1 [mm] または 0.1 [mm] までの目盛を刻んだ**線度器**[2]（line standard of length）で，JIS B 7541 に規定されている．金属あるいはガラス製のいわゆる「物差し」であり，目量 1 [mm] で測微読取装置を併用して使用する．

さて，図 4.2.5 に標準尺断面形状を示すが，自重たわみの影響の少ない H 形や長方形の断面形状を用いる．また，外部からの熱・圧力による応力を軽減するため，2点支持法で使用する．長さ 1 [m] につき，精度は 1 級（精密級）で 2 [μm]，3 級で 30 [μm] である．使用に関しては，次の 2 点に注意すること．

① 長い標準尺を支えるには，支点の位置をベッセル点（4.3.5 項）にとる．
② 検査用高精度の標準尺は，温度の影響を考えて恒温室で用いる．

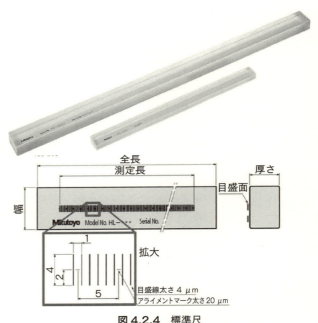

図 4.2.4　標準尺
（(株)ミツトヨ提供）

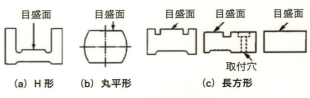

(a) H 形　　(b) 丸平形　　(c) 長方形

図 4.2.5　標準尺断面形状

---

2) 線度器は平行な 2 目盛線間の距離，または 2 目盛線の間隔によって長さを表す物差しである．2 目盛線の距離とは目盛線の中心線と中心線との距離である．線度器には一定の長さを示す 2 つの目盛線だけをもつものと，全長を細かく，例えば 1 mm ごとに分割した目盛をもつものとがある．折尺，巻尺，直尺，標準尺などがこれに属し，用途や精度によってさまざまな構造および材料でできている．

4.2.5 パス

パス（caliper）は，直尺または標準から移し取った両脚の開きで工作物の寸法の仕上がり程度を測定したり，逆に工作物の実際寸法にパスの開きを合わせて，直尺によってその開きを読んで工作物の寸法測定を行うときに用いる．

図4.2.6にはさまざまな種類のパスを示す．代表的なものに外側用の**外パス**（external caliper）と内側用の**内パス**（internal caliper）があり，その他両者に併用できる内外兼用パスや目盛付きパスなどがある．構造は，2本の脚とかしめ部からなる鋼製の簡単なもので，大きさの呼び寸法は，かしめの中心から脚先までの長さ l で表し，100〜600［mm］くらいまである．両脚の測定部には焼入れを施してある．

精度に関しては，パスによる測定は，ごくわずかな脚先の接触抵抗を的に受けて，その感覚から過不足を判定するため，熟練することによって標準と工作物を並べて比較測定すれば，相当高度の測定ができる．しかし，工作物の寸法に合わせたパスの開きを直尺で読み取るとき，または直尺の目盛にパスの開きを合わせるとき，目盛線の太さや視差によってかなり大きな誤差を生じるため，一般にはあまり寸法精度を必要としないところに用いる．パスのJIS規格は1963年3月1日に廃止された．

使用に関しては，図4.2.7のパスの使い方の注意と下記の

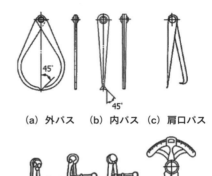

図4.2.6 パスの種類

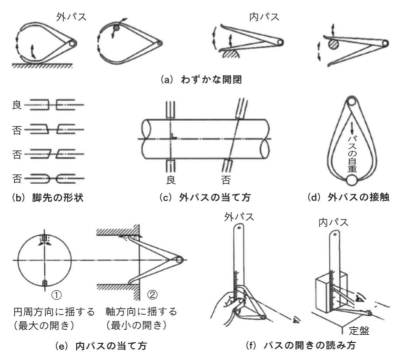

図4.2.7 パスの使い方の注意

点に留意する．

①大きく開閉するときは両手を用い，微調整はかしめ部をつまんで脚部を小刻みに測定物に当てて行う（a）．
②使用に当たっては，脚の先端の形状の良否を確認し，正しい形状のものを使用する（b）．
③外パスによる外径の測定は，中指を両脚の内側に入れ，他の指で軽く頭部を支えてパスの開きの方向が工作物の軸線と直角になるようにあてがう．接触による感覚はパスの自重で通過する程度とする（c）（d）．
④内パスで穴径を移し取るときは，円弧に沿って最大の開き，同時に軸方向に揺すって最小の開きとなるようにする（e）．
⑤パスの開きを直尺で読み取るときは，直尺の端面を基準に，正しい目の位置から目盛を読む（f）．

4.2.6 ノギス

ノギス（vernier caliper, JIS B 7507）はポルトガルの数学者，Pedro Nuiez（1492～1577）が考案し，ノギスという呼称はラテン名 Nonius から由来する．**図 4.2.8** に示すように，物の厚さや間隔といった，①外側，②内側，③段差，④深さを手軽で簡単に精度よく測定でき，機械加工現場で最も普及している測定工具の1つである．外側用および内側用の**ジョウ**（あご，おさえ部）をもち，一方が直線状にすべり，ジョウ間を**本尺**と**副尺**（バーニヤ）で読み取る．副尺は9［mm］を10等分したものから

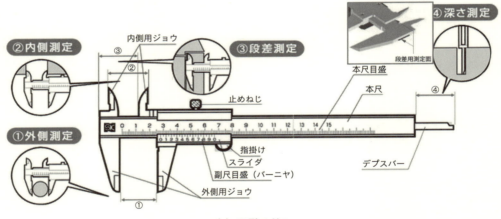

(a) M形ノギス

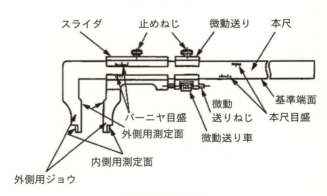

(b) CM形ノギス

図 4.2.8 ノギスの外観と名称と測定の仕方

49〔mm〕を 50 等分したものまである．ノギスの種類には大別して **M 形**と **CM 形**とがある．

（1）M 形ノギス

M 形ノギス（図 4.2.8（a））は別名モーゼル形ともいわれ，スライダに微動送りのあるものとないものがある．この M 形ノギスの特徴は，外側用ジョウと内側用ジョウが別々になっていて，内側測定がゼロからできることと，最大測定 300〔mm〕以下のものに深さ測定用のデプスバーが付いている点である．

（2）CM 形ノギス

CM 形ノギス（図 4.2.9（b））は外側用ジョウの先端部に内側用測定面が一体となって付いており，M 形に比較して安定した内側測定ができる．この形は一般に微動送り付きで，深さ測定用のデプスバーおよび段差測定用の測定面がない．

（3）ノギスの測定上の注意

図 4.2.9 は測定物へのノギスの当て方と目盛の読取り方を示す．ノギスで正しく測定するには，円筒状の物体の軸方向に対して，ノギスが直角になるようにジョウ部分を当てること．また，正確な測定値を得るには，ノギスの目盛のある方向に垂直（正面）にして読み取ること．垂直でないと本尺と副尺（バーニヤ）の面の高さの段差により視差ができ，誤差が発生する．

図 4.2.10 はノギスで測定値を主尺と副尺からどうやって読み取るのかを示す．測定値は本尺目盛

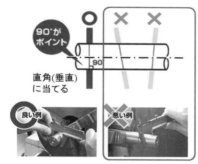

（a）測定物へのノギスの当て方

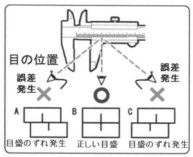

（b）目盛の読み取り方

図 4.2.9　測定物へのノギスの当て方と目盛の読み取り方
（（株）ミツトヨ提供）

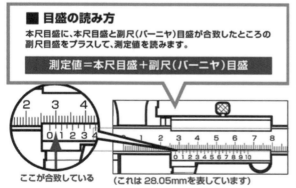

（a）測定値（主尺と副尺）の読取り方のポイント

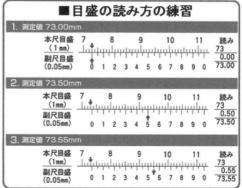

（b）読み方の練習

図 4.2.10　ノギスによる測定値（主尺と副尺）の読取り方
（（株）ミツトヨ提供）

と副尺（バーニヤ）目盛が合致した値で，その値を読み取る．図 4.2.10（a）の場合は，28.05 [mm] となる．図 4.2.10（b）の測定値 1 の目盛読みでは「測定値 73.00 [mm]」，測定値 2 の目盛読みでは，「測定値 73.50 [mm]」となり，測定値 3 では「測定値 73.55 [mm]」となる．このようにノギスでは，精度的には 1/10 から 5/100 までなら正確に測定できる．

（4）デジタル式ノギス

図 4.2.11 はマグネスケール（磁性体）を用いたデジタル式ノギスで，精度は 0.01 [mm] であり，大文字表示器が付いている．読取りは簡単であるが，構造はバーニヤ目盛のノギスと変わらないので，使用方法や注意点は同じである．ただし，数値で表示される測定器の場合，原理上，量子化誤差[3] が発生することに注意しなければならない．

図 4.2.12 はデジタル式ノギスでの測定方法を示す．図 4.2.12（a）に示すように，外側測定面を照明にかざしたときに光が見えなければ正常である．ゴミやバリが発生していると合致せず，光が見えることがあるので，きれいに掃除すること．また，図 4.2.12（b）に示すように，測定時は一定の力で測定を行い，なるべくジョウの根元で測定すること．そして，図 4.2.12（c）に示すように，測定面が傾いた状態で測定しないこと．

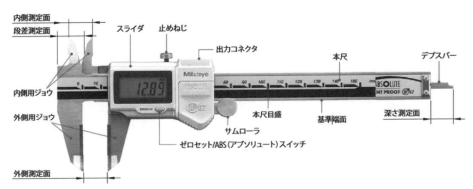

図 4.2.11 デジタル式ノギスの各部の名称
（（株）ミツトヨ提供）

図 4.2.12 デジタル式ノギスでの測定方法
（（株）ミツトヨ提供）

---

3) 量子化誤差（quantization error）は量子化ひずみ（quantization distortion）とも呼ばれ，電気信号をアナログ信号からデジタル信号に変換する際に生じる誤差のこと．特に実際のアナログ値と変換時に「丸め」られた近似的デジタル値の差を量子化誤差と呼ぶ．

(5) ダイヤル付ノギス

図 4.2.13 に示すように，読み取りやすくするために，バーニヤ目盛の代わりに，ダイヤル目盛と指針を取り付けたダイヤル付きノギスがある．スライダが移動すると，本尺に取り付けたラックとかみ合ったピニオンが指針を回転させ，ダイヤル目盛で移動量を読み取る．本尺には指針が 1 回転する間に移動する間隔で目盛が刻まれているので，本尺の目盛とダイヤル目盛を合わせて測定値を読み取る．図 4.2.13 の場合，本尺目盛の① 16 [mm] と②目盛板の 0.13 [mm] とを足して，16.13 [mm] と簡単に読み取れる．

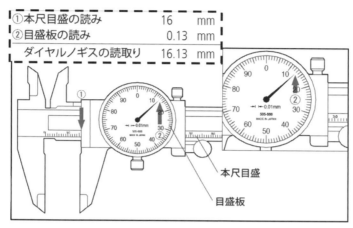

図 4.2.13 ダイヤル付きノギスとその目盛の読み方
((株) ミツトヨ提供)

4.2.7 デプスゲージ

デプスゲージ（depth gauge，JIS B 7518）は深さゲージともいい，穴や溝の深さ，あるいは面上に突出した部分の高さなどを求める測定器具で，ノギスと同じ原理である．

図 4.2.14 は各種デプスゲージの外観と名称と種類を示す．ダイヤル付やデジタル式もある．図 4.2.14 のように，ノギスのスライダに相当する部分の前端がベースになっていて，摺動方向と直角な測定面とがある．

この面を測定する穴や溝の縁に当て，本尺を動かして先端がベースの測定面と一致したときに，ゼロ目盛が一致する．本尺先端を穴や溝の底に当てると，相互のズレの量が深さとなる．そのほかはノギスとほとんど同じである．

図 4.2.15 は，継足の接続で最大 220 [mm] までの深さ測定が可能なダイヤル式デプスゲージを示す．

4.2.8 デプスマイクロメータ

図 4.2.16 はデプスマイクロメータ（depth micrometer）の外観と名称を示す．使用に関しては，図 4.2.16 に示すように，平面度が保証された精密定盤の上面に基準面を押し当てながら，ゆっくりと測定面を接触させ，ラチェットストップを使用して 3～5 回の定圧をかけて基点を確認する．基点が 25 [mm] 以上の場合にはブロックゲージを使用し基点を確認する．基点がずれている場合は，スリーブ（外筒）を回転させて基点を合わせる．

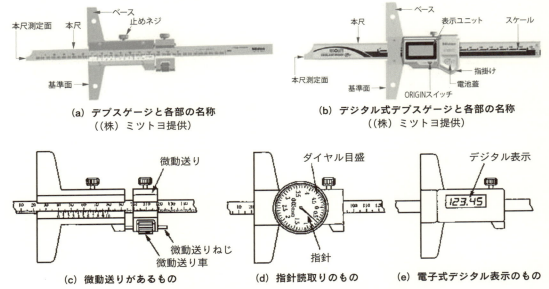

(a) デプスゲージと各部の名称
((株)ミツトヨ提供)

(b) デジタル式デプスゲージと各部の名称
((株)ミツトヨ提供)

(c) 微動送りがあるもの

(d) 指針読取りのもの

(e) 電子式デジタル表示のもの

図4.2.14　各種デプスゲージの外観，名称，種類（JIS B 7518）

図4.2.15　ダイヤル式デプスゲージ
((株)ミツトヨ提供)

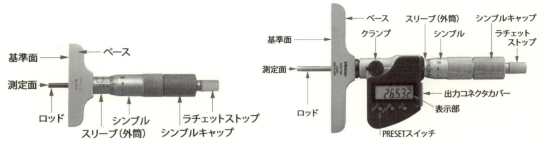

図4.2.16　デプスマイクロメータの外観と名称（JIS B 7544）
((株)ミツトヨ提供)

4.2.9　ハイトゲージ

　ハイトゲージ（height gage，JIS B 7517）の基本構造は，図4.2.17に示すように，ノギスをベース上に垂直に取り付けたもので，工作物の高さを測定したり，定盤上に工作物と並べて置いて，測定

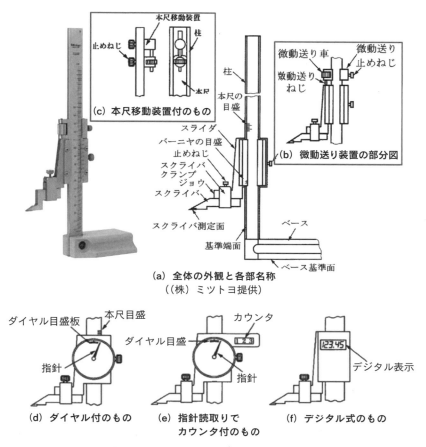

図 4.2.17　ハイトゲージの外観，名称，種類

面の先端の刃部によって，精密なけがき作業を行う場合に用いる．測定原理はノギスと同じであるが，ノギスと異なる点は，スライダのジョウにスクライバや測定器を取り付けて使用すること，および本尺の目盛が図 4.2.17（b）（c）のように上下に微調整でき，ゼロ基準点を合わせられることである．精密定盤の面上でゼロ合わせた後，工作物の高さを測定する測定器である．また，スクライバの先端は超硬合金チップ材で硬く鋭いので，けがき作業にも使用され，図 4.2.17（b）のように微動送り装置付のものでは工作物に平行線を精密にけがくことができる．

　使用に関して注意することは以下の点である．①スクライバの取付けは確実に行い，ゼロ点の確認は定盤上で基準器を測定して，測定値と基準器の寸法を照合する．狂っている場合は本尺の位置を調整して合わせる．②高さの測定は，清浄な定盤または基準面上にベースを置いてスライダを摺動させ，軽く測定面を工作物の面に接触させて寸法を読み取る．③けがき作業では，寸法のおおよその位置までスライダを移動させ，送り車の止めねじで固定し，目盛合わせを送り車で行い，スライダの止めねじでスライダを固定してから，けがく．④スクライバの代わりに図 4.2.17（d）（e）（f）のように，てこ式ダイヤルゲージや電気マイクロメータの検出器を取り付けて，測定物に当てゼロ調整したときにハイトゲージを読み取る測定方法もある．この方法は測定力が安定する．⑤測定位置をできるだけ本尺に近づけると，**アッベの原理**（4.3.2 項）による誤差が少なくてすむ．

4.2.10 マイクロメータ

マイクロメータ（micrometer，JIS B 7502）という言葉は，ギリシア語の micros（小さい）と metron（測定）との造語で，精密なねじ機構を使って，ねじの回転角を変位に変換することで拡大し，精密な長さの測定に用いる測定器である．後述する**ねじの原理**は，ウィリアム・ガスコイン（1612～1644）が発明したとされる．ところで，マイクロメータはノギスほど長い物は測定できないが，精度は1桁以上よい．その理由は，4.3.2 節で詳説する**アッベの原理**を用いていることによる．

以下の種類は用途によって，**平マイクロメータ**（円筒外径の測定），**両球マイクロメータ**（板厚の測定），**内側マイクロメータ**（穴の内径の測定），**3 点式内側マイクロメータ**，**棒形内側マイクロメータ**（大きな内径の測定），**デプスマイクロメータ**（深さ，段差の測定），**歯厚マイクロメータ**（歯車のまたぎ歯厚の測定），**ねじマイクロメータ**（おねじの有効径の測定）がある．

(1) アナログ式外側マイクロメータ

図 4.2.18 は**アナログ式外側マイクロメータ**の外観と各部の名称を示す．半円または U 字形をしたフレームの一方にアンビル（金敷：測定面）を固定し，この面に対して垂直に移動するスピンドル（心棒，シャフト）にもう1つの測定面を付け，スピンドルの動きに連動し直線目盛を配したスリーブと，円周方向に目盛を配したシンブル（スリーブを覆った筒）を備え，両測定面間に物体を挟んで外側寸法を読み取る．幅 25 [mm] の測定器において誤差は 3 [µm] である．測定面は超硬合金チップが付いている（JIS B 7502）．

マイクロメータの測定原理は，図 4.2.19 に示すように，スピンドルが精密ねじでできており，これを用いてねじの回転角とその移動距離から長さを測定する．つまり，ねじの送り量が回転角度に比例することを利用した長さ測定器で，スピンドルのねじのピッチを p，回転角度を α とすれば，スピンドルの軸方向の移動量 x は，$x = \alpha \cdot p / 2\pi$ である．ここで，図 4.2.19 に示したように直角 3 角形の紙片を円筒に巻き付けると，その斜辺は円筒状に**つる巻線**（helix）という曲線を作る．このつる巻線に沿って円筒面に溝を切ったものを**ねじ**という．三角形の斜面の傾きを**リード角** α といい，このリード角に沿って円筒を 1 巻きする間に進む距離を**リード**（lead）という．このリード間隔を**ピッチ**（pitch）という．また目盛面の直径 d とすれば，目盛の移動量 y は，$y = r\alpha = \pi dx / p$ である．したが

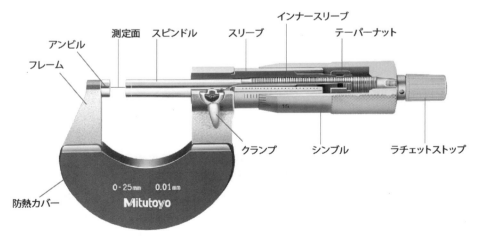

図 4.2.18 アナログ式外側マイクロメータの外観と各部の名称
（(株)ミツトヨ提供）

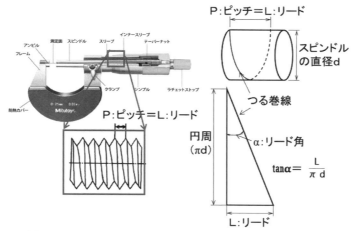

(a) スピンドルねじの1ピッチ　　(b) 1回転で1P（1L）進む

図 4.2.19　スピンドルねじとマイクロメータの測定原理

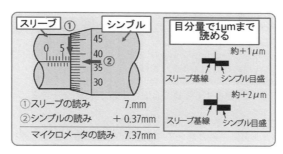

図 4.2.20　マイクロメータの測定値の読み方
（(株) ミツトヨ提供）

って，拡大率は $y/x = \pi d/p$ である．p を小さくし，r を大きくすれば，拡大率は大きくなる．ねじのピッチを 0.5 [mm] とし，スピンドルに取り付けたシンブル（目盛筒）に円周を50等分した目盛を付ければ，$x = a \cdot p/2\pi = (2\pi/50) \times 0.5/2\pi = 0.01$ [mm] まで読み取れる（図 4.2.20）．一般のマイクロメータのねじのピッチは 0.5 [mm]，目量（1目の読み）は 0.01 [mm] で，目盛面の半径が 8 [mm] とすると，拡大率 $y/x = \pi d/p = \pi 16/0.5 = 32\pi ≒ 95$ である．

図 4.2.21 は種々の外側マイクロメータによる計測事例を示す．目的用途によって，種々のマイクロメータの活用が図られている．図 4.2.22 はマイクロメータ使用上の注意事項を示す．

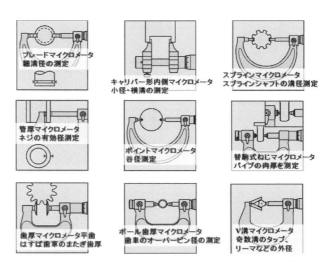

図 4.2.21　種々の外側マイクロメータによる計測事例
（(株) ミツトヨ提供）

図a　ゆっくり接触

図b　基点のズレ調整

図d　衝撃を受けない
　　　ようにする

図e　クランプは解除
　　　して保管

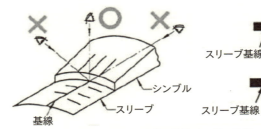

図c　目盛の読取りの際の注意

➤ 使用前の注意
1. シンブルを全行程にわたって回転させ，引っ掛かりや作動にムラがないか確認する．
2. アンビル，スピンドルの両測定面に白紙を挟み，測定面のゴミやホコリを取り除く．
3. 測定面を合致させ以下の内容を確認する．
・ゆっくりと両測定面を合致させ，ラチェットストップを使用し，3～5回（1.5～2回転）の定圧をかけて基点を確認．勢いが付くとアンビル側の押し込み精度に影響する．（図a）
・基点がずれている場合は，外筒を回転させて基点を合わせる．（図b）
4. 大型タイプのマイクロメータは，使用する姿勢と同様の姿勢で基点合わせを行う．
➤ 使用中の注意
1. 目盛の読取りは，正面に視線を置いて視差に注意する．（図c）
2. 1 [μm] 単位の読取りは，外筒基準線とシンブル目盛線の重なる量によって読み取る．（図c）
3. スピンドルは外部からの衝撃等を受けない様に注意する（図d）．長時間使用する際は，温度変化等により基点変化が発生する可能性があるので，定期的な基点確認を行う．
➤ 使用後の注意
1. 使用後は，各部に損傷が無いか確認して全体を清掃する．
水溶性切削油等が付着する場所で使用した場合は，清掃後，必ず防錆処理を行う．
2. 測定面は 0.2～2 [mm] 程度開き，クランプは解除して保管する．（図e）
3. 保管場所は，高温や高湿になる場所，塵挨，オイルミストの多い場所を避ける．
4. 長期保管する場合は，ミクロロールでスピンドルを防錆処理してから，保管する．

図 4.2.22　マイクロメータ使用上の注意事項
（(株)ミツトヨ提供）

(2) デジタル式外側マイクロメータ

図 4.2.23 はデジタル式外側マイクロメータの外観と各部の名称を示す．測定するものをアンブルとスピンドルとの間に置き，ラチェットストップを使用して 3～5 回（1.5～2 回転）の定圧をかけて測定する．表示された値が測定値となる．

(3) 内側（インサイド）マイクロメータ

図 4.2.24 に示すように，内側マイクロメータは管の内径を測定するような棒状のマイクロメータで，右図はその精度チェックを示す．標準タイプの棒形内側マイクロメータである．測定面は超硬合金チップ付である．基点調整が必要で，そのための基準ゲージとして，セットリング（呼び寸法 300 [mm] 以下），セラ内側マイクロチェッカ，ゲージブロックアクセサリセットを取り揃えている．精度は，器差最大測定長 5 [mm] で ± 3 [μm]，最大測定長 100 [mm] で ± 4 [μm]，最大測定長 125・150 [mm] で ± 5 [μm]，最大測定長 175 [mm] 以上で ± (2 + 最大測定長 /75) [μm]（端数

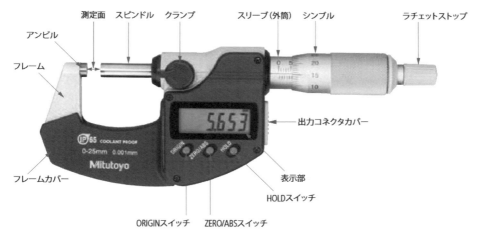

図 4.2.23 デジタル式外側マイクロメータの外観と各部の名称
((株) ミツトヨ提供)

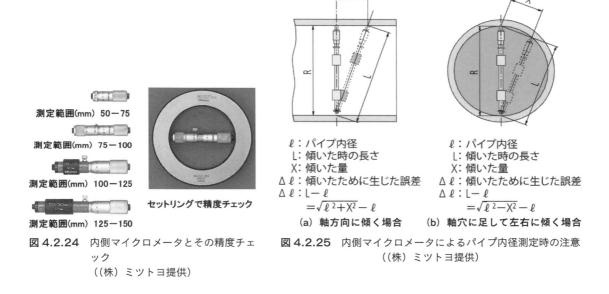

図 4.2.24 内側マイクロメータとその精度チェック
((株) ミツトヨ提供)

図 4.2.25 内側マイクロメータによるパイプ内径測定時の注意
((株) ミツトヨ提供)

切上げ) である.

図 4.2.25 は内側マイクロメータによるパイプ内径測定時の注意を示す. 図中に示すように傾いたために生じる誤差 $\varDelta l$ が発生する.

(4) 3点式内側マイクロメータ

図 4.2.26 に示すように **3点式内側マイクロメータ** (JIS B 7502) は<u>管や穴などの内径を測定するような棒状のマイクロメータ</u>で, その外観と名称を示す. ラチェットストップを回すと, 120度間隔の 3個の測定子が半径方向に移動し穴内面の3ヶ所で接触するので, マイクロメータと穴の中心が一致しやすい. したがって, 図中のキャリパ形に比べて測定精度が良い. また, 深い穴内部の内径を測定することができる. 3点式の内側マイクロメータ (測定範囲6 [mm] 以上) なので, 自動的な求心作用により, 安定した測定ができる. 最近の測定子の測定面には, チタンコーティング (測定範囲6

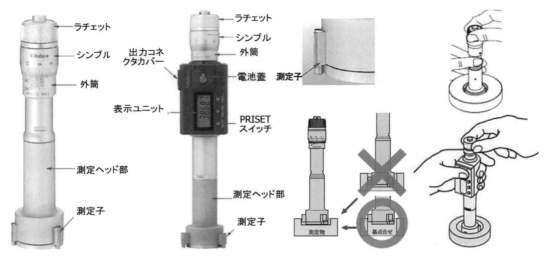

図 4.2.26 3点式内側マイクロメータの外観，名称，注意点
((株)ミツトヨ提供)

[mm]以上）が施されている．目盛の読みは他のマイクロメータと同じである．

使用に関しては図 4.2.26 に示すように，①測定子の先端で測定を行う場合は，同じ位置の先端で基点を合わせる．②測定面を測定体に軽く接触なじませて一旦静止させてから，指でラチェットを5～6回（2～3回転）操作して測定力を掛けて測定する．③測定子の摺動部分は，外部からの衝撃等を受けない様に注意する．2点式，3点式マイクロメータの長所と短所を**表 4.2.5**に示す．

表 4.2.5 2点式，3点式マイクロメータの長所と短所

	2点式	3点式
長所	・ゼロ合わせがリングゲージでもブロックゲージ＋治具でもどちらでも可能． ・円の楕円を拾える（円のひずみがある程度把握できる）．	・求心がほぼ自動で行われるので，作業者間の差が出にくい． ・測定器の形状上，深い穴の測定も可能（継ぎ足しロットもある）．
短所	・測定に非常に高い技能が必要（円の中心方向と穴深さ側で芯合わせが必要である）． ・測定子の長さが短いため，深さ方向の距離に制限がある．	・円の楕円の把握ができない． ・リングゲージでのみゼロ合わせが可能．

4.2.11 シリンダゲージ

図 4.2.27 に示すように，**シリンダゲージ**（cylinder gages，JIS B 7515）とは，文字通りエンジンのシリンダの穴の内径を測る2点式計器で，測定子の変位を機械的に直角方向に伝達し，長さの基準と比較することによって，取り付けてあるダイヤルゲージなどの指示器で，測定子の変位を読みとる．測定開始前には必ず基点調整を行う．このとき，図 4.2.27（b）のように外側マイクロメータで基点調整をする場合は，縦姿勢にしてアンビルを下側に保持する．また，シリンダゲージを穴などの測定対象物に入れるときは，ガイド側，アンビル側の順に挿入する．

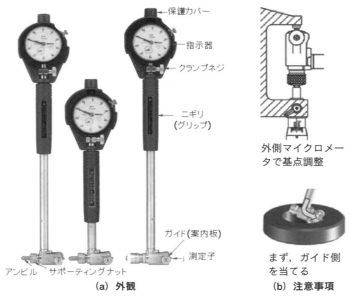

図 4.2.27　シリンダゲージの外観，名称，注意事項
((株)ミツトヨ提供)

4.2.12　空気マイクロメータ

空気マイクロメータは，空気の流量で物の寸法を測る**比較測定器**であり，流量式，背圧式（差圧方式）などの測定方式がある．

(1) 流量式空気マイクロメータ

図 4.2.28 に示すように，**流量式空気マイクロメータ**（JIS B 7535）は，まずコンプレッサとフィルタできれいな圧縮空気を作った後，これをレギュレータにより一定の圧力に保ったまま，測定ノズルから噴出させる．測定ノズル部と測定物のすきまが変化するとノズルから吹き出る流量が変化し，これによりフロートの浮き上がる高さが変化する．このフロートの位置移動により測定物の寸法を測定する．

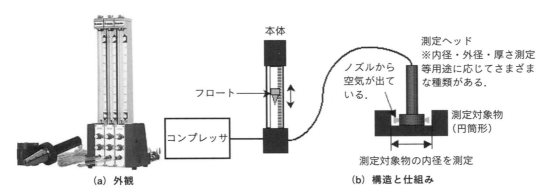

図 4.2.28　流量式空気マイクロメータ
((株)第一測範製作所提供)

エアマイクロメータの代表的な特徴としては，次の2点である．
①空気の噴出により油や粉塵などの影響を受けず，正確に測定できる．
②非接触なので，測定対象に傷を受けずに測定できる．

(2) 背圧式空気マイクロメータ

定圧力源からノズルを介して流出する空気は，ノズル面のすき間と圧力とが比例する範囲が存在する．**背圧式空気マイクロメータ**では，そこを利用して，すき間を圧力メータで読み取る．

4.2.13 電気マイクロメータ

電気マイクロメータ（electrical comparator）は，接触式測定子をもつ検出器を用いて微小変位を電気的量に変換して測定する比較測長器である．電気的インピーダンスである電気抵抗，電気容量，電磁誘導などの回路要素を変位によって変化するように接続し，その回路に生ずる電流，電圧の変化を利用する．変換器として差動変圧器が最も広く用いられている．そのほかに，平板コンデンサ，円筒形コンデンサ，インダクタンス素子，光学格子と光電素子，磁気格子などが用いられている．

図4.2.29 は電気マイクロメータの外観と校正およびその構造を示す．ここで，**差動トランスの差動原理**を見ておく．差動トランスは3つのコイルとコア（可動鉄心）で構成されている．1次コイルを交流（一定周波数電圧）で励磁すると，測定物に連動して動く可動鉄心により，2次コイルに誘起電圧が発生する．これを差動結合し，電圧差として取り出し，変位出力としている．コアが左右対称，すなわち中央に位置するときは，左右に誘起される交流電圧は等しくなり，電圧差が0（ゼロ）となり，出力は0となる．コアの位置が中央からずれると，左右コイルの誘起電圧に差が生じ，その差に比例した交流電圧が現れる．この交流電圧を1次コイルに流した交流電圧と比べると，コアが右にある場合と左にある場合とでは波形（位相）が逆になる．この現象を利用して，コアの左右の変位の大きさを正負の直流電圧の大きさに変換し，コアの変位を測定している．

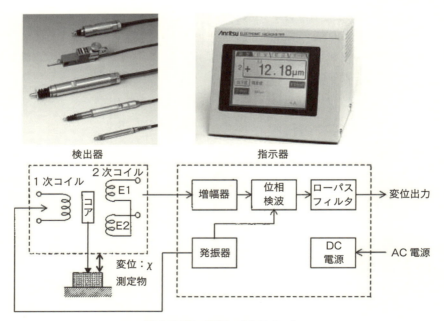

図 4.2.29 電気マイクロメータ
（アンリツ（株）提供）

4.2.14 ダイヤルゲージ

ダイヤルゲージ（dialgage, JIS B 7503）は1.5.1項で説明した**比較測定法**（図1.5.2）で用いられ，微小な長さや変位を精密に測定する計器である．

図4.2.30（a）はダイヤルゲージの外観，内部構造，原理を示すが，図中の測定物に当てた測定子に連結されたスピンドル（心棒）上のラックのわずかな動き，直線運動（変位）を，ピニオン・歯車を利用して回転運動に変換・拡大して，指針が円形上の目盛を指し示す．目盛が0.01［mm］，0.002［mm］，0.001［mm］で，倍率が100倍，500倍，1,000倍である．誤差は全測定範囲10［mm］，目量0.01［mm］のもので±15［μm］，また全測定範囲2［mm］，目量0.001［mm］のもので±7［μm］となっている．大型構造物の変形などを測定する（JIS B 7503）．スピンドルを押し込むとき，長針は時計方向に回転するものとし，加速減速を受けても空転しないようにする．使用に関しては，①作動や精度に影響するので，スピンドルを急激に動かしたり，横方向へ力を加えないこと（図4.2.30（b）左），②保持具はたわまない物を使用し（図（b）中），③耳金の締付方法は測定面に対しスピンドルが直角になるように固定すること．表4.2.6はダイヤルゲージの規格JIS B 7503の抜粋を示す．

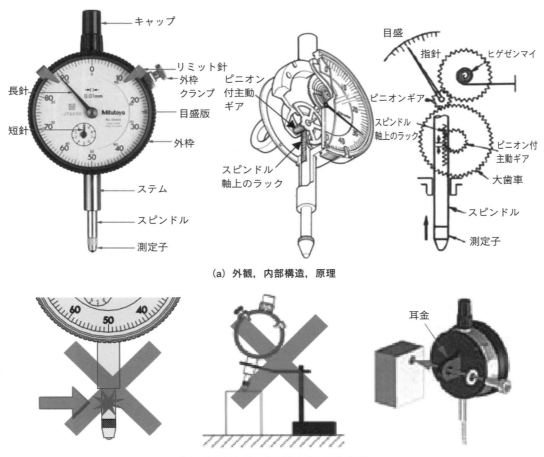

(a) 外観，内部構造，原理

(b) ダイヤルゲージの測定時の注意事項

図4.2.30　ダイヤルゲージ
（(株)ミツトヨ提供）

表 4.2.6 ダイヤルゲージの規格（JIS B 7503）の抜粋

番号	項目	測定方法	説明図	測定用具
1	指示誤差	ダイヤルゲージのスピンドルを鉛直、かつ、下方にして保持し、ダイヤルゲージの目盛の読みを基準にして次のとおり行う．		目量 0.001 mm および目量 0.002 mm で測定範囲が 2 mm 以下のダイヤルゲージについては目量 0.5 μm 以下，器差 ± 1 μm のマイクロメータヘッドまたは測長器および支持台．上記以外のダイヤルゲージについては目量 1 μm 以下，器差 ± 1 μm のマイクロメータヘッドまたは測長器および支持台．
2	隣接誤差	基点から2回転までは1/10回転ずつ，5回転までは1/2回転ずつ，5回転以上は1回転ずつ，スピンドルを測定範囲の終点まで押し込み，その		
3	戻り誤差	ままの状態からスピンドルを逆方向に戻しながら押込み方向の測定時と同一測定点を測定して得られた両方向の誤差線図から求める．		
4	繰返し精密度	測定台上面に測定子を垂直に当て，測定範囲内の任意の位置で5回スピンドルを急激および緩やかに作動させたとき，各回の指示の最大差を求める．		測定台 支持台
5	測定力	スピンドルを鉛直，かつ，下方に置いた姿勢でダイヤルゲージを保持し，スピンドルを上下各方向に連続的，かつ，徐々に移動させ，測定範囲の基点，中央および終点の測定力を測定する．		支持台 上皿ばね式指示はかり（目量2 g 以下）または力計（感度 0.02 N 以下）

4.2.15 てこ式ダイヤルゲージ

てこ式ダイヤルゲージ（dialgage, JIS B 7533）は，図 4.2.31 に示すように，<u>てこの一部を形成する測定子の動きを機械的に回転運動として終端の指針に伝え，この指針が測定子の動いた量を円形の目盛板に表示する測定器</u>と定義される．測定範囲の目安として，目量 0.01 [mm] で測定範囲 0.5 [mm]，0.8 [mm] および 1 [mm]，並びに目量 0.002 [mm] で測定範囲 0.2 [mm] および 0.28 [mm] となっている．使用に関しては，図 4.2.32 のように，①長さの異なる測定子を使用すると大きな測定誤差が生じるので，必ず機種に応じた測定子を用いる，②保持具はたわまない物を使用し，クランプは確実に締める，③測定子を測定面にあてる角度 θ により測定値の誤差が生じる．可能な限り角度 θ が小さくなるようにセットすること．水平で使用できない場合には，角度 θ 毎に補正を行うこと．以下では端度器について見てみる．

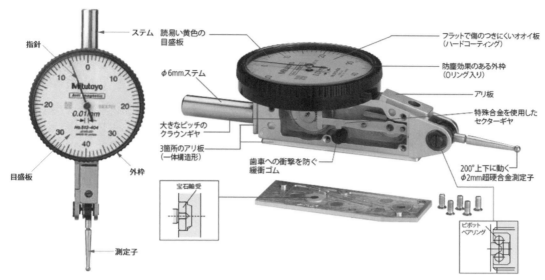

図 4.2.31　ダイヤル目盛付てこ式インジケータの名称と構造
（(株)ミツトヨ提供）

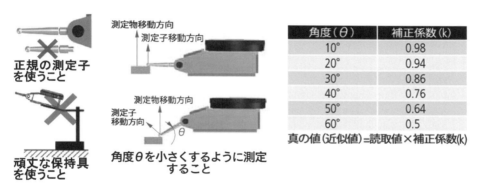

図 4.2.32　てこ式ダイヤルゲージ使用注意事項
（(株)ミツトヨ提供）

4.2.16　ブロックゲージ

　ブロックゲージ（block gage）[4] は 1896 年にスウェーデンのヨハンソン（Carl Edvard Johansson（1864～1943））により発明された．JIS B 7506 では，耐久性がある材料で作り，長方形断面で平行な2つの測定面をもつ．その測定面は他のブロックゲージまたは補助体（基準平面）ともよく密着する性質をもっている端度器と定義され，その端面間の距離で基準長さを表す．工場における長さの基準器で，優れている点として，①使いやすい，②精度がきわめて高い，③任意の寸法のものが作れる，の3点が挙げられる．

　図 4.2.33 はブロックゲージ単体，図 4.2.34 はブロックゲージセットを示す．標準的なセットとしては 112 個組，103 個組，76 個組，47 個組，32 個組，18 個組，9 個組，長尺用 8 個組などのほか，マ

---

[4] 小須田哲雄，ロックゲージの基礎と応用，精密工学会誌 vol.79, No.8, 2013, 743-749.

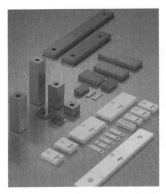

図 4.2.33　ブロックゲージ単体
（(株) ミツトヨ提供）

図 4.2.34　ブロックゲージセット（112個組）
（(株) ミツトヨ提供）

表 4.2.7　ブロックゲージの寸法精度　　（単位：[μm]）

呼び寸法 [mm]		K 級		0 級		1 級		2 級	
を超え	以下	寸法許容差	寸法許容差幅	寸法許容差	寸法許容差幅	寸法許容差	寸法許容差幅	寸法許容差	寸法許容差幅
0.5[※1]	10	0.20	0.05	0.12	0.10	0.20	0.16	0.45	0.30
10	25	0.30	0.05	0.14	0.10	0.30	0.16	0.60	0.30
25	50	0.40	0.06	0.20	0.10	0.40	0.18	0.80	0.30
50	75	0.50	0.06	0.25	0.12	0.50	0.18	1.00	0.35
75	100	0.60	0.07	0.30	0.12	0.60	0.20	1.20	0.35
100	150	0.80	0.08	0.40	0.14	0.80	0.20	1.60	0.40
150	200	1.00	0.09	0.50	0.16	1.00	0.25	2.00	0.40
200	250	1.20	0.10	0.60	0.16	1.20	0.25	2.40	0.45
250	300	1.40	0.10	0.70	0.18	1.40	0.25	2.80	0.50
300	400	1.80	0.12	0.90	0.20	1.80	0.30	3.60	0.50
400	500	2.20	0.14	1.10	0.25	2.20	0.35	4.40	0.60
500	600	2.60	0.16	1.30	0.25	2.60	0.40	5.00	0.70
600	700	3.00	0.18	1.50	0.30	3.00	0.45	6.00	0.70
700	800	3.40	0.20	1.70	0.30	3.40	0.50	6.50	0.80
800	900	3.80	0.20	1.90	0.35	3.80	0.50	7.50	0.90
900	1000	4.20	0.25	2.00	0.40	4.20	0.60	8.00	1.00

※　0.5 を含む

イクロメータ検査用 10 個組等も用意されている．

　寸法精度は表 4.2.7 のように 0.01 [μm] 単位で極めて高く，等級別に規定され，精度の高い順に，K，0，1，2 級の 4 等級が設けられている．等級と用途の例を表 4.2.8 に示す．

　ブロックゲージの寸法は図 4.2.35 の L に示すように，測定面上の点から他の測定面に密着させた同一材料同一表面状態の基準平面までの距離と定義され，密着層を含んでいる．

　ブロックゲージの最大の特徴は図 4.2.36 に示すように，複数のサイズを密着させることで，1 [μm] などの細かいステップで任意の寸法（各サイズの和）が得られることである．手で引っ張って剥がれない程度の密着力（約 60 [N] 以上）が得られれば，0.03 [μm] 以下の誤差に抑えられる．図 4.2.37 はオプチカルフラットの干渉縞を示す．

4.2 長さの測定

表 4.2.8 等級と用途の例

等級	用途例
K	ブロックゲージの校正，研究用
0	高精度測定機器類の校正 (指示マイクロメータ・電気マイクロメータ等)
1	測定器類の校正（マイクロメータ等）ゲージの精度点検
2	測定器類の校正（ノギス等）ゲージの製作，精密測定 刃具の位置合わせ

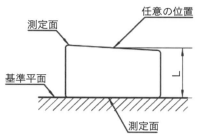

図 4.2.35 ブロックゲージの寸法

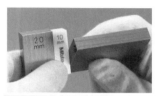

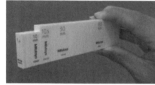

図 4.2.36 複数サイズのブロックゲージの密着
((株)ミツトヨ提供)

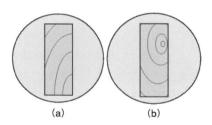

図 4.2.37 オプチカルフラットの干渉縞
((株)ミツトヨ提供)

ブロックゲージの密着（リンギング）の手順方法は図 4.2.38 のようになる．表 4.2.9 はその注意点を示す．さて，ブロックゲージの素材は鋼製（高炭素高クロム鋼である工具鋼，軸受鋼，金型用鋼製）とセラミックス製とがあり，前者のブロックゲージの熱膨張係数は JIS 規格で $(11.5 \pm 1.0) \times 10^{-6}/K$ の範囲と規定されて，この熱膨張係数の値付けの不確かさは $0.035 \times 10^{-6}/K$ （拡張不確かさ $k = 2$）となっている．よって，測定時の温度範囲は $20 \pm 0.2 \sim \pm 0.1℃$ で，熱膨張係数は，通常 $(11.5 \pm 1) \times 10^{-6}/deg$ のものを使う．後者は，25 年前にジルコニアセラミックス製ブロックゲージが日本で開発され，さらに低膨張セラミックスが開発され，温度や磨滅などの影響対策が行われている．

4.2.17 各種ゲージ

機械加工の工場現場で使われる，平行ねじゲージ，テーパねじゲージ，限界ゲージ，マスターゲージ，テーパゲージ，ねじ測定用三針，測長器 SM-3 などの各種ゲージを図 4.2.39 に示す．以下，主要なものを見ていく．

(1) すきまゲージ

すきまゲージ（feeler gage）は，リーフと呼ばれる薄い金属板をすきまに挿入し，そのすきまの寸法を測定する工具で，**シックネスゲージ**（thickness gauge）とも呼ばれる．図 4.2.40 に示すように，厚さは 0.01 [mm] から 3.0 [mm] までのリーフと呼ばれる薄い金属板を束ねて 1 組とし，測定対象のすきまにリーフを挿入して，そのすきまの寸法を測定するゲージである．材質は一般に炭素工具鋼

表 4.2.9　ブロックゲージの密着（リンギング）の手順方法

①組み合わせるゲージブロックの選定：選定には次の点を考慮する． 　(a) 組合せの個数をできるだけ少なくする． 　(b) できるだけ厚いゲージブロックを選ぶ． 　(c) 寸法は末尾の桁から選ぶ．
②ゲージブロックを洗浄液できれいに洗浄する．
③測定面にかえりのないことを確認する． 　かえりの点検にはオプチカルフラットを使用し，次の手順で行う． 　(a) 測定面をきれいに拭く． 　(b) ゲージブロック測定面にオプチカルフラットを静かに置く． 　(c) オプチカルフラットを軽くすべらせると，干渉縞が見えてくる． 　判断1：ここで干渉縞が見られない場合は，測定面に大きなかえりやゴミ等がある． 　(d) オプチカルフラットを軽く押さえ付け，干渉縞が消えることを確認する． 　判断2：干渉縞が消えればかえりはない． 　判断3：図4.2.37(b)のように局部的に縞が残る場合はかえりがある．このとき，オプチカルフラットの位置をわずかに移動させ，縞も一緒に移動したらオプチカルフラットにかえりがあることになる．
④測定面にわずかの油気を与え均一にのばす． 　・油膜がほとんどなくなるまで拭き取る．油には一般的に，グリス，スピンドル油，ワセリン等が使用される．

（SK2～5）で，硬さはHV400以上である．ゲージはリーフ（薄鋼片）の許容差，反りの許容差によって特級，並級の2種類があり，JIS B 7524に規定されている．エンジンのタペットのクリアランス調整，デストリビューターのポイントギャップ調整などによく使用される．

(2) 限界ゲージ

限界ゲージ（limit gage）は，<u>量産される機械部品の仕上がり寸法を検査する測定器として使われ</u>，**図4.2.41**に示すように，あらかじめその部品の許容される寸法誤差範囲（許容限界寸法）を定め，その上限と下限のゲージをつくっておき，製品寸法がこの大小2つのゲージの間にあるかどうか検査する．下限（通り側）で通り，上限（止まり側）で通らなければ合格である．JIS B 7420に規定されている．軸用と穴用に分けられ，また，金属用とプラスチック用に区別され（精度はHSBO401），工場現場での検査に使われる．図4.2.41（b）のプラグゲージでは，円筒面に薄く油をつけ，回転させながらゲージの自重などで挿入する．はさみゲージでは，直径の周りに軽く回転させながらはめ込む．これらのほかにねじゲージもある．

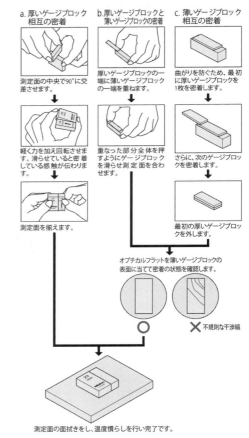

図4.2.38　ブロックゲージの密着（リンギング）の手順方法
（(株)ミツトヨ提供）

図 4.2.39 機械加工で用いられる各種ゲージ

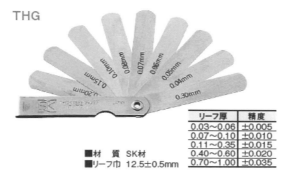

リーフ厚	精度
0.03〜0.06	±0.005
0.07〜0.10	±0.010
0.11〜0.35	±0.015
0.40〜0.60	±0.020
0.70〜1.00	±0.035

■材　質　SK材
■リーフ巾　12.5±0.5mm

図 4.2.40 すきまゲージ
（(株) ミスミ提供）

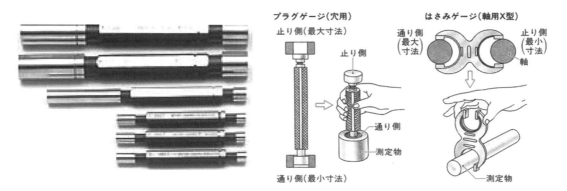

(a) 穴用限界ゲージの例　　　　(b) 限界ゲージの使い方

図 4.2.41 限界ゲージ

4.3 長さ測定における原理と諸影響

4.3.1 測定器の構造による影響

1.6.2 項でもふれたが，高精度測定方法としての**置換法**は，測定量と既知量を置き換えて 2 回の測定結果から測定量を知る方法で，正確な「基準」と比較し，測定器自身の不正に基づく誤差を除くことを目的とする．置換法には一般の計測器よりも分解能の高い**比較器**が使用される．例えば，長さ測定の場合，**万能測長機**などが比較器として使用される．しかしながら，作業量が多く手間がかかる測定方法であるため，一般には各種寸法に応じた測定のできるものが選ばれる．

表 4.3.1 は測長器について構造的な違いで分類した 2 タイプとして

①顕微鏡移動形（読取り部が移動，目盛尺固定）
②目盛尺移動形（読取り部が固定，目盛尺移動）

を示す．結果を先に述べると，②のタイプの方が精度が良い．その理由は**アッベの原理**に合致した構造によるからである．

4.3.2 アッベの原理

アッベの原理とは，測定物と標準尺の測定軸を同一直線上に配置することにより，測定系の案内誤差に起因する測定の誤差を小さくすることができるというもので，表 4.3.1 の原理から求められる誤差は式の欄に示す通りで，例えば，ノギスは①タイプに属し，マイクロメータは②タイプに属する．誤差はアッベの原理に合致したマイクロメータの方が，1 桁小さいことがわかる．

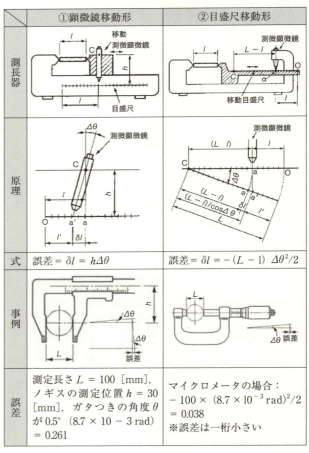

表 4.3.1　測長器とアッベの原理

	①顕微鏡移動形	②目盛尺移動形
測長器		
原理		
式	誤差 = $\delta l = h\Delta\theta$	誤差 = $\delta l = -(L-1)\Delta\theta^2/2$
事例		
誤差	測定長さ $L = 100$ [mm]，ノギスの測定位置 $h = 30$ [mm]，ガタつきの角度 θ が 0.5° (8.7×10^{-3} rad) = 0.261	マイクロメータの場合： $-100 \times (8.7 \times 10^{-3} \text{ rad})^2/2$ = 0.038 ※誤差は一桁小さい

図 4.3.1 のように，特殊なマイクロメータの目盛の軸線上から測定子が離れている場合 (R)，誤差 (ε) が生じやすくなるので，特に測定力については充分な注意が必要である．この原理を満たすものにはスケール，外径マイクロメータ，満たさないものにはノギス，内径マイクロメータ，ハイトゲージ，ダイヤルゲージなどがある．よって，アッベの原理に反する構造の測定器（ノギス，ハイトゲージなど）を使用するときは，できる限り目盛尺に近い位置で測定物に接触するようにする．

上記以外に，長さを測定する際に考慮すべき諸影響は，温度・弾性変形，支え方などである．

4.3.3 温度による影響

物体は温度によって伸縮するため,各国とも20［℃］を標準温度と規定し,精密な測定を行う場合は,熱膨張を考慮して補正する（表4.3.2）.補正は次式によって行う.

$$l_{20} = \{1 + \alpha_s(t - 20) - \alpha(t' - 20)\}l \qquad (4.3.1)$$

また,$t = t'$のときは,

$$l_{20} = \{1 + (\alpha_s - \alpha)(t - 20)\}l \qquad (4.3.2)$$

ここで,l_{20}：20［℃］における測定物の長さ,l：t［℃］における標準尺の測定値,α_s：標準尺の熱膨張係数［/deg］,α：測定物の熱膨張係数［/deg］,t：測定中の標準尺の温度［℃］,t'：測定中の測定物の温度［℃］.

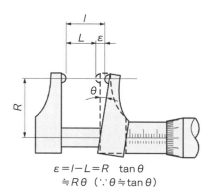

$\varepsilon = l - L = R \ \tan\theta$
$\quad \fallingdotseq R\theta \ (\because \theta \fallingdotseq \tan\theta)$

図4.3.1 外側マイクロメータにおけるアッベの原理

4.3.4 弾性変形による影響

マイクロメータによる測定時に,測定物を測定面の間に挟んで測る場合は,測定器は図4.3.1に示したように,εだけ開く方向で変形するが,一方で測定物は弾性変形を生じ,測定誤差をまねく.

(1) 圧縮による変形

測定物は測定力の加わる方向に圧縮される.この縮み量ΔL［mm］は次式で表される.

表4.3.2 主な材料の熱膨張係数
（293 K（20℃）熱膨張係数（×10⁻⁶/K））

アルミニウム（Al）	23.1	ステンレス（SUS304）	14.7
亜鉛（Zn）	30.2	炭素鋼	10.7
金（Au）	14.2	インバー (63.5%Fe-35.5%Ni)	(1.2 ～2.0)
銀（Ag）	18.9	スーパーインバー (36.5%Fe-32%Ni-5%Co)	(0.1～1)
銅（Cu）	16.5	ジュラルミン	21.6
鉛（Pb）	28.9	ガラス（平均）	8～10
鉄（Fe）	11.8	ガラス （パイレックス）	2.8
ニッケル（Ni）	13.4	石英ガラス	0.43
クロム（Cr）	4.9	ポリエチレン	100～200
黄銅（C2600）	17.5	コンクリート, セメント	7～14

（「理科年表平成22年」ほかをもとに作成）

$$\Delta L = \frac{PL}{EA} \qquad (4.3.3)$$

ここで,L：端面間の長さ［mm］,A：断面積［mm²］,P：測定力［kg］,E：材料の縦弾性係数［kg/mm²］.

(2) 接触面の変形

局部的に測定力が加わって弾性へこみが生じる場合,**へこみ**による近寄り量は,**表4.3.3**に示すように,①2つの平面で球を挟んだ場合,②2つの球の端面接触,③2つの平面間の円筒,④平行不良の場合,⑤ブロックゲージ基準での直角度不良のとき,⑥標準尺基準での直角度不良のとき,のようになる.ここで,D：鋼球の直径［mm］,L：接触長さ［mm］,P：測定力［kg］.

表 4.3.3　各種の接触面の変形

	①2つの平面間の球	②2つの球の端面接触	③2つの平面間の円筒
図			
式	$\delta_1 = 3.8\sqrt[3]{\dfrac{P^2}{D}}$	$\delta_2 = 1.9\sqrt[3]{P^2\left(\dfrac{1}{D_1}+\dfrac{1}{D_2}\right)}$	$\delta_3 = 0.92\dfrac{P}{L}\sqrt[3]{\dfrac{1}{D}}$
	④平行不良の場合	⑤直角度不良のとき	⑥直角度不良のとき
図			
式	$\Delta D = -\theta d/2$	$\Delta D_1 = -\theta d$（ブロックゲージ基準）	$\Delta D_2 = D\theta^2/2$（標準尺基準）

4.3.5　自重による影響

(1) 水平に支持したときのたわみ

細長い棒形状の測定器, 標準器または測定物を平らな定盤に置くと, 接触する面の形状誤差から, 不規則な変形あるいは自重や荷重によって**たわみ**を生じるため, **表 4.3.4** 上部に示すように2点で支えるのが一般的である. この場合, 測定誤差が生じ, 正しい寸法の測定はできない. したがって, 各支持点の位置によってそれぞれ異なるたわみの形状から, 最も使用目的に適したものを選ぶ必要がある. ①長物の測定物の場合は, できるだけ使用条件と同一の状態で支えて測定する. また, 測定器の基準点を合わせるときも同じ条件で行う. ②支持点の位置は, 使用目的によって表4.3.4の(a)〜(d)から定める.

(2) 自重による縮み

測定器, 標準器あるいは測定物は, 垂直に立てると自重により圧縮変形して縮み, ある程度以上長くなると, その変形量は無視できなくなる. 例えば, 均一鋼材でできているものとして, 鋼の弾性係数 E を 205 [GPa], ΔL：変形量 [μm], L：長さ [mm] とすると, 次式で計算できる.

$$\Delta L = 2\cdot 10^{-7}\cdot L^2 \tag{4.3.5}$$

【例題】 $L = 10$ [m] $= 10,000$ [mm] の場合, 変形量はいくらか？

【解答】 $\Delta L = 2,000$ [μm] $= 2$ [mm] となる. 意外と大きな変形が生じることがわかる.

さて, 図 4.2.33 のブロックゲージや表面に目盛のある標準尺では, **エアリー点**（airy points）が適する. エアリー点 $S = 0.2113L$, (b) H形またはX形断面の標準尺では, **ベッセル点**（Bessel points）が適する. ベッセル点 $S = 0.2203L$, ここで, S：両端から支持点までの距離, L：全長.

表 4.3.4 支持法によるたわみ

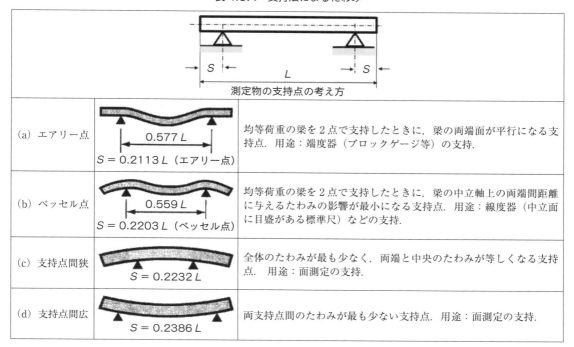

4.3.6 接触誤差による影響

接触誤差とは，測定子の形状が表4.3.3に示したように，被測定面に対して不適当だったり，測定器のもつ測定面が摩耗している，または両測定面が平行でない場合に生じる誤差である．すでに見てきたように，図4.2.14のデプスゲージにおける精密定盤上での基準面の取り方，図4.2.25の内側マイクロメータによるパイプ内径測定の仕方，図4.2.27のシリンダゲージのガイドの当て方などがこれにあたる．

接触誤差に対する注意としては，①測定器の測定面の形状は，測定物の外形が曲面のときは平面，また，穴径には球面か曲面を選ぶ．②測定器の測定面に耐摩耗性のある材質（超硬チップ）などを用いたり，ローラ測定子を用いる．特に運動中の測定物の測定では非接触の測定を行う．③2測定面間の平行，傷の有無および基準ゲージと比較した指示値を確認する．

5章 角度・面の測定

5.1 角度測定の基礎事項

5.1.1 角度の単位と基準

(1) 度

(a) 度表記（小数点表記）

円周を360等分した弧に対する中心角を1度（1°）[1]としたもので，1度未満の角度を十進法にする小数点表記するもの（例：22.75°）．

(b) 度（angle），分（minute, arc），秒（arcsecond）表記

度表記の補助単位として，1度（1°）を60等分した1分（1′），さらに1分を60等分した1秒（1″）がある．度，分，秒表記を換算するには，表5.1.1に示す方法がある．

表5.1.1 度，分，秒表記の換算方法

度表記（小数点表記）を 度，分，秒表記に換算	度，分，秒表記を度表記 （小数点表記）に換算
例）125.525° 　度：125.525 = 125 + 0.525 　分：0.525 × 60 = 31.5′ = 31′ + 0.5′ 　秒：0.5′ × 60 = 30″ これらを足すと125° 31′ 30″となる．	例）135° 30′ 45″ 　度：135 　分：30′ ÷ 60 = 0.5 　秒：45″ ÷ 3600 = 0.0125 これらを足すと， 135 + 0.5 + 0.0125 = 135.5125°となる．

(2) ラジアン

ラジアン（radian，単位 [rad]）は，国際単位系（SI）における角度（平面角）の単位である．図5.1.1に示すように，ラジアンは，円周上でその円の半径と同じ長さの弧を切り取る2本の半径が成す角の値と定義される．

1 [rad] = 360°/2π = 180°/π ≒ 57.3° ≒ 57度17分44.8秒

また，度とラジアンの関係式を次に示す．

360° = 2π [rad]（π = 円周率）

あるいは

1° = π [rad]/180 = 17.45329 × 10^{-3} [rad]

また，

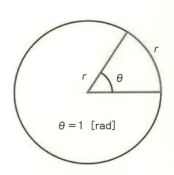

1 [rad] = 360°/2π

図5.1.1 ラジアン

---

1) 角度の単位の表示は，一般に「°」が用いられる．本書では，単位をカギカッコ [ ] で囲んで表示しているが，角度の単位には [ ] を表示していない．

$$1\,[\mathrm{rad}] = 180°/\pi = 57°\,17'\,45''$$

と書ける.

5.1.2 角度の基準

長さの標準に見られるメートル原器や光波基準などに相当するものはなく,角度の基準は円周を分割することで容易に得られる.しかしながら,実際の測定に当たっては,角度の基準として,**単一角度基準**と**円周分割基準**に分類される.以下で簡単に見ておく.

5.2 角度測定における単一角度基準

5.2.1 角度ゲージ

角度ゲージは,工業測定に用いる単一角度の標準器で,形状により**ヨハンソン式角度ゲージ**(Johanson formula angle gauge)と **NPL 式角度ゲージ**(National Physical Laboratory type angle gauge)とがある.2つの測定面が一定の正しい角度をもち,単体のものでは長さにおけるブロックゲージと同様の精度のものから薄板を加工した簡単なものまである.

(1) ヨハンソン式角度ゲージ(アングル・ブロックゲージ)

ヨハンソン式角度ゲージは,ヨハンソン[2]によって 1918 年に作られたもので,約 50 [mm] × 20 [mm] × 1.5 [mm] のラップ仕上げされた焼入れ鋼製ブロック 85 個または 49 個からなる.1 個または 2 個の組合せにより,10〜350°の角度は 1′(分)または 5′(分)ごと,また 0〜10°および 350〜360°の角度は 1°ごとの高い精度の角度が得られる.

図 5.2.1 は 85 個組で,このほかにも 49 個組があり,いずれも 2 個の角度ゲージを組み合わせ,密着させるための保持具が備えられている.

精度については,各角度ゲージの最大許容誤差は ± 12′(分)で,2 個の角度ゲージを組み合わせた場合は ± 24′ 以下である.使用に関しては次の点を注意する.

①取扱いについては長さのブロックゲージと同じだが,角度ゲージの組合せは備品の保持具を用いて図 5.2.2 のようにして組み合わせる.
②工作物の各種角度ゲージの製作および検査に用いる.

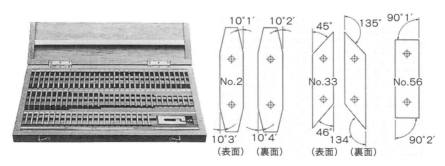

図 5.2.1 角度ゲージ(85 個組)

---

2) カール・エドヴァルド・ヨハンソン(Carl Edvard Johansson,1864〜1943)は,スウェーデンの発明家で科学者.

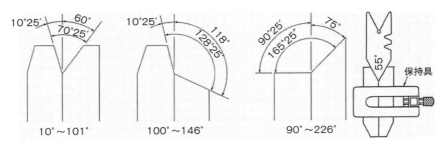

図 5.2.2 アングル・ブロックゲージの使用例

(2) NPL 式角度ゲージ

NPL 式角度ゲージは，1940 年にイギリスのトムリンソンによって考案された．測定面を大きくして，角度ゲージの個数を少なくしたもので，ヨハンソン式角度ゲージのように同時に各種の角度を作り出すことはできないが，ブロックゲージと同様に密着させて積み重ねることによって，数少ない角度ゲージで任意の正しい角度を作り出すことができる．測定面は約 100 × 15 [mm] からあり，正確な平面にラップ仕上げされており，被測定面に密着することができる．**図 5.2.3** は 12 個組のもので，個数の組合せは**表 5.2.1** に示すように各メーカによって異なる．

精度に関しては，各角度ゲージの保証精度が 3″～6″ のものが多く知られている．使用に関しては次の点を注意する．

①取扱いおよび密着方法はブロックゲージと全く同じである．
②角度ゲージは，**図 5.2.4** に示すように積み重ねる向き（メーカごとに異なる）によって，1″，1′ または 1° 単位ごとの広範囲にわたる角度を作り出す．
③ダイヤルゲージを用いた角度の測定における基準ゲージに用いる．
④定盤上に工作物の被測定面と並べて置き，直定規で**すきみ法**（後述）によって比較測定する．

図 5.2.3 NPL 式角度ゲージ（12 個組）

表 5.2.1 NPL 式角度ゲージの各種組合せ

種類	個数	各ブロックの角度	得られる角度		測定面 [mm]
			腿囲	段階	
A	12	41°, 27°, 9°, 3°, 1° 27′, 9′, 3′, 1′ 30″, 18″, 6″	0°～81°	6″	76×16
	13	以上のほかに 3″		3″	
B	14	45°, 30°, 15°, 5°, 3°, 1° 40′, 25′, 10′, 5′, 3′, 1′ 30″, 20″	0°～99°	10″	長さ 100
C	16	45°, 30°, 15°, 5°, 3°, 1° 30′, 15′, 5′, 3′, 1′ 30″, 20″, 5″, 3″, 1″	0°～99°	1″	長さ 100
D	16	45°, 30°, 15°, 5°, 3°, 1° 30′, 20′, 5′, 3′, 1′ 30″, 20″, 5″, 3″, 1″	0°～100°	1″	51×25
E	12	45°, 30°, 14°, 9°, 3°, 1° 50′, 25′, 3′, 2′, 1′	0°～102°	1″	100×15
	15	以上のほかに 30″, 15″, 5″		5″	

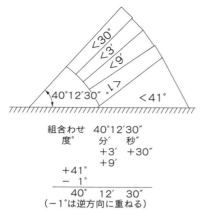

組合わせ　40°12′30″
　　度°　　分′　　秒″
　　　　　　+3′　+30″
　　　　　　　　　+9″
　　+41°
　－　1°
　　40°　12′　30″
（－1°は逆方向に重ねる）

図 5.2.4　NPL 式角度ゲージの組合せ

図 5.2.5　汎用角度ゲージ

(3) 汎用角度ゲージ

汎用角度ゲージ（general-purpose angle gauge）は，簡単に角度を比較したり，測ったりするのに用いる．その構造は図 5.2.5 に示すように，1 [mm] ぐらいの鋼板にそれぞれ正確な角度が付けられており，一般には 1°，2°，3°，4°，5°，8°，12°，14°，14・1/2°，15°，20°，25°，30°，35°，40°，45° の 16 枚の組合せでできている．

(4) 直角定規

直角定規（**スコヤ**[3]：squares）は直角度の測定に用いる鋼製の固定角度定規で，角度基準の一種と考えることができる．2 つの面または軸の直角度の検査，または工作物および機械部品の調整やけがきなどに使用する．

図 5.2.6 に示すように，工具鋼で正確に作られたブレードとストックを組み合わせた台付直角定規と，一体の I 形直角定規，平形直角定規および刃形直角定規が JIS B 7526 で規定されている．等級は長片の長さを呼び寸法としたそれぞれの直角度から，**表 5.2.2** に示すように 1 級と 2 級が規定されて

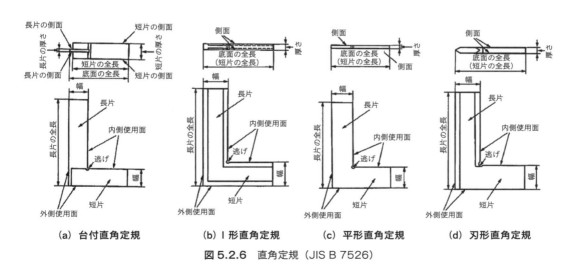

(a)　台付直角定規　　(b) I 形直角定規　　(c)　平形直角定規　　(d)　刃形直角定規

図 5.2.6　直角定規（JIS B 7526）

---

3) スコヤの語源は，直角を意味する英語の square（スクエア，スクウェア）が訛ったものとされている．

表 5.2.2 直角度規格（JIS B 7526）単位 [μm]

呼び寸法 [mm]	刃形直角定規	I形直角定規		平形直角定規 台付直角定規	
		1級	2級	1級	2級
75	—	—	—	± 14	± 28
100	± 3.0	± 3.0	± 7	± 15	± 30
150	± 3.5	± 3.5	± 8	± 18	± 35
200	± 4.0	± 4.0	± 9	± 20	± 40
300	± 5.0	± 5.0	± 11	± 25	± 50
500	—	± 7.0	± 15	± 35	± 70
750	—	—	—	± 48	± 95
1 000	—	—	—	± 60	± 120

いる．直角度の決定は，呼び寸法に対して両端 2 ～ 10 [mm] を製作上のダレと認め，検査から除外される．また，側面の倒れについては表5.2.2の値の10倍以下と規定されている．

使用に関しては次の点を注意する．

①使用に際し，直角度を他の角度基準ゲージ（円筒スコヤなど）と比較して確認する．特に台付形のものは狂いやすい．

②直角定規の測定面を工作物の面に当てて直角度を検査するときは，常に光に向かって透かして見ることが大切である．

③工作物の面に対して，すきまが見やすいからといって，図 5.2.7 の ⓐ 部のように直角定規をあてがっても，柱の反りや側面の倒れが大きいので正しい検査ができない．

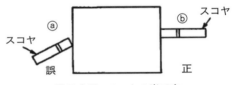

図 5.2.7　スコヤの当て方

(5) 円筒スコヤ

円筒スコヤ（cylindrical squares，JIS B 7539）は，**図 5.2.8** に示すように，焼入れ鋼または鋳鉄で円筒形に作られ，円筒の外周と両端面は正しい直角に研削されている．直角定規のような反りや側面の倒れがなく，測定面が曲面のため，**すきみ**が容易である．すきみとは，<u>測定物をスコヤに軽く当て，そのすきまが均一かどうかを見て確認する方法</u>である．主に定盤上に置いて，工作物の直角定規の検査に用いる．

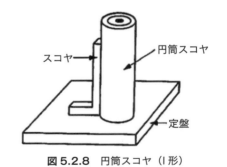

図 5.2.8　円筒スコヤ（I形）

5.2.2　目盛分割基準

(1) 目盛円板

目盛円板（divided circle）は，<u>円板面の円周を一定の角度に分割したもの</u>で，目盛は 1° のものが多く，角度の測定基準やけがきに用いる．円板の円周上に等分目盛が施してある．目盛円板の精度により使用材料もさまざまで，低精度のセルロイドまたは鋼板製から，目盛誤差 0.5″ 程度の高精度の金属目盛円板まである．

(2) 割出し円板

割出し円板（indexing disc）は，工作物および工具の角度を割り出すときや，角度の調整に便利な角度基準として用いられる．割出し円板には，図 5.2.9 に示す鋼製の多孔円板や切欠き円板がある．割出し精度は一般に 2′ 程度で，切欠き円板の精度は最も高く，良好なものでは，連続する 2 つの切欠きの間の誤差は最大 6″ 以下，累積誤差は 12″ 以下である．

使用に関しては，ウォームとウォーム歯車による割出し台に取り付けて，角度をさらに細かく分割する点を注意する．

(3) ポリゴン鏡

ポリゴン鏡（角度標準用多面鏡：angle standard for polygonal mirror）はイギリスの NPL 社が考案したもので，正多角形に作られた反射鏡で，5.3.3 項で述べる**オートコリメータ**と併用して角度の比較測定の基準に用いられる．

図 5.2.10 のように，正多角形をした金属またはプリズム鏡で，上面と底面は互いに平行で，鏡面に対して直角に作られている．ポリゴン鏡の 2 面間のなす角度の誤差は最大 5″ で，最近では 2″ 以内のものが知られている．

使用に関しては次の点を注意する．①図 5.2.11 は目盛円板の目盛の検査を示したもので，回転する目盛円板上にポリゴン鏡をオートコリメータでのぞいて十字標識が正しく合う位置に置き，円板を回転させてオートコリメータ上の反射像が前回と同様の位置に来たときの標線により，円板上の目盛を比較測定することができる．また，同様にして，円板上に正確な目盛を刻むことができる．②工作物の被測定面をポリゴン鏡と置き換えて比較測定する場合は，工作物の面は鏡面になっていることが必要である．また，必要に応じて平行平面ガラス（オプチカル・パラレル）を被測定面に重ねて使用する．

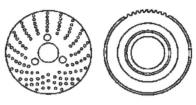

(a) 多孔円板　　(b) 切欠き円板

図 5.2.9　割出し円板

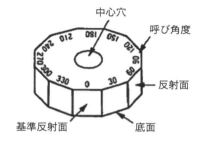

図 5.2.10　ポリゴン鏡の構造
（JIS B 7432）

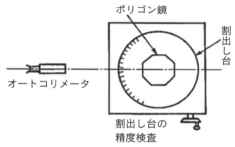

図 5.2.11　ポリゴン鏡の使用例

5.3　各種測定器による角度の測定

5.3.1　角度定規

角度定規（angle ruler）は，目盛円板とブレードによって，角度を簡単に直接読み取ることができる．

(1) スチール・プロトラクタ

スチール・プロトラクタ（steel protractor）は，図 5.3.1 に示すように，半円形鋼板とブレードの測定面に工作物の面を合わせて角度を読み取る．半円周上に 1/2 または 1° 単位の目量が 180° にわたって刻まれ，中心にブレードがねじによって取り付けられている．

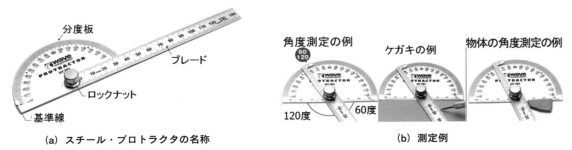

(a) スチール・プロトラクタの名称　　　　　(b) 測定例

図 5.3.1　スチール・プロトラクタ

　ブレードの回転軸および半円形の中心誤差から，高い精度のものは望めず，誤差は一般に 10′〜15′ 程度で，長さにおけるスケールと同程度の測定に用いられる．
　使用に関しては次の点を注意する．①回転軸の止めねじを緩め，目盛円板とブレードの測定面を正しく工作物に接触させて，ブレード先端によって目盛を読む．②角度のけがきなどのように所要の角度を作り出すときは，ブレードの先端を目盛に合わせたのち，止めねじでしっかりと固定する．

(2) ユニバーサル・ベベルプロトラクタ

　ユニバーサル・ベベルプロトラクタ（universal bevel protractor）は図 5.3.2 に示すように，<u>ストックとブレードの測定面によって形成された角度では 1° 単位に，目盛円板とバーニヤからは 5′ 単位に角度を読み取ることができる</u>．本体に円周目盛 360° が刻まれ，測定面をもつストックと一体に作られている．ブレードはバーニヤをもつタレットに止めナットで固定され，ストックとブレードの両測定面によって任意の角度を直接測定することができる．スチール・プロトラクタに比べて，総合精度は 5′ 程度でやや高く，長さにおけるノギスと同程度の測定に用いられる．使用に関しては次の点を注意する．①ブレードをタレットに固定したときの良否の確認は，目盛によって 90° を作り，止めナットでタレットを本体に固定したのち，直角定規で比較測定する．②角度の測定におけるユニバーサル・ベベルプロトラクタの使用例を図 5.3.3 に示す．

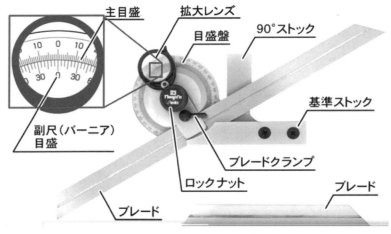

図 5.3.2　ユニバーサル・ベベルプロトラクタ
（新潟精機（株）提供）

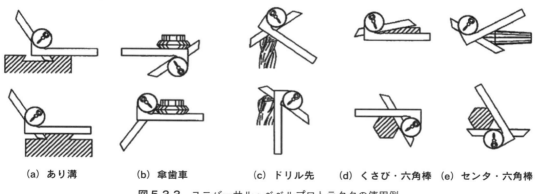

(a) あり溝　　(b) 傘歯車　　(c) ドリル先　　(d) くさび・六角棒　(e) センタ・六角棒

図 5.3.3　ユニバーサル・ベベルプロトラクタの使用例

5.3.2　精密水準器

(1) 気泡管式精密水準器

気泡管式精密水準器（bubble tube type precision levels）は，気泡管内に封入された気泡が高位に移動する性質を利用して，気泡の移動量から水平方向または垂直方向に対するわずかな傾き角を測定する器具である．**水平器**あるいは**レベル**ともいう．気泡管水準器，レーザ水準器などがあり，デジタル式のものもある．機械の据付け，土木，建築，測量などで用いられる．精密水準器の形状・構造は**表 5.3.1** に示すように，水平方向を測定する平形と，垂直方向の測定ができる角形とがある．

測定の基準面をもつ枠内に，金属製のパイプに保護された気泡管が組み込まれている．気泡管は**表 5.3.2** のように，内面を一定の曲率半径をもった「たる状」に正しくラップ仕上げし，外部に約 2 [mm]

表 5.3.1　精密水準器（JIS B 7510 に加筆）

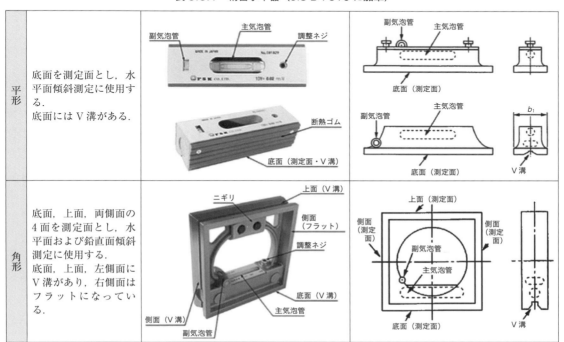

間隔の目盛が刻まれている．管内には少量の空気を残してアルコールまたはエーテルが封入されている．また，気泡の大きさを調節できるように気泡室を備えたものがある．気泡室の内側は一定の曲率半径なので，わずかな変位角を次式で測定することができる．

水準器の感度は，気泡管の気泡を1目盛変位（移動）させるのに必要な傾斜を，底面1,000 [mm]（1 [m]）に対する高さ [mm] または角度で表すものである．例えば，感度 0.02 [mm/m] の水準器は，1,000 [mm]（1 [m]）に対し 0.02 [mm] の高さの変位を測定できる．水準器の感度表示は，本体サイズにかかわらず，すべて 1,000 [mm]（1 [m]）に対しての表示になっている．製品には 1 DIV = 0.02 [mm/m] と表記され，1 DIV は1目盛当たりの感度を表す．一般的な機械設置，据付け，定盤などのレベル出しなどには，200 [mm]（サイズ）× 0.05 [mm/m]（感度）の水準器が手頃である．

表 5.3.2　精密水準器の原理[4]

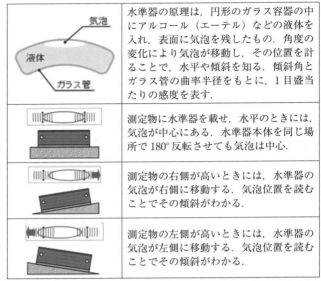

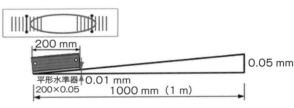

図 5.3.4　精密水準器の感度

図 5.3.4 のように 200 [mm] × 0.05 [mm/m] の水準器で，気泡が右側に1目盛分移動した場合，右側が 1,000 [mm]（1 [m]）に対し 0.05 [mm] 高くなっている．この場合，水準器本体の 200 [mm] の長さでは，「1,000 ÷ 200 = 5，0.05 ÷ 5 = 0.01」となり，右側が 200 [mm] に対し 0.01 [mm] 高くなる．

使用に関しては次の点を注意する．①水準器の器差の確認は，ほぼ水平な面に水準器を置き，次に左右反転して置き換え，両者の気泡の位置によって行う．もし両者に差のあるときは，気泡管の保持具に取り付けられた調整ねじで，目盛差の 1/2 を調整する．②水準器を測定物の面に置き，気泡の位置を目盛で読んで，水平に対する 1 [m] についての傾き，または 4″ ～ 20″ 単位の傾き角を知ることができる．③気泡室をもつ水準器の気泡の長さは，黒丸の付いた2線間に調整する．気泡室をもたない水準器では温度によって気泡の長さが変わるので，十分注意する．④水準器の基準面（底面）は平滑であることが特に重要であるため，打痕や傷をつけないよう取扱いには十分注意する．

(2) 電子式精密水準器

電子式精密水準器（electric precision levels）は，<u>重力の方向を常に 0° とするような振り子構造をもつ精密電子水準器</u>である．測定の基準面を測定ユニットの底面にもち，測定部分を保護する頑丈な枠で構成されている．

---

4) http://www.fsk-level.com/ 水準器について / 水準器の仕組み

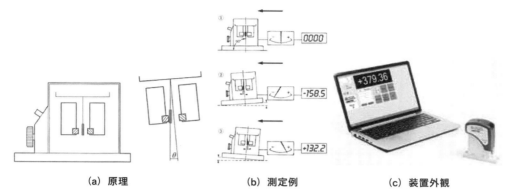

(a) 原理　　　(b) 測定例　　　(c) 装置外観

図 5.3.5 電子式精密水準器の原理と測定例

図 5.3.5 のように測定基準面が傾くと，振り子のように測定ユニットが反対側に寄っていく．傾斜角は角度（θ）またはラジアンで表示する．

この方式では，測定できる角度の範囲に限りがあるが（例：± 600″），0.2″ の測定分解能で測定できる．図 5.3.5（b）に示すように機械のベッド面の真直度，定盤などの平面度，駆動テーブルのピッチングやローリングなどを単一測定ユニットの使用で測定できる．2 つの測定ユニットを使用して，1 つ目の測定ユニットを基準とし，2 つ目の測定ユニットを測定したい面に設置すれば，互いの角度の差を求めることにより，基準に対する測定物の動きを測定することができる．

5.3.3　オートコリメータ

図 5.3.6 に**オートコリメータ**[5]（autocollimator, JIS B 7538）の外観を示す．図 5.3.7 に示すように，反射光線は投射された光に対して反射鏡が直角であれば元の位置に戻り，倒れているときは倒れ角の 2 倍となってズレを生じる．オートコリメータはこの原理を応用した光学的測定器で，オートコリメとも呼ばれ，反射鏡と併用し，その使用範囲は広い．

図 5.3.6　オートコリメータ

図 5.3.7 の測定原理図を詳しく説明する．光源によってガラス板上の十字線標を照明し，この十字線は光軸から 45° 傾斜した半透鏡ガラス板で反射し，対物レンズを出て平面鏡によって再び対物レンズに入り，焦点鏡 S に十字像を結ぶ．平面鏡が光軸に対して垂直な位置から角度 θ だけ傾くと，S の像は d [m] だけ変位した S_2 に移動する．この平面鏡の傾き角 θ と十字像の移動量 d との次式のような関係になる．

$$d = f \tan 2\theta \fallingdotseq 2f\theta \tag{5.3.1}$$

$$\theta = d/2f \tag{5.3.2}$$

図 5.3.8 にはその構造と視野を示す．オートコリメータの視野により，最小読取値は，0.01″，0.1″，0.5″，1′ などがある．使用に関しては次の点を注意する．①視野内の十字線の反射鏡の位置を目盛線で目視するか，電子式で読み取る．②直角度，真直度平面度，微小角度の測定に用いられる．使用例を図 5.3.9 に示す．

---

[5] オートコリメータの「オート」は，「自己」を，「コリメータ」は「平行にするもの」という意味．つまり，平行光線をつくり，それを自らを測定する装置という意味である．

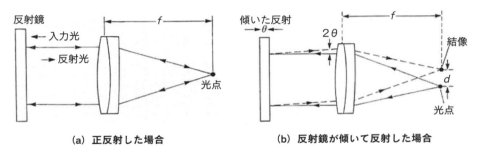

(a) 正反射した場合　　(b) 反射鏡が傾いて反射した場合

図 5.3.7　オートコリメータの測定原理

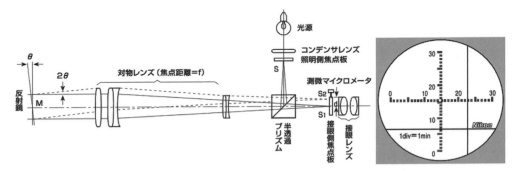

図 5.3.8　オートコリメータの構造（左）と（6B）視野（右）
（ニコン（株）提供）

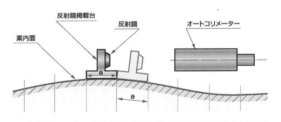

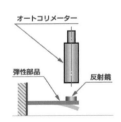

工作機械メーカの製造工程で案内面の真直度を測定する場合，上図のような方法で用いる．案内面は，工作機械の直線的動作を規定する重要な役割をもつ．その案内面上に反射鏡を載せた台を置き，等間隔で移動させ，各位置での角度の読み取り値をもとに真直度を求めることができる．

2つの平面の平行度を測定する方法．測定面（反射面）と基準反射面からの2組の十字線像が同時に見えるので，その差をオートコリメータで読み取る．測定面（反射面）と基準反射面からの光路を交互に遮蔽すれば，十字線がどちらの面によるものかを判定することができる．

弾性のある部品に反射鏡を載せ，そのたわみを測定する方法である．また逆に，たわみ量から外力を推定するといった応用も可能である．

(a) 曲面の測定例　　(b) 2 平面の平行度測定例　　(c) たわみ測定例

図 5.3.9　オートコリメータの使用例
（ニコン（株）提供）

5.3.4　サインバー

　サインバー（sin bars，JIS B 7523）は，ブロックゲージを図 5.3.10 に示すように併用して，直角三角形の三角関数サイン（sin）によって，長さから角度を間接的に求めるもので，簡単で高精度な角度が得られるのが特徴である．直定規と両端を支える等径円筒ローラからなり，両ローラは直定規の測定面に平行で，両中心間の距離が 100 [mm]，または 200 [mm] に正しく取り付けてある．総合精

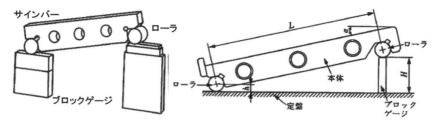

図 5.3.10 サインバー

度としては，サインバーをブロックゲージに載せて 30° にセットしたのち，30° の角度ゲージを載せ，その面を測定して 100 [mm] の寸法差から 1 級で 40 [μ rad]，2 級で 80 [μ rad] が与えられている．許容値による影響は 45° 以上になると急激に大きくなる．したがって，サインバーによる測定は一般に 45° 以下に用いる．

使用に関しては，サインバーの呼び寸法 L [m] を斜辺とし，ブロックゲージの高さ H [m] から次式によって $\sin\alpha$ を求めることができる．

$$\sin\alpha = \frac{H}{L} \tag{5.3.3}$$

【例題 1】100 [mm] のサインバーを用いた工作物の傾斜面とサインバーの測定面が一致したとき，ブロックゲージの高さが 42 [mm] であった．角度 α を求めよ．
【解答 1】$\sin\alpha = 42/100 = 0.42$ となる．三角関数表または電卓を用いて，角度 $\alpha = 24°\,50'$．
【例題 2】200 [mm] のサインバーによって傾斜度 20° を作り出せ．
【解答 2】三角関数表または電卓を用いて $\sin 20° = 0.342$ を求め，次式からブロックゲージの高さ H を求め，$H = L\cdot\sin q = 200 \times 0.342 = 68.4$ [mm]

5.3.5 角度基準ゲージとその比較測定

(1) 基準直角定規とブロックゲージによる直角の測定

図 5.3.11 は直角定規の精度を測定しているもので，ブロックゲージ B および B′ は同じ寸法で，A と A′ の差が誤差となる．

(2) 基準直角定規とダイヤルゲージによる直角の比較測定

図 5.3.12 のように，基準直角定規にダイヤルゲージの目盛をゼロ点合わせしたのち，測定物と比較測定を行う．

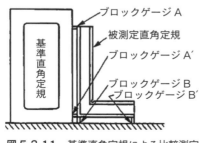

図 5.3.11 基準直角定規による比較測定

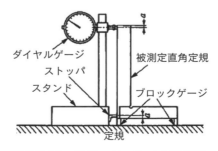

図 5.3.12 ダイヤルゲージによる比較測定

5.3.6 円筒ゲージと三角法による測定

これには，こう配角の測定とV溝の角度の測定とがある．その測定方法を**表5.3.3**に示す．

表5.3.3　円筒ゲージと三角法による測定

方法	こう配角の測定 （ローラの角度の測定）	V溝の角度の測定 （ローラによる測定）
式	$\sin\alpha = \dfrac{h_2 - h_1}{D + L}$	$\sin\dfrac{\alpha}{2} = \dfrac{D - d}{2(H - h) - (D - d)}$ $D = d + 2L\tan(\alpha/2)$
概要図		
説明	等径 D の円筒ゲージ2個とブロックゲージを用い，上図のように高さ h_1, h_2 を測定して，上式からこう配 α を求める．	2種類の直径 D および d をもつ円筒ゲージを，上図のように測定して，上式から角度 α を求める．

5.4 テーパ角の測定

5.4.1 外側テーパ角の測定

テーパは，**表5.4.1**のように $(D - d)/L$ または $\alpha/1$ で表し，テーパ角の1/2を**こう配角**という．しかし，一般には工作物の角は面取りが施されているため，両端の直径の正しい測定値は得られない．したがって，表5.4.1右欄に示すように，等径の2個のローラとブロックゲージにより，M_1 と M_2 を測定して**テーパ角**を求める．

5.4.2 ダイヤルゲージ

(1) 両センタ穴のある場合

図5.4.1のようにサインバー上の支持台で工作物を支え，ブロックゲージによって所要のテーパの角度を作り，ダイヤルゲージでテーパ部の両端を測定し，その偏差を求める．

(2) センタ穴のない場合

図5.4.2のようにテーパ部をてこ式ダイヤルゲージで測定し，水平になるまでNPL角度ゲージを重ね，その角度をテーパ角とする．

5.4.3 角度比較検査器

角度比較検査器は，**図5.4.3**に示すように，上下2枚の鋼板を基準テーパゲージに合わせて固定したのち，工作物を挿入して，すきみ法によって比較測定を行うと同時に，上部鋼板の右端に刻まれた目盛によって直径の寸法差を知ることができる．

表 5.4.1　外側テーパ角の測定

方法	外側テーパ角の測定	ローラとブロックゲージによる測定
式	$\tan\dfrac{\alpha}{2}=\dfrac{D-d}{2L}$	$\tan\dfrac{\alpha}{2}=\dfrac{M_2-M_1}{2H}$ $D = d + 2L\tan(\alpha/2)$
概要図	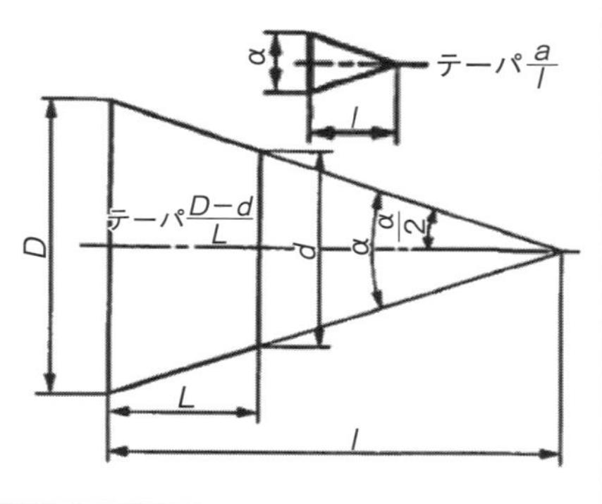 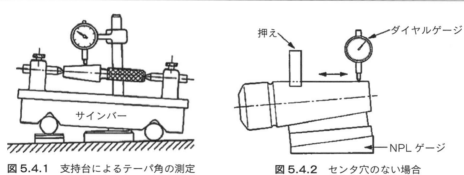	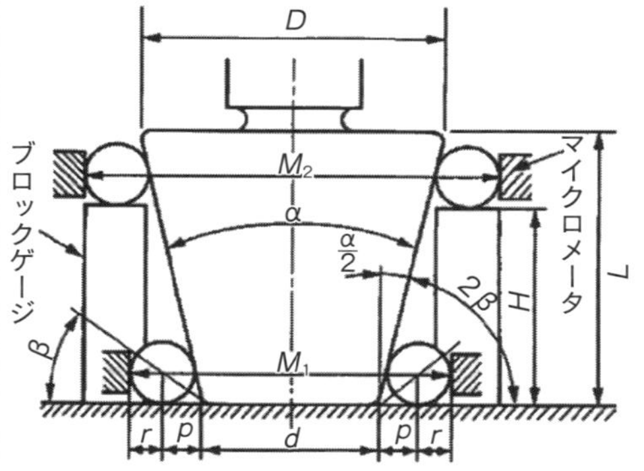
説明	両端面の直径 D および d が測定できる場合は，長さ L を測定して上式からテーパ角を求める．	等径の2個のローラとブロックゲージにより，M_1 と M_2 を測定して上式からテーパ角を求める．

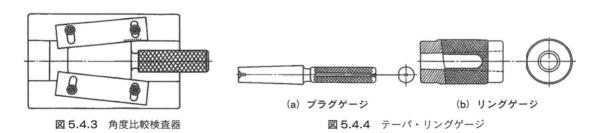

図 5.4.1　支持台によるテーパ角の測定

図 5.4.2　センタ穴のない場合

図 5.4.3　角度比較検査器

図 5.4.4　テーパ・リングゲージ
（a）プラグゲージ　（b）リングゲージ

5.4.4　テーパ・リングゲージ

　工作物のテーパ面に新明丹（従来，光明丹が使われていたが，最近は鉛を含まない新明丹が用いられている）を軸方向に1条または2条薄く塗り，**テーパ・リングゲージ**（taper ring gauge）を軽く押し込んで1/8回転を2回ぐらいもみつけるようにしてすり合わせ，新明丹の当たり具合からテーパの良否を判定する．一般に**図 5.4.4** に示すように，内側検査用の**テーパ・プラグゲージ**（taper plug gauge）と一対になっている．工作物の内側テーパの検査は，プラグゲージ側に新明丹を塗る．

5.4.5　内側テーパ角の測定

　内側テーパ角の測定には，**表 5.4.2** のように主に鋼球とブロックゲージによる測定，精密送り台による測定，直径の異なる 2 個の鋼球による測定の 3 つの方法がある．

表 5.4.2　内側テーパ角の測定

方法	鋼球とブロックゲージによる測定	精密送り台による測定	直径の異なる 2 個の鋼球による測定
式	$\tan\dfrac{\theta}{2}=\dfrac{M_1-M_2}{2(h_2-h_1)}$	$\tan\dfrac{\theta}{2}=\dfrac{M_1-M_2}{2H}$	$\sin\dfrac{\theta}{2}=\dfrac{d_2-d_1}{2(h_1+h_2)-(d_2-d_1)}$
概要図			
説明	穴に鋼球を入れ，ブロックゲージを併用して，それぞれの測定値 M_1 と M_2 から，外側テーパと同様に上式からテーパ角度 θ を求める．	測長器等によってブロックゲージの高さ H を移動したときの測定値 M_1 と M_2 を求めて，上式からテーパ角度 θ を求める．	テーパ穴の直径が小さい場合，直径の異なる 2 個の鋼球を使用して，それぞれの測定値 h_1 と h_2 を求め，上式からテーパ角度 θ を求める．

5.5　面粗さの測定と製品精度

5.5.1　触針式表面粗さ測定機

　触針式表面粗さ測定機（JIS B 0651（ISO 3274）製品の幾何特性仕様（GPS）－表面性状：輪郭曲線方式－触針式表面粗さ測定機の特性 Geometrical Product Specifications（GPS）-Surface texture：Profile method-Nominal characteristics of contact（stylus）instruments））の概要を**図 5.5.1** に示す．図（a）は面粗さ計全体の名称，図（b）は面粗さ計の名称，図（c）は面粗さ計の内部の信号の流れである．

　図 5.5.2 は検出器とスタイラス（測定子）形状の拡大図を示す．図（c）に示すように，理想的な触針の形状は球状先端をもつ円錐である．先端半径：r_{tip} = 2 [μm]，5 [μm]，10 [μm]，円錐のテーパ角度：60°，90°．理想的な測定機では，特別な指示がない限り，円錐のテーパ角度は 60°である．また，静的測定力は，触針の平均位置における測定力：0.75 [Nm]，測定力変化の割合：0 [N/m] である．

　粗さとうねりを区別するパラメータに基準長さ（カットオフ値）がある．例えば，波長が 0.8 [mm] 以上の凹凸をうねりとし，それ以下の凹凸を粗さとする．この波長を**基準長さ**と呼ぶ．この基準長さを使用して，**輪郭曲線（断面曲線）**から**粗さ曲線**と**うねり曲線**に国際的に共通なフィルタを通して分けることができる．例えば**図 5.5.3** に示すように，まず製品の表面の粗さは，接触圧 0.75 [mN] が

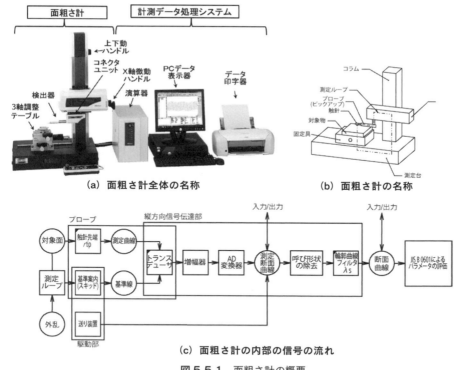

図 5.5.1 面粗さ計の概要
((株)ミツトヨ提供)

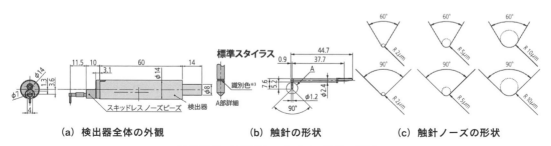

図 5.5.2 検出器とスタイラス形状の概要
((株)ミツトヨ提供)

かかった触針(スタイラス)を表面上で滑らせて測定断面曲線を測定し,1s(1[μm])輪郭曲線フィルタにより触針ひずみやノイズ成分を取り除いて「断面曲線」とする.これが粗さ,うねり,形状の元データとなる.その断面曲線をλ_c,輪郭線フィルタを通すことで得られる高周波成分を「粗さ曲線」として求め,残りの低周波成分をλ_f輪郭曲線フィルタに通すことで「うねり曲線」として求める.

形状偏差曲線から求めるパラメータを**Pパラメータ**,粗さ曲線から求めるパラメータを**Rパラメータ**,うねり曲線から求めるパラメータを**Wパラメータ**という.

表 5.5.1はカットオフ値と触針先端半径の関係を示す.この関係は粗さ曲線用カットオフ値λ_c,触針先端半径r_{tip},およびカットオフ比λ_c/λ_sの関係のことである.

表 5.5.2は触針式表面粗さ測定機で測定した切削加工後の製品の表面粗さの曲線の例である.断面曲線,粗さ曲線,うねり曲線等が測定できる.

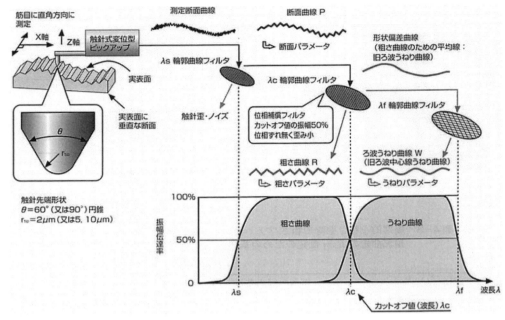

図 5.5.3 検出器とスタイラス形状の概要
((株) ミツトヨ提供)

表 5.5.1 カットオフ値と触針先端半径の関係
((株) ミツトヨ提供)

λ_c [mm]	λ_s [μm]	λ_c/λ_s	最大 r_{tip} [μm]	最大サンプリング間隔 [μm]
0.08	2.5	30	2	0.5
0.25	2.5	100	2	0.5
0.8	2.5	300	2 [注1]	0.5
2.5	8	300	5 [注2]	1.5
8	25	300	10 [注2]	5

注1　$R_a > 0.5$ μm または $R_z > 3$ μm の表面に対しては，通常，$r_{tip} = 5$ μm を用いても測定結果に大きな差を生じさせない．

注2　カットオフ値 λ_s が 2.5 μm 及び 8 μm の場合，推奨先端半径をもつ触針の機械的フィルタ効果による減衰特性は，定義された通過帯域の外側にある．したがって触針の先端半径または形状の多少の誤差は測定値から計算されるパラメータの値にはほとんど影響しない．特別なカットオフ比が必要な場合には，その比を明示しなければならない．

5.5.2　製品精度とは

一般に，製品精度には次の4つの指標が挙げられる．

①**寸法精度**：長さ，幅，直径など
②**形状精度**：真直度，平行度，直角度，平面度，真円度，円筒度など
③**面精度**：表面粗さ，表面うねり，表面品位（光沢）
④**その他の精度**：エッジ精度，バリ，こばかけ，加工変質層，残留応力など

この4つの中でも①，②，③については JIS で規定されているが，基本的には工具刃先と工作物との相対的な位置と運動によって一意的に決まるもので，これを**母性原理**（copying principle）という．さて，面精度の表面粗さはさらに微視的見解が必要で，両材料の物理的，化学的相互作用などを考慮しなければならなくなる．

切削関連の加工精度として最重要視されるのが面粗さである．すなわち，よい切削とは寸法がきちんとできて，しかも切削した表面の品質，仕上がり状態が良好でなければ，製品として取り扱われな

表 5.5.2　触針式表面粗さ測定機で測定した切削加工後の製品表面粗さの曲線の例
((株) ミツトヨ提供)

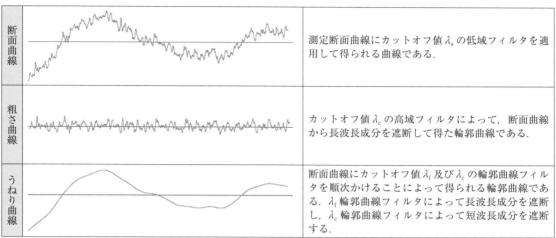

断面曲線	測定断面曲線にカットオフ値 λ_s の低域フィルタを適用して得られる曲線である．
粗さ曲線	カットオフ値 λ_c の高域フィルタによって，断面曲線から長波長成分を遮断して得た輪郭曲線である．
うねり曲線	断面曲線にカットオフ値 λ_f 及び λ_c の輪郭曲線フィルタを順次かけることによって得られる輪郭曲線である．λ_f 輪郭曲線フィルタによって長波長成分を遮断し，λ_c 輪郭曲線フィルタによって短波長成分を遮断する．

いのである．そこで，まず製品の表面粗さの概念について見てみる．

5.5.3　図面と仕上面粗さ（JIS における加工の表示）

　除去加工の有無は図 5.5.4 に示すように区別される．図面，特に部品図の上部に必ず表示される記号である．そして，除去加工する場合，さらに図 5.5.4 に示すように詳しい図示記号が付される．

(1) 表面性状の図示記号

　表面性状を図示するときは，その対象となる面に，図 5.5.4 に示すような記号をその外側から当てて示すことになっている．図示記号に表面性状の要求事項を指示する場合には，図 5.5.5 のように，記号の長い線の方に適当な長さの線を引き，その下に記入することになっている．

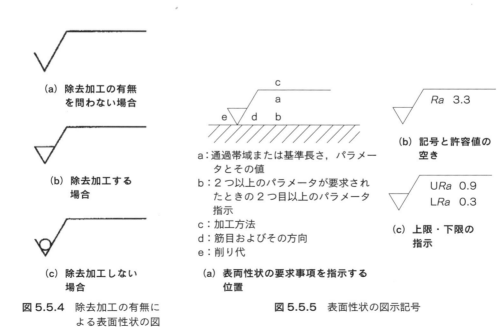

(a) 除去加工の有無を問わない場合
(b) 除去加工する場合
(c) 除去加工しない場合

図 5.5.4　除去加工の有無による表面性状の図示記号

a：通過帯域または基準長さ，パラメータとその値
b：2つ以上のパラメータが要求されたときの2つ目以上のパラメータ指示
c：加工方法
d：筋目およびその方向
e：削り代

(a) 表面性状の要求事項を指示する位置

(b) 記号と許容値の空き

(c) 上限・下限の指示

図 5.5.5　表面性状の図示記号

(2) 表面性状の要求事項の指示位置

図5.5.5（a）中の位置には，必要に応じ種々の要求事項が記入される場合があるが，その大半には標準値が定められているので，それに従う場合には，パラメータの記号とその値だけを記入しておけばよい．ただし，この場合の記号と限界値の間隔は，ダブルスペース（2つの半角のスペース）としなければならない（図5.5.5（b））．これはこのスペースを空けないと，評価長さと誤解されるためである．なお，許容限界値に上限と下限が用いられることがあるが，この場合には上限値にはU，下限値にはLの文字を用い，上下2列に記入すればよい（図5.5.5（c））．

5.5.4 表面性状のJIS記号

除去加工に限らず，モノの表面は大小を問わず凹凸になっており，この状態を**表面粗さ**という．このような表面の間隔のもとになる量を総称して**表面性状**といい，JIS B 0031に規定されている．2003年に国際規格が大幅に改正され，次のように表記が変わった．**表5.5.3**は**輪郭曲線パラメータ（粗さ曲線）**の種類と定義を示す．

① 旧規格では，算術平均粗さを優遇するために，このパラメータで記入するときにはその記号を省略して単に粗さ数値だけを示せばよかったが，今回の改正により，すべてのパラメータにパラメータ記号を付記することが義務づけられた．

② 旧規格では最大高さに対する記号にはRmaxやR_yなどが用いられていたが，座標関係では高さ方向を表すのにZが用いられることになったので，最大高さ粗さR_zと改められた．

③ 旧規格では十点平均粗さはR_zで表されていたが，今回この粗さはISOから外された．しかしこのパラメータは，わが国では広く普及しているために，旧規格名にR_zの高さに合わせた添え字JISを付して残されることになった．

表5.5.3 輪郭曲線パラメータ（粗さ曲線）の種類と定義（JIS B 0601 附属書）

記号	名称	説明	解析曲線
R_a	算術平均粗さ	基準長さにおける$Z(x)$の絶対値の平均．	
R_z	最大高さ粗さ	基準長さでの輪郭曲線要素の最大山高さR_pと最大谷深さR_vとの和．	
R_{ZJIS}	十点平均粗さ	粗さ曲線で最高山頂から5番目までの山高さの平均と，最深谷底から5番目までの谷深さの平均の和．	

5.5.5 非接触式表面性状測定機

非接触カラーレーザ顕微鏡の原理を**図 5.5.6** に示す．光源（半導体レーザ：波長 685 [nm]，出力 0.45 [mW]，クラス 2）から出たレーザは，スキャン光学系を通り，対物レンズ（倍率 10，20，50，100）の焦点位置で集光され，焦点（スポット）を結ぶ．この焦点位置に対象物を置き，対象物上（焦点位置）で反射されたレーザが再び焦点（スポット）を結ぶ位置にピンホールと受光素子（フォトダイオード）を配置する．対象物上でレーザがスポットを結ぶ位置にレンズがくると対象物面で反射した光はピンホール上でスポットを結び，受光素子に入射する光量は最大になる．本機は視野範囲を約 786,000 ポイント（H：1,024 × V：768 ポイント）に分割して観察・測定する．各ポイントで対象物からの反射受光量が最大となったときの対物レンズの位置（高さ）情報を検出して，対象物の高さ（形状）を測定する．また，各ポイントでの高さ情報をつなぎ合わせることで，対象物の表面性状（3D 形状）を表示できる．高さおよび水平方向の情報は，最小測定分解能 0.01 [μm]，繰り返し測定精度 $3\sigma：0.03$ [μm] の精度で測定され，特に高さ情報は 256 階調の濃淡で等高線のように表示する高低表示モードと立体的に表示する 3D 表示モードで表示できる．

非接触カラーレーザ顕微鏡の測定原理と主な特徴は，次の通りである．

① 「極小ピンホール」機構：焦点位置検出し，Z 軸方向に 0.01 [μm] のトレーサビリティを実現
② Z 軸方向分解能 0.01 [μm]
③ レンズ移動機構に高精度リニアスケール搭載
④ Z 軸計測用目盛 70 万ステップ（20 bit 処理）
⑤ カラー CCD カメラ：視野範囲：786,000 ポイント
⑥ 最小測定分解能：0.01 [μm]
⑦ 繰り返し測定精度 $3\sigma：0.03$ [μm]

非接触式表面性状測定の方式には，光波干渉式，光切断式，電気容量式など種々の方式がある．

図 5.5.6 (a) にある計測データはレーザ変位計を用いたもので，微小なスポット径の高精度レーザとオートフォーカス機構で，表面の微細な凹凸を検出・追尾

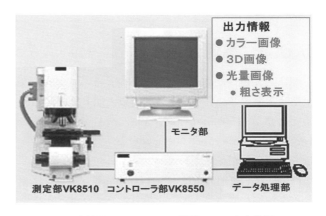

(a) 非接触カラーレーザ顕微鏡とその出力情報

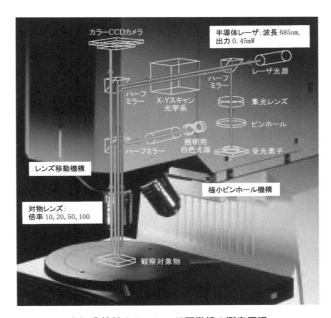

(b) 非接触カラーレーザ顕微鏡の測定原理

図 5.5.6 非接触カラーレーザ顕微鏡の概要
（（株）キーエンス提供）

する．その追尾の変位量を読み取り，微細表面性状（形状，粗さ）を，非接触で計測することが可能なものである．また，計測ソフトおよび解析ソフトを用いて計測・解析を行い，3次元データ化も可能である．

被測定面の凸凹から反射される光と，標準反射面からの反射光との位相の差によって生じる干渉縞を顕微鏡で拡大して観察する測定法である．図5.5.6（b）はその構造図を示す．顕微鏡対物レンズの先にビームスプリッタをもち，物体と小さな参照面（リファレンス平面）上に焦点が結ばれるミラウ干渉計を応用した表面性状測定機である．白色光源を用い，CCDセンサを受光素子としているため，被測定面を機械的に走査する必要はない．

5.6 幾何公差（真直度，平面度など）の測定

5.6.1 幾何公差とは

4.1.1項で述べたように，製品をつくるには公差を知って，これを守って製作しなければならない．**公差**は基準値と許容される範囲の最大値および最小値との差を許容差である．この公差には，大別すると**寸法公差**（dimensional tolerance：寸法のズレがどのくらいまで許せるかの差）と**幾何公差**（geometrical tolerance：中心軸など，寸法ではなく，位置の関係における公差）がある．計測工学では，幾何公差が重要である．

厳密には，**幾何公差**はJIS B 0021に規定され，図面における品物の形状・姿勢・位置および振れの公差を総称していう．また，紛らわしくないときは単に**公差**という．幾何公差は，機能上の要求，互換性などに基づいて不可欠のところだけに指定する．重要な用語を**Box10**，**Box11**および以下に挙げる．

(1) **幾何公差**：幾何偏差（形状・姿勢および位置の偏差並びに振れ）の許容差．
(2) **公差域**（tolerance zone）：**公差付き形体**（toleranced feature：幾何公差を直接指示した**形体**（feature：幾何公差の対象となる点，線，軸線，面および中心面）が，その中に収まるように指示した幾何公差により定まる領域．
(3) **データム**（datum）：形体の姿勢公差・位置公差，振れ公差などを規制するために設定した理論的に正確な幾何学的基準で，幾何公差を表示するときに，**表5.6.1**に示すようにデータムが利用されるので，重要である．
(4) **単独形体**：データムに関連なく幾何公差を決めることのできる形体．
(5) **関連形体**：データムに関連して幾何公差を決める形体．
(6) **形状公差**：幾何学的に正しい形状をもつべき形体の形状偏差に対する幾何公差．
(7) **姿勢（位置）公差**：データムに関連して，幾何学的に正しい姿勢（位置）関係をもつべき形体の姿勢（位置）偏差に対する幾何公差．
(8) **振れ公差**：データム直線を中心とする幾何学的に正しい回転面をもつべき形体の振れに対する幾何公差．

5.6 幾何公差（真直度，平面度など）の測定

表 5.6.1 幾何公差の種類とその記号およびその定義（JIS B 0021）

公差の種類		記号	公差域の定義	図示例と解釈
形状公差	真直度	—	公差域を示す数値の前に，記号 φ が付いている場合には，この公差域は直径 t の円筒の中の領域である．	円筒の直径を示す寸法に公差記入枠が結ばれている場合には，その円筒の軸線は，直径 0.08 [mm] の円筒内になければならない．
	平面度	⌓	公差域は，t だけ離れた 2 つの平行な平面の間に挟まれた領域である．	この表面は，0.08 [mm] だけ離れた 2 つの平行な平面の間になければならない．
	真円度	○	対象としている平面内での公差域は，t だけ離れた 2 つの同心円の間の領域である．	任意の軸直角断面における外周は，同一平面上で 0.1 [mm] だけ離れた 2 つの同心円の間になければならない．
	円筒度	⌭	公差域は，t だけ離れた 2 つの同軸円筒面の間の領域である．	対象としている面は，0.1 [mm] だけ離れた 2 つの同軸円筒面の間になければならない．
	線の輪郭度	⌒	公差域は，理論的に正しい輪郭線上に中心をおく，直径 t の円がつくる 2 つの包絡線の間に挟まれた領域である．	投影面に平行な任意の断面で，対象としている輪郭は，理論的に正しい輪郭をもつ線の上に中心をおく直径 0.04 [mm] の円がつくる 2 つの包絡線の間になければならない．
	面の輪郭度	⌓	公差域は，理論的に正しい輪郭面上に中心をおく，直径 t の球がつくる 2 つの包絡面の間に挟まれた領域である．	対象としている面は，理論的に正しい輪郭をもつ面の上に中心をおく，直径 0.02 [mm] の球がつくる 2 つの包絡面の間になければならない．
姿勢公差	平行度	//	公差域は，データム平面に平行で，t だけ離れた 2 つの平行な平面の間に挟まれた領域である．	指示線の矢で示す面は，データム平面 A に平行で，かつ，指示線の矢の方向に 0.01 [mm] だけ離れた 2 つの平面の間になければならない．
	直角度	⊥	公差を示す数値の前に記号 φ が付いている場合には，この公差域は，データム平面に垂直な直径 t の円筒の中の領域である．	指示線の矢で示す円筒の軸線は，データム平面 A に垂直な直径 0.01 [mm] の円筒内になければならない．
	傾斜度	∠	公差域は，データム平面に対して指定された角度に傾き，互いに t だけ離れた 2 つの平行な平面の間に挟まれた領域である．	指示線の矢で示す面は，データム平面 A に対して理論的に正確に 40° 傾斜し，指示線の矢の方向に 0.08 [mm] だけ離れた 2 つの平行な平面の間になければならない．

表 5.6.1 つづき

分類	特性	記号	公差域の定義	図示例と解釈
位置公差	位置度	⊕	公差域は，対象としている点の理論的に正確な位置（以下，真位置という）を中心とする直径 t の円の中または球の中の領域である．	指示線の矢で示した点は，データム直線 A から 60 [mm]，データム直線 B から 100 [mm] 離れた真位置を中心とする直径 0.03 [mm] の円の中になければならない．
位置公差	同軸度または同心度	◎	公差を示す数値の前に記号 ϕ が付いている場合には，この公差域は，データム軸直線と一致した軸線をもつ直径 t の円筒の中の領域である．	指示線の矢で示した軸線は，データム軸直線 A を軸線とする直径 0.01 [mm] の円筒の中になければならない．
位置公差	対称度	＝	公差域はデータム中心平面に対して対称に配置され，互いに t だけ離れた 2 つの平行な平面の間に挟まれた領域である．	指示線の矢で示した中心面は，データム中心平面 A に対称に 0.08 [mm] の間隔をもつ，平行な 2 つの平面の間になければならない．
振れ公差	円周振れ公差	↗	公差域は，データム軸直線に垂直な任意の測定平面上でデータム軸直線と一致する中心をもち，半径方向に t だけ離れた 2 つの同心円の間の領域である．	指示線の矢で示す円筒面の半径方向の振れは，データム軸直線 A − B に関して一回転させたときに，データム軸直線に垂直な任意の測定平面上で，0.1 [mm] を超えてはならない．
振れ公差	全振れ公差	↗↗	公差域は，データム軸直線に一致する軸線をもち，半径方向に t だけ離れた 2 つの同軸円筒の間の領域である．	指示線の矢で示す円筒面の半径方向の全振れは，データム軸直線 A − B に関して円筒部分を回転させたときに，円筒表面上の任意の点で 0.1 [mm] を超えてはならない．

Box 10　データムについて

　データム (datum) は，データ (data) の単数形で，JIS B 0021（製品の幾何特性仕様 (GPS) ―幾何公差表示方式―形状，姿勢，位置及び振れの公差表示方式）では，物体を測定し，幾何公差を求めるための幾何学的基準をデータムと呼び，基準が直線の場合はデータム直線，基準が平面の場合はデータム平面という．また，測定対象物の形をデータム形体という．以下，この規格の基本概念のみを抜粋しておく．

4. 基本概念
   4.1 形体に指示した幾何公差は，その中に形体が含まれる公差域を定義する．
   4.2 形体とは，表面，穴，溝，ねじ山，面取り部分又は輪郭のような加工物の特定の特性の部分であり，これらの形体は，現実に存在しているもの（例えば，円筒の外側表面）又は派生したもの（例えば，軸線又は中心平面）である．
   4.3 公差が指示された公差特性と寸法の指示方法によって，公差域は次の一つになる．
   　― 円の内部の領域
   　― 二つの同心の円の間の領域

- 二つの等間隔の線又は平行二直線の間の領域
- 円筒内部の領域
- 同軸の二つの円筒の間の領域
- 二つの等間隔の表面又は平行二平面の間の領域
- 球の内部の領域

4.4 更に限定した公差が要求される場合，例えば，注記（図7参照）を除いて，公差付き形体はこの公差域内で任意の形状又は姿勢でもよい．

4.5 11. 及び 12. のように特に指示した場合を除いて，公差は対象とする形体の全域に適用する．

4.6 データムに関連した形体に指示した幾何公差は，データム形体自身の形状偏差を規制しない．データム形体に対して，形状公差を指示してもよい．

5.6.2 幾何学公差の種類

表 5.6.1 に幾何学公差の種類とその記号およびその定義を示した．形状公差，姿勢公差，位置公差，振れ公差等の用語については，Box 11 を参照のこと．

5.6.3 真円度 （円筒形状物に関する幾何公差）

図 5.6.1 に示すように，見かけ上の軸の直径が穴の内径よりも小さいのに，軸が穴に入らない場合がある．この主たる原因は軸の直径が均一であるのに，断面形状が円でないことにある．図 5.6.2 に示すように，正三角形の角に等しい直径の小円を描き円弧で結んだもので，直径が一定であるので**等径ひずみ円**[6]と呼ぶ．等径ひずみ円のように，幾何学的円と軸あるいは穴の形状とのズレを**真円度**（deviation from roundness）と定義する．軸と穴のはめ合い精度が高くなるほど真円度は厳しくなり，寸法公差より 1 桁程度小さな値が要求される．

真円度の測定法は図 5.6.3 に示すように，主に**半径法**，**直径法**，**三点法**[7]がある．まず，半径法は測定物の仮想中心を決めて回転させて半径を測って真円度を測定し，仮想中心と測定物の中心とのズレを測定値から補正する方法である．直径で真円度を測る**直径法**の場合は，図 5.6.2 に示すような等径

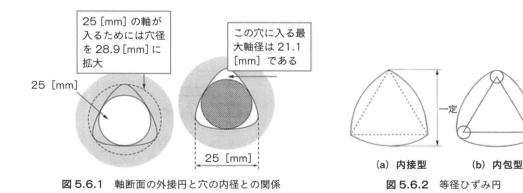

図 5.6.1 軸断面の外接円と穴の内径との関係　　図 5.6.2 等径ひずみ円

---

6) 等径ひずみ円（the same diameter circle strain）とは，図形を転がしたときに高さが変わらない図形を定幅図形といい，定幅図形は鎧渡しの幅が常に一定となる平面図形のことで，この図形をルーローの三角形と呼ぶ．

7) 三点法とは，真円度測定および真直度測定などにおける運動誤差の影響を，3つの変位計出力を用いて取り除くことで，高精度な評価の実現を目指す方法であり，複数の変位計を一体化して走査し形状を求める多点法の1つ．

Box 11　幾何公差に関する用語

幾何公差に関する用語は，JIS Z 8114（製図―製図用語）で規定されている．以下，幾何公差に関する用語のみを抜粋しておく．

番号	用語	定義	対応英語（参考）
3501	幾何特性形状	姿勢，位置及び振れを規制する特性．	geometric, geometrical
3502	形体	幾何公差の対象となる点，線，軸線，面及び中心面．	feature
3503	単独形体	データムに関連なく幾何公差を決めることができる形体．例えば，真直度を問題にする軸線．	single feature
3504	関連形体	データムに関連して幾何公差を決める形体．例えば，平行度を問題にする軸線．	related feature
3505	公差付き形体	幾何公差を直接指示した形体．	tolerance feature
3506	外側形体	対象物の外側を形作る形体．例えば，軸の外径面．	external feature
3507	内側形体	対象物の内側を形作る形体．例えば，穴の内径面．	internal feature
3508	（幾何公差の）公差域	公差付き形体が，その中に収まるように指示した幾何公差によって定まる領域．	(geometrical) tolerance zone
3509	幾何公差	幾何偏差（形状，姿勢及び位置の偏差並びに振れ）の許容値．備考：幾何偏差の定義については JIS B 0621 参照．	geometrical tolerance
3510	形状公差	幾何学的に正しい形体（例えば，平面）をもつべき形体の形状偏差に対する幾何公差．	form tolerance
3511	姿勢公差	データムに関連して，幾何学的に正しい姿勢関係（例えば，平行）をもつべき形体の姿勢偏差に対する幾何公差．	orientation tolerance
3512	位置公差	データムに関連して，幾何学的に正しい位置関係（例えば，同軸）をもつべき形体の位置偏差に対する幾何公差．	location tolerance
3513	真位置	位置度公差を指示した形体があるべき基準とする正確な位置．	true position
3514	振れ公差	データム軸直線を中心とする幾何学的に正しい回転面（データム軸直線に直角な円形平面を含む）をもつべき形体の振れに対する幾何公差．	run-out tolerance
3515	データム系	1つの関連形体の基準とするために，個別に2つ以上のデータムを組み合わせて用いる場合のデータムのグループ．備考：互いに直交する3つのデータム平面によって構成されるデータム系を，特に3平面データム系という．	datum system
3516	データム	形体の姿勢公差・位置公差・振れ公差などを規制するために設定した理論的に正確な幾何学的基準．	datum
3517	データム形体	データムを設定するために用いる対象物の実際の形体．	datum feature
3518	データムターゲット	データムを設定するために，加工，測定及び検査用の装置・器具などを接触させる対象物上の点，線又は限定した領域．	datum target
3519	理論的に正確な寸法	形体の位置又は方向を幾何公差（輪郭度，位置度，輪郭度及び傾斜度の公差）を用いて指示するときに，その理論的輪郭，位置又は方向を決めるための基準とする正確な寸法．	theoretically exact dimension
3520	普通幾何公差	図の中の個々の形体に幾何公差を直接記入しないで，一括して指示する幾何公差．	general geometrical tolerance

ひずみ円も真円として判定するので注意が必要である．**三点法**（three point method）は，図 5.6.3 (a) (b) (c) に示すように三点支持により測定する方法で，それぞれ，はさみ角を下記のように 2～3 組み合わせて測定し，測定値の最大値と最小値の差で真円度を表す．

真円度の測定原理は，測定子が幾何学的円に限りなく近い回転運動をするか，あるいは円形部品が，回転振れの限りなく小さな回転運動をすることを前提として成立する．その関係を図 5.6.4 に示す．このような測定を行う測定機を**真円度測定機**（roundness measuring instrument）と呼び，真円度測定機の測定精度を支配する機構は，回転軸の運動精度である．この原理に基づく真円度測定機を図 5.6.5 に示す．測定子は，測定面の直径に応じて半径方向に移動可能である．

表 5.6.2 で定義した最小領域中心を容易に求めるために，表 5.6.3 に示すテンプレートを用いる．

5.6.4 真円度の評価方法

半径法を用いて真円度を評価するには，その中心を明確に定義する必要があり，評価方法として以下の 4 つがある．

最小領域円中心（MZC）のほかに，**最小二乗円中心**（LSC），**最小外接円中心**（MCC），**最大内接円中心**（MIC）で真円度を求める方法がある．それぞれの求め方を表 5.6.3 に示す．

最小領域中心の周りの円形部品の半径の変化分が真円度であるから，このような真円度測定法を半径法という．同じ半径法でも，円形部品の回転中心を部品のもつ両センタとしたり，または高精度な両センタを有する基準円筒体（微小なテーパをもつ）を用いたりする場合がある．

このような場合を図 5.6.1 に示す．このような場合，高精度の真円度測定は期待できないが，比較的簡単なので，現場で測定するのに適している．

(a) 三点法による V ブロック式円柱測定

(b) 三点法による馬乗式円柱測定

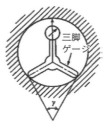
(c) 三点法による三脚式丸穴測定法

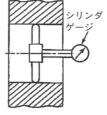
(d) 直径法による内径の真円度測定

図 5.6.3 三点法および直接法による真円度測定

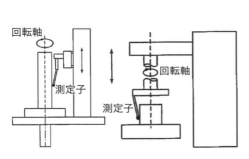

図 5.6.4 真円度測定法

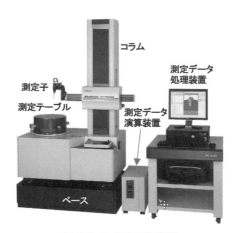

図 5.6.5 真円度測定機
（(株)ミツトヨ提供）

表 5.6.2　真円度測定機の主な機能
((株)ミツトヨ提供)

機能名称	概　　要
高回転精度	$(0.02 + 3.5H/10{,}000)$ [μm]
高速自動心・水平出し機能	作業工数を大幅に低減する.
解析プログラム（ROUNDPAK）	Windowsで見やすい画面を実現し，マウス操作と大形スイッチでの簡単操作.
自動測定機能	パートプログラム呼び出しから，自動心出し・自動水平出し，測定・演算・プリントアウトまで自動実行.
	検出器姿勢を変更することなく，内外径連続測定が可能（内径 $\phi50$ [mm] まで）.
回転テーブルの自動位置決め停止機能	テーブル回転と直動動作を組合わせた自動測定．自動心出しおよび水平出し1分以内で完了．傾き量 1.0 [μm]／150 [mm]，偏心量 200 [μm] の組合わせた自動測定.
X軸追従測定機能	測定範囲拡大．真円度・円筒形状の変位量や直動動作で得られるテーパ量等が大きく，検出器の測定範囲を越える場合に有効（追従測定範囲 ±5 [mm]）.
スパイラル測定機能の拡充	円筒度や平面度など，テーブル回転と直動動作を組み合わせた多断面測定を1回の測定動作で実行し，さらに連続的なデータを取得.
グラフ解析機能	高度なパワースペクトル分布など.
検出器ホルダ部分のスライド機構	肉厚の厚い深穴ワークなどに，ワンタッチで簡単に対応．Z軸を余裕ある高さでストップ，あとは検出器ホルダを下げて位置決めして測定．さらに内対面測定で内・外径を測定.

表 5.6.3　真直度と平面度の測定
((株)ミツトヨ提供)

最小二乗中心法 (LSC)	最小領域中心法 (MZC)	最小外接円中心法 (MCC)	最大内接円中心法 (MIC)
測定図形に対して，偏差の2乗和が最小となる円を1つ当てはめ，その円の中心座標位置を測定図形の中心と考え，これに同心で測定図形に内接および外接する2円の半径差を真円度とする方法.	測定図形を挟む2円の同心円の半径差が最も小さくなるように2円の中心座標の位置を探し出し，この中心座標を測定図形の中心と考え，このときの2円の半径差を真円度とする方法．JIS B 0621で規定されている方法.	測定図形に外接する円を決定し，その円の中心を測定図形の中心と考え，それと同じ中心をもち，測定図形に内接する円を描き，2つの円の半径差を真円度とする方法.	測定図形に内接する円を決定し，その円の中心を測定図形の中心と考え，それと同じ中心をもち，測定図形に外接する円を描き，2つの円の半径差を真円度とする方法.

　上述したような精密な回転中心を前提とする真円度測定法とは別に，図5.6.3 (a) に示す**Vブロックを用いた真円度測定法**がある．真円度のうねり山数およびVブロックの開き角によって，真円度の測定倍率がゼロを含めて変化するのが特徴で，うねり山数をあらかじめ知っておく必要がある．現場で測定するには便利な方法である．

　直径で真円度を測る**直径法**の場合は，図5.6.3 (d) に示すような等径ひずみ円も真円として判定するので注意が必要である．

5.6 幾何公差（真直度，平面度など）の測定

表 5.6.4　円筒形状物に関する幾何公差（真直度，平面度等）の測定

	真円度	真直度	平面度	円筒度	同心度	同軸度
図・イメージ						
説明	円形形体の幾何学的に正しい円からの狂いの大きさ．	直線形体の幾何学的に正しい直線からの狂いの大きさ．	平面形体の幾何学的に正しい平面からの狂いの大きさ．	円筒形体の幾何学的に正しい円筒からの狂いの大きさ．	データム円の中心に対する円形形体の中心の位置の狂いの大きさ（平面形体の場合）．	データム軸直線と同一直線上にあるべき軸線のデータム軸直線からの狂いの大きさ．

	直角度	円周振れ	全振れ
図・イメージ			
説明	データム直線，またはデータム平面に対して直角な幾何学的直線，または幾何学的平面から直角であるべき直線形体，または平面形体の狂いの大きさ．	データム軸線を軸とする回転面をもつべき対象物，またはデータム軸線に対して垂直な円形平面であるべき対象物をデータム軸直線の周りに回転したとき，その表面が指定した位置，または任意の位置で指定した方向に変位する大きさ．	データム軸直線を軸とする円筒面ともつべき対象物，またはデータム軸直線に対して垂直な円形平面であるべき対象物をデータム軸直線の周りに回転したとき，その表面が指定した方向に変位する大きさ．

表 5.6.4 は円筒形状物に関する幾何公差（真直度，平面度等）の真円度測定機を用いた測定事例を示す．レーザ光線，強く張ったピアノ線，直定規などで真直度は測れる．平面度は表 5.6.4 に示すように，定盤を基準としたり，オプチカルフラット（光学平面ガラス）で干渉縞をつくって測定することができる．

5.6.5　同軸度

同軸度（coaxiality）とは，その軸線が基準軸線と同一直線上にあるべき機械部分において，その軸線の基準軸線からの狂いの大きさをいう．また，JIS では参考として，平面図形における 2 つの円に対する両中心位置の狂いを同軸度と呼んでいる．**表 5.6.5** はその図面指示例で，基準の取り方として 4 つの場合についてまとめたものである．

5.6.6　平行度

平行度（deviation from）は，機械部品などの基準とする**データム**（平面または直線）に対して，平行であるべき平面形体または直線形体が，平行にある幾何学的に正しい平面または直線から狂ってい

表 5.6.5 同軸度の測定方法

基準の取り方	測定方法	説明図	測定具
①軸の円筒面から定めた軸線を基準	基準軸をVブロックまたはV溝の上に載せて回転し，測微器の読みから求める．		Vブロックまたは V溝，測微器
②穴の円筒面から定めた軸線を基準	基準穴を試験軸に挿入して回転し，測微器の読みから求める．		試験軸，測微器
③両センタを結ぶ軸線を基準	中心受け台のセンタで支えて回転し，測微器の読みから求める．		中心受け台，測微器
④回転軸の軸線を基準	基準軸に測微器を取り付けて回転し，測微器の読みから求める．		測微器

る大きさである．データム平面に対する直線形体または平面形体，データム直線に対する直線形体または平面形体の4つがある．

表 5.6.6 には直線部分の基準平面に対する平行度と平面部の基準平面に対する平行度について，それらの形態を分類して示したので，よく学習していただきたい．

外側マイクロメータ，ノギス，測長器の測定面の平行度は精度上重要である．工作機械の案内面を形成するV-V面，V-平面の平行度も加工精度に影響を与える．平行度の図面指示例はJIS B 0021に規定されている．

5.6.7 真球度

真球度（sphericity deviation）とは，玉の真球（完全に丸い球）からの狂いの度合いである．この測定法には，二点法（直径法），三点法，四点法がある．図 5.6.6 に示すような三半面または三球座上に玉を保持して上面の変動幅で表す方法を四点法という．この球座の球半径は，測定球半径の約2倍にする．鋼球の真球度の評価方法はJIS B 1501 附属書 A に規定され，そこでの真球度（deviation from spherical form）とは，鋼球表面の最小二乗平均面の中心をその中心とする，最小外接球面と最大内接球面との半径差とされている．鋼球の真球度の評価方法は，次の半径法測定[8]による．真円度の評

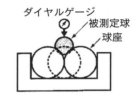

図 5.6.6 真球度測定の四点法

表5.6.6 平行度の測定方法

事項			測定方法	説明図	測定具
直線部分の基準平面に対する平行度	底面と穴との平行度		底面を定盤上に載せ，穴の上内面または下内面，もしくは穴に差し込んだテストバーの上面または下面に測定子を接触させ，測微器のスタンドを定盤上で滑らせ，読みの最大値と最小値との差を求める．	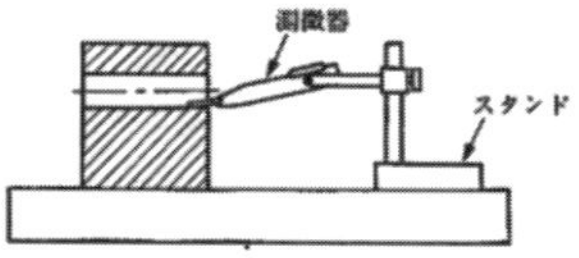	定盤測微器付きスタンド テストバー
	軸の平行度	縦方向の平行度	軸Aの軸線と，軸Bの軸線の一端とを含む平面を定盤に直角に，かつ軸Aの軸線を定盤に平行に配置し，定盤から軸Bの両端の距離の差を求める．	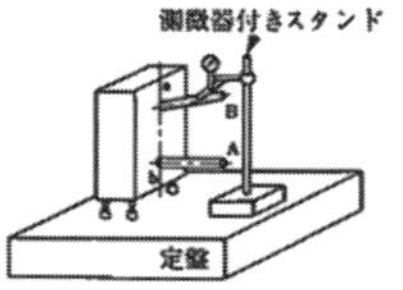	
		横方向の平行度	軸Aの軸線と軸Bの軸線の一端とを含む平面を定盤に平行に配置し，定盤から軸Bまでの距離の差を求める．	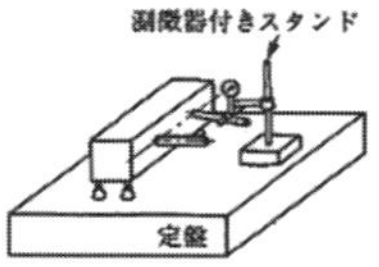	定盤測微器付きスタンド
	穴の平行度	縦方向 横方向	穴にテストバーを差し込み，軸の場合と同様の方法で測定する．		スタンド
平面部の基準平面に対する平行度	外側平面の平行度		定盤上に測微器付きスタンドを置き，そのスピンドルを定盤上の試料平面上に当て，スタンドまたは試料を滑らせ，読みの最大値と最小値との差を求める．	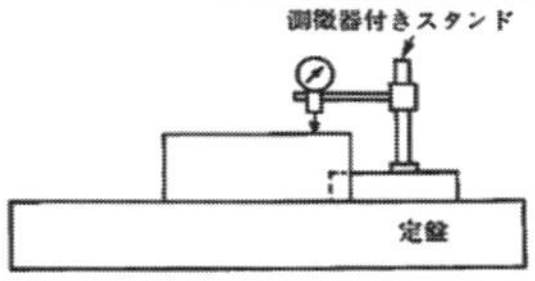	定盤測微器付きスタンド
	段付き平面の平行度		一方の平面上に測微器付きスタンドを置き，上の場合と同様の方法で測定する．	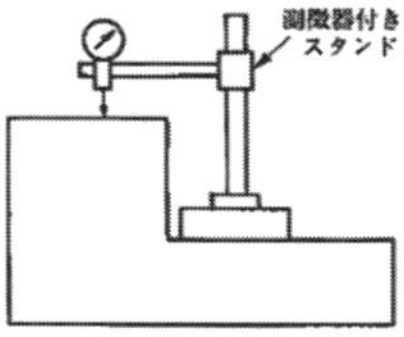	測微器付きスタンド
	内側平面の平行度		両平面の間隔を測微器によって測定し，その最大値と最小値との差を求める．	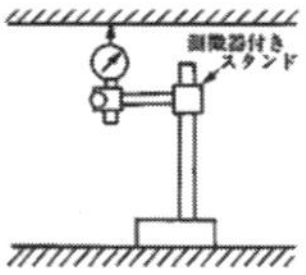	測微器付きスタンド
	マイクロメータ測定面と平行度		固定平面にオプチカルパラレルを密着させ可動平面をそれに接触させて，オプチカルパラレルとの間に生じる干渉縞から平行度を求める．	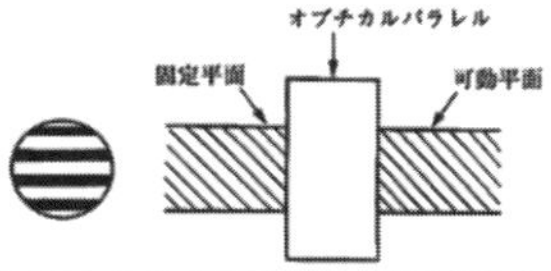	オプチカルパラレル

価方法の詳細な内容については，JIS B 7451 を参照のこと．

8）真球度の測定は，互いに90°の3赤道平面における真円度測定によって行う．1つの実測赤道平面における真円度評価は，最小二乗中心によって行う．各実測赤道平面における半径差の最大値を真球度とする．また，真円度評価に最小外接円を使用し，最小外接円から鋼球表面までの半径方向の距離の最大値を真球度としてもよい．疑義が生じた場合は，最小二乗中心法とする．

5.6.8 輪郭度

輪郭度（profile）の測定では，**図 5.6.7** に示すように，基準形状の**輪郭ゲージ**（profile gauge）を用意し，測定物の基準からのかたよりを測定する．

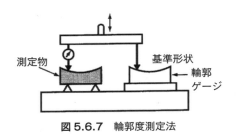

図 5.6.7 輪郭度測定法

6章 座標による測定

6.1 座標による測定の基礎事項

座標による測定方式には，いわゆる**平面の2次元座標による測定方式**と，いわゆる**立体の3次元座標による測定方式**とがある．

6.1.1 2次元測定機

2次元座標測定機（以下，**2次元測定機**）には，平面上の測定物の測定を目的とするものと，断面の輪郭形状の測定を目的とするものがある．平面測定の2次元測定機は，光学的手段を用いる光学測定機が主である．代表的な機種は測定顕微鏡，これを利用した画像測定機および測定投影機である．

基本構造は，垂直のコラム（支柱）とベース（基盤）からなる本体，水平面でXとYの直角2方向に正確に動くテーブル（作業台），コラムに沿って上下に移動できる観測ヘッド（頭部）で構成される．

6.1.2 測定顕微鏡

顕微鏡の視野の中での長さ測定は，測定範囲および精度において制限がある．**図 6.1.1** は**測定顕微鏡**（measuring microscope）の外観と名称を示す．顕微鏡を固定して，測定物の測定部の一端を視野内で位置決めし，測定物を移動して他端を同様に位置決めできるように移動させ，かつその移動量を測定できる装置を用意すれば，測定範囲が広がり，かつ精度の向上が望める．

測定顕微鏡にはさまざまな種類があり，**工具顕微鏡**（tool maker's microscope）は機械加工における工作物や工具の長さ，角度，輪郭などを測る測定器で，テーブルは前後左右の直角2方向に移動でき，座標値はブロックゲージとマイクロメータの組合せか，**標準尺**と**測微顕微鏡**（micrometer microscope）の組合せで読み取る．顕微鏡本体，光学系，測定物支持台などからなり，投影装置を備えたものもある．支持台はマイクロメータで前後左右に位置調整ができ，接眼装置には十字線を入れ測角のできる一般用のほか，ねじ山形が組み込まれ，ねじの角度や

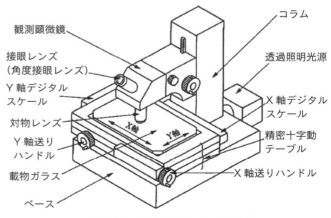

図 6.1.1 測定顕微鏡の外観と名称

ピッチの測定ができるものもある．目的の測定物に合わせて顕微鏡ヘッドを交換することにより，種々の目的の微小な測定物の測定ができる．また，直接接眼レンズで観察する代わりに，ビデオカメラやCCDカメラを搭載してディスプレイに表示することもできる．通常は手動で，X軸・Y軸ハンドルを操作し，測定物の像のエッジ（端や稜線）を眼でレチクルの十字線に合わせるが，エッジ・センサで自動的に検出する方法もある．

各軸に駆動装置が付けられ，コンピュータで制御して自動的に測定するCNC式もある．JIS B 7153では，性能の許容値により精密測定室用の高級機と一般に使う汎用機に分け，0級と1級の2等級を規定している．

6.2 3次元測定の基礎事項

6.2.1 3次元測定機の特徴と導入のメリット

3次元測定機システムのおもな製造メーカとしては，ミツトヨ，東京精密，ニコン，東京貿易，カールツァイス，DEAなどがある．3次元測定機システムの構成と仕様を図6.2.1に示す．おもに測定機本体制御装置，データ処理装置，操作装置の3つからなる．

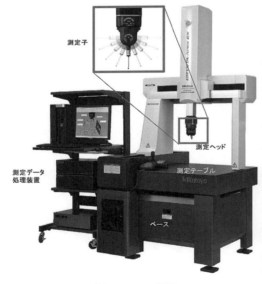

(a) システム外観 (b) 仕様

図6.2.1　3次元測定機システムの構成と主な仕様
((株)ミツトヨ提供)

3次元測定機で測定できる基本測定形状のパターンを図6.2.2，その応用測定機能を図6.2.3に示す．基本測定機能として，寸法，座標位置および幾何偏差の測定ができ，形状要素として点，線，面，楕円，球，円筒，円錐，円弧，円環があり，これらの形状要素の複数の組合せ要素の測定ができる．図6.2.3に示すように，応用機能として照合機能，データム機能，拡張機能，補助機能，ユーザ・コマンド機能が用意されている．このほか，CNC測定機能では，ロボットのティーチング作業と同様のテ

6.2 3次元測定の基礎事項　121

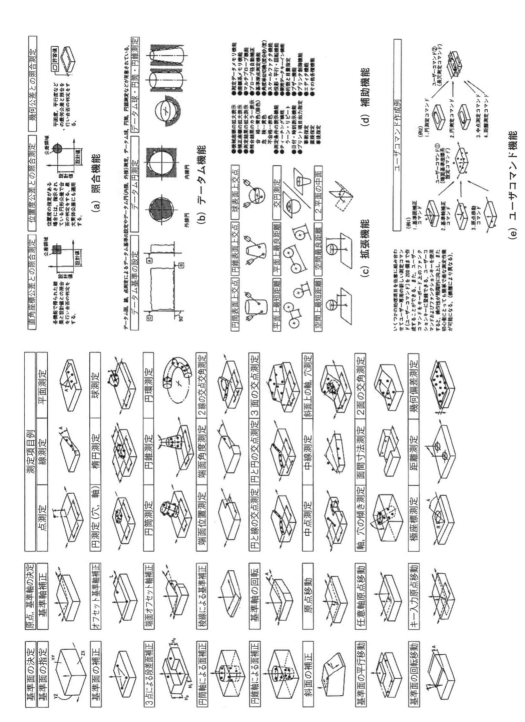

図 6.2.2　基本測定形状のパターン

CNC モードでは，始点，終点，ピッチなどを指定するだけで，自動測定する機能を保有している．

(a) CNC 測定機能

回転テーブルを回しながら同時4軸による同期倣い測定が可能．円筒カム，タービンブレード，インペラーなどプローブの姿勢を変更せずに1度で測定が可能になる．

(b) 回転テーブル／MPP 同期倣い測定

線測定マクロを数回組み合わせると，面測定動作になる．また，円測定マクロを組み合わせると，円筒，円錐測定動作になる．

(平面測定動作)

(円筒，円錐測定動作)

(C) CNC 動作マクロ測定機能

図 6.2.3　応用測定機能

ィーチングができ，始点，終点，ピッチなどを指定することで自動測定が可能である．そして，倣い測定や詳細は後述するが，あらかじめ CAD で指定した測定点を自動計測することもできる．

また，3次元測定機を用いた場合と従来の方法で測定した場合の測定時間の比較を行った事例を表 6.2.1 に示す．トランスミッション・ケースからリード・フレームまで大小さまざまで複雑な測定物を明らかに効率よく測定していることがわかる．

5軸制御スキャニング・プローブ・ヘッドを搭載した CNC3 次元測定機（表 6.2.2）では，次のような機能が充実している．

① 5軸動作により角度変更の時間短縮が可能．またあらゆる角度への位置決めができるため，複雑なワークへのアクセスも容易になり，プログラミング時間，測定時間の短縮が可能．

② 5軸制御超高速スキャニング（最大 500 [mm/s]）が可能．3軸制御スキャニングと比較して圧倒的な速さで測定可能．また最大 4000 点／秒の高速サンプリングが可能なため，高速スキャニング測定時も高密度での測定点の取得が可能．

③ 内部的にレーザセンシング技術を使用することにより，ロング・スタイラス使用時（プローブ回

6.2 3次元測定の基礎事項　123

表6.2.1　3次元測定機の場合と従来測定の場合との測定時間比較事例

測定物	トランスミッションケース	農業機械部品	機械部品	ビデオカセット
測定物略図				
測定項目	径，穴位置，面間寸法，その他	穴径，面間寸法，軸間角度他	径，穴ピッチ，円筒度，幾何偏差	径，穴ピッチ，面間寸法，その他
従来の測定工具	ホールテスト，ハイトマスタ，ハイトゲージ，ノギス，その他	マイクロメータ，ハイトゲージ，テストインジケータ，インデックステーブル，マスブロック	ホールテスト，リニヤハイト，テストインジケータ，その他保持具	工具顕微鏡，ハイトゲージ，テストインジケータ，ノギス，その他
従来の測定時間	3時間	4時間	3時間	2時間20分
測定時間 （）内は時間比	20分 (1/9)	15分 (1/16)	26分 (1/7)	4分 (1/35)
測定物	クランクシャフト	扇風機羽根モールド金型	トランスミッションケース	リードフレーム
測定物略図				
測定項目	ピン位置，ピンピッチ，ねじ穴位置他	羽根形状，段差他	穴径，心間寸法，段差，面間寸法，穴位置	心間寸法，径，幅寸法，段差
従来の測定工具	テストインジケータ，ハイトマスタ，定盤，センタレース	治具ボーラ，光学測定機	ホールテスト，ハイトマスタ，デジタルハイトゲージ，円筒スコヤ，ノギス	工具顕微鏡，その他
従来の測定時間	4時間	6時間	3時間	6時間
測定時間 （）内は時間比	20分 (1/12)	1時間 (1/6)	20分 (1/6)	1時間 (1/6)

表6.2.2　5軸制御スキャニングの事例（(株)ミツトヨ提供）

名称	ヘリカル・スキャン	スウィーブ・スキャン	セクション・スキャン
事例			
機能概要			

転中心からスタイラス先端までの距離最大 500［mm］)でも高精度測定が可能.

④ 5軸スキャニング用 RSP2 プローブと,クランク・スタイラスが使用可能な SP25M タイプの RSP3 プローブの 2 種類のプローブを搭載することが可能.またこれらのプローブはオートプローブチェンジャー使用により自動交換が可能なので,さまざまな形状部品測定の全自動化が可能.

⑤ RSP2 は約 20 分のプローブ・キャリブレーションを行うことにより,すべての角度が使用可能になるので,従来のスキャニング・プローブと比べ測定前の段取り時間の短縮も可能.

3次元測定機の導入のメリットについて考えると,主に次の5つに要約されよう.

① 測定の自動化および合理化・省力化
② 測定精度の向上
③ 測定誤差の軽減化と推進
④ 受け入れ検査のチェックと自社の測定の標準化の推進
⑤ 測定の信頼性の向上

6.2.2　3次元測定機の操作手順

3次元測定の操作手順を以下に簡単にみておく.

① 製品の測定準備としてプローブの校正（キャリブレーション）を行う.すなわち,ⓐ測定プローブの種類の登録,ⓑ基準径の登録,ⓒ基準径の測定実行をする.

② 測定物座標を定義する.すなわち,ⓐ測定基準面（第3軸方向),ⓑ基準軸（第1軸または第2軸方向),ⓒ基準点（測定物の原点）を決める.

③ 測定コードを入力し,目的形状を測定する.

④ 測定結果を確認する.

その操作手順例として2つの穴のピッチを測定する場合を図 6.2.4 に示す.上記の①および②の操作後,測定コード一覧から「2点間距離」を選び,第1穴（円測定）の3点①②③をプローブで測定入力し,同様に第2穴（円測定）の3点④⑤⑥を測定入力すると2円間のピッチが求められる.

いくつかの処理項目を任意に組み合わせてユーザ専用の新しい測定コマンド（ユーザ・コマンド）を 200 個まで作成することができる.また,ユーザ・コマンドをキーボード上のファンクションキーに登録できる.ユーザ・コマンドおよびファンクションキーを使用すると,操作性が飛躍的に向上し,また初心者にとっても簡単で楽な測定作業が可能になる.

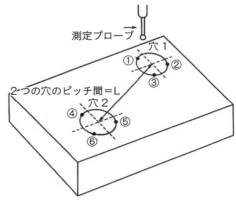

図 6.2.4　操作手順例（2つの穴のピッチを測定する場合）

6.3　3次元測定の役割

6.3.1　モノづくりの流れと測定の役割

機械加工や製造組立工場などの現場では,如何に生産効率を上げ,品質,コスト,デリバリ（QCD）

を改善するかが重要な課題になっている．そのためには，設計，生産・製造，組立，検査・測定のプロセスを有機的に結合し，情報をフィード・バックし，問題の原因の割り出し，改善を実行していく必要がある．そこで本節では，**新しい計測技術**，**CATの必要性**について述べる．まず，ここでは，モノづくりのプロセスの流れを知っていただく．

今後のグローバル戦略における製造業，すなわちモノづくりのすべての工程において不可欠なツール，生き残りのための戦略的な武器の1つとして，図6.3.1に示すようなパソコンを中核とした**3次元ソリッドCADモデル**[1]の**CAD/CAE/CAM/CAT/Networkシステム**[2]がある．

これは，従来の単なるCAD/CAMではなく，3次元ソリッドCADモデルを用いた次の5つのモノづくりのプロセス，すなわち①コンピュータ支援によって設計（CAD），②解析・シミュレーション（CAE），③生産・製造（CAM），および④製品検査・測定（CAT）を⑤ネットワーク化（Network）して効率よく行い，さらに企画，営業，購買を含めた自社全体の各部門間および自社と国内・海外の関連企業をネットワーク化し，これを介して数値データ（電子情報：デジタル・データ）を各工程および部門間の壁をなくすことによって効率良く管理統合しようとするシステムである．したがって，3次元ソリッドCAD/CAE/CAM/CAT/Network（以下，3DCNと略す）システムは，今後製造業におけるエンジニアリング技術つの核となる**PDM**[3]，**CALS**[4]を推進する製造現場の必須のプラット・フォームとなる．なお，3DCNシステムの基本構成には，**ハードウェア**[5]と**ソフトウェア**[6]とがある．

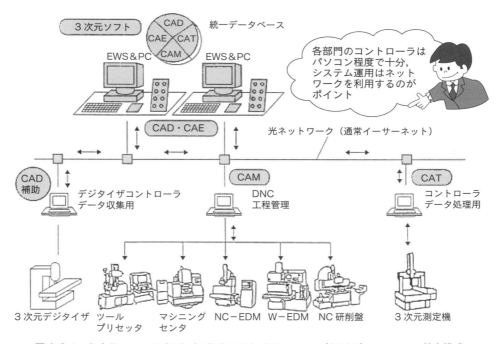

図6.3.1　3次元ソリッドCAD/CAE/CAM/CAT/Network（3DCN）システムの基本構成

---

1) 3次元ソリッドCADモデルとは，3次元の中実立体モデル，つまり3次元CADシステムで策されたモデルの中身がある材料で詰まっており，その物性値を指定できる3次元立体形状モデルのこと．このモデルは後工程のCAE，CAM，CATの各システムで利活用できる．
2) CAD/CAE/CAM/CAT/Networkとは，Computer Aided Design，Computer Aided Engineering，Computer Aided Manufacturing，Computer Aided Testing and Networkの略で，コンピュータ支援によって設計，解析，製造，検査のそれぞれの工程を支援し，そしてネットワークによってそれらの工程を効率よく運用しようとするもの．

図 6.3.1 に示した 3DCN システムの基本的なハードシステムの中枢となるのは，**EWS**（Engineering Work Station）あるいは高性能は**高速演算タイプ PC**（Personal Computer：パソコン）である．これを上位のコンピュータに据えて，ネットワークにより下位のコンピュータ（パソコン等）とネットワークする．この下位のコンピュータは CAM や CAT を行う上で必要なもので，工程管理や生産管理，特に **DNC**[7] を介して NC 工作機械の制御装置をコントロールする．パソコンからのデジタル情報はインターネットを介して CNC 工作機械あるいはモデル倣い機（3 次元デジタイザ）や 3 次元測定機などに送られ，モノづくりがデジタルで実施・管理できる．さらに PDM によって効率よく管理・運営されることが期待できる．パソコンの台数はネットワークにより，導入企業の規模に応じて増設できる．図 6.3.1 では 2 台のパソコンによる**クライアント・サーバ・システム**[8] を示した．一般的には，パソコンの 1 台はシステム全体を管理するためのサーバとして兼用する．今後益々重要になることは，1 台の高性能パソコンで 3DCN のすべてがこなせるソフトを選定するのがポイントとなる．

6.3.2 CAD データベース上の測定点創成

(1) 座標系の設定

後述の CAT においても，測定物の座標設定は自由に行える必要がある．**図 6.3.2** に示すような 3 次元測定機の固有の絶対座標系，これを**ワールド座標系**といい，テーブル上に置いた測定物の任意の座標系，これを**ローカル座標系**といい，前述の<u>ワールド座標系とローカル座標系それぞれの原点および座標系を一致させられる</u>．測定機側の CAD を使い，図 6.3.2 に示したように測定座標を入力し，座標軸を定義する測定座標系の座標軸はそれぞれ入れ替え処理ができる．

(2) CAD データベース上の測定点創成

金型や製品の測定箇所・順序はロボット・プログラミングにおける**教示再生**（**ティーチング・プレイバック**，teaching

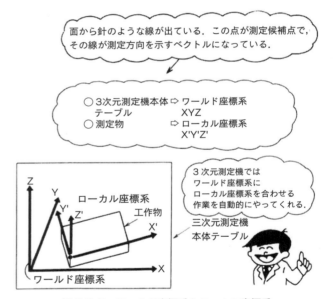

図 6.3.2 ワールド座標系とローカル座標系

---

3) Product Data Management System（製品データ管理システム）のこと．
4) Commerce At Light Speed：その情報を企業内で共有・利用化して，製品の開発期間の短縮，コスト・ダウンを計り，企業間の競争力を高める全体的なシステムのこと．
5) ハードウェア（hardware）は金物という意味．ここではシステムを構成する匡体を指す．
6) ソフトウェア（software）は柔らかいものという意味．ここではコンピュータを動かす命令語の集合であるプログラムを指す．
7) Direct Numerical Control（群数値制御）のことで，上位の 1 台のコンピュータで複数台の NC 工作機械を統合し工場内の生産システムを省力化，高稼働率化するためのシステムのこと．
8) Client and Server System：共有データベース，ディレクトリなどの情報資源を集中的に管理するサーバと，そのサーバを利用するクライアントで構成するコンピュータシステムのこと．

playback）方式あるいは CAT ソフトによる計測シミュレーション方式で指示でき，目的の検査を行う．測定箇所はグラフィックス上でプログラミングおよび指示できるため，自動測定が可能である．

　CAD で作成した形状データを CAT のデータベースにコピー利用して，図 6.3.3 に示すように CAD データベース上に，3 次元測定機で計測を行うための曲面・輪郭（プロファイル）・穴・断面形状の測定候補点を創成する．測定候補点の創成の際には，図 6.3.4 に示すように測定するアプローチ方向および面を指定するため，グラフィックス上には測定方向ベクトルを表示させる．同時に，測定候補点の創成時に干渉計算（アプローチ干渉，センサ計干渉）を行う．図（b）はトランスミッション・ケースの外形曲面における測定点および測定方向を示す．図（c）は穴形状の場合を示す．このような穴形状の測定の場合，まず穴中心の表面にプローブを移動し，次にある計測深さまでプロー

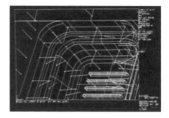

図 6.3.3　CAD での計測点指示

ブを送り，そして穴内面を最小 3 点測定する．特に穴形状の場合など，グラフィックス上で測定機の動作を編集できる．そのほかに 3 次元測定機を利用した測定範囲の選択指示ができるシザリング機能による測定範囲の特定，測定物に合った必要な候補点を選択する機能を使える．

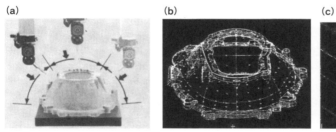
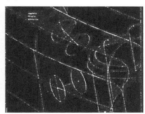

図 6.3.4　測定するアプローチ方向および面の指定

(3) 測定順序の最適化

　測定時間を短縮するためには，測定のスピードアップと測定時の移動経路を短縮することが考えられる．測定のスピードアップは測定機の移動装置のハードの仕様，特に DC モータ等のアクチュエータの性能に左右される．CAT で制御できるのは，測定移動距離が最も短くなるような測定順序の最適化の計算がされ，図 6.3.4 に示したようにグラフィックス上にその経路が赤色表示される．この測定順序の最適化ができて，次の高速測定の準備が可能となる．

(4) 高速・高精度測定（点測定）

　3 次元 CAD 数値モデル上で創成した測定候補点データから測定形状を認識した高速移動・高精度測定と測定結果のカラー解析表示ができる．図 6.3.5 に示すように測定候補点と測定用パラメータから形状に沿った効率の良い移動経路を計算し，高速測定を行う．複雑な測定物の連続測定においては，例えば XY 平面に対して垂直な一定のプローブ姿勢では高精度な測定は向いていない．CAT においても，図 6.3.5 に示したように，測定面に垂直にアプローチして，目標点を正確に測定するため，あらかじめプローブ姿勢を制御して，自動測定が可能である．

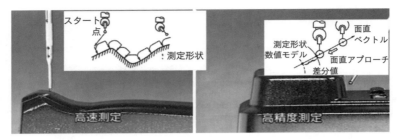

図 6.3.5 測定候補点と測定用パラメータから形状に沿った移動経路による高速測定と高精度測定

6.4 3次元測定におけるCADとの連携

6.4.1 CAT（製品検査）

CAT（Computer Aided Testing）は，コンピュータ支援による製品や金型などの測定・検査および評価システムのことである．測定・検査の主な目的は，製品の品質を保証することである．つまり，設計仕様である精度（寸法精度，形状精度，面粗さ）・品位を満足しているか否かをチェックすることである．これらをチェックするため，検査基準を用意する．その製品等の検査基準は，従来，マスタ・モデルから作成したゲージ等の検査治具であったが，CATでは，製品設計CADで作成したデジタル情報（数値データ）が検査基準となる．

3DCNシステムにおけるCATでは，図6.3.1に示したように，CADデータ（設計で製作した製品形状モデル情報）をそのまま参照・取込み，成形された製品や金型を3次元計測機等を用いて自動計測・検査する．

前工程（プロセス）の製品や金型の測定によって，CAM工程のチェックが可能となる．すなわち，寸法精度，形状精度，面粗さである加工精度のチェックができる．

加工精度不良の場合，その加工誤差の要因である工具摩耗，工具や機械そして金型のたわみ，熱的影響によるひずみなどを検査できる．これらのチェック・データを解析することで，CAMにおける工具の摩耗から工具の寿命の判定，あるいは工具のびびりや工具欠損が発生する過負荷条件の割り出し，あるいは金型損傷の発生要因の洗い出しが可能となる．

製品の成形上の不具合が起きていれば，設計までさかのぼり，設計変更の指示を容易に行うことはできる．

6.4.2 CATの情報流れの概要

CATにおける主な作業の流れを図6.4.1に示す．製品検査（CAT）の作業内容は大きく分けて，次の3つ手順を行う必要がある．

①測定座標を定義する．
②製品の測定準備および測定実行する．
③測定値とCADの製品形状のズレをわかりやすく表示する．

さて，CATの流れとして，数値データの一元化によるCADデータを利用し，これを**CATにおける測定原器**とすることができる．さらに，3次元測定機をコントロールして次の4つの事項が可能と

6.4 3次元測定におけるCADとの連携　129

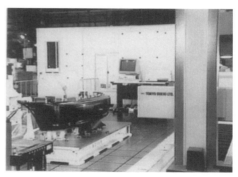

図 6.4.2　プラスチック（樹脂）型で試作したバンパのCATによる自動測定の様子

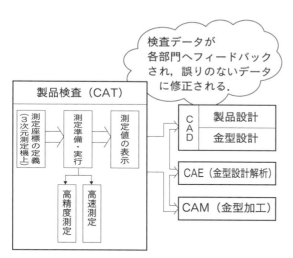

図 6.4.1　金型製作における主な作業の流れ

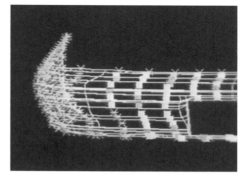

図 6.4.3　CATによるオンライン・リアル・タイム（実時間）での測定結果の様子

なる．a) CADデータ上に計測すべき要素形状の測定点を創成し，b) その点を測定し，c) 形状を解析・評価および表示し，そしてd) 測定データの管理を行う．

図 6.4.2 には，プラスチック（樹脂）型で試作したバンパをCATで自動測定している様子を示す．

図 6.4.3 には，CATによるオンラインでしかもリアル・タイム（実時間）で測定の結果を表示している様子を示す．測定形状は，製品設計CADで作成されたデータを利用している．このCATでもデータの一元性は重要である．3次元測定機で計測した測定データと製品設計CADデータとを比較し，両者の差分値をグラフィックス上にカラー・パターンで表示する．図6.4.3の×印は測定箇所を，■印は測定結果を示す．■印はカラー表示され，色で精度判別ができるようになっている．これによって，射出成形された試作製品の形状全体が一目で，しかも定量的に把握できる．この結果から，CADにおける不具合，CAEで予測した結果の照合，成形時の問題点が洗い出される．

以上見てきたように，従来の金型設計・製作上の問題点を明確にクリアするためにはEWSあるいは高性能パソコンを用いた3DCNシステムが必要である．

すなわち，その目的は次のようになる．つまり，数値基準（データベース）による製品や金型の設計製作を実現させることである．具体的には，①数値データによる基準の一元化，②精度の向上，③作業の並列化，④モデル・治具の廃止，⑤期間の短縮である．**図 6.4.4** に示すように，CATで得られた測定情報をCAD（設計），CAE（解析），CAM（加工）までさかのぼらせることを**情報のフィード・バック**という．

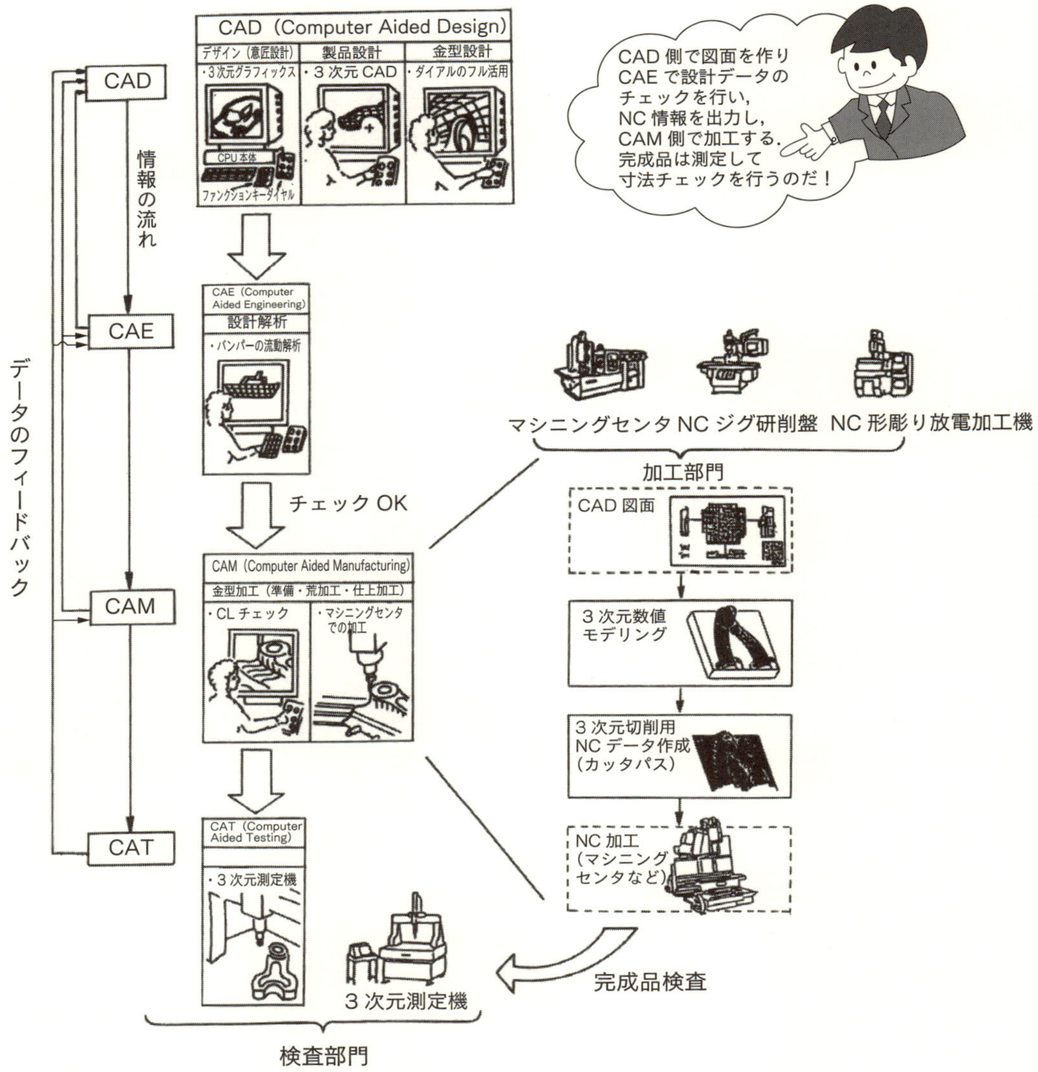

図 6.4.4　CAT（測定）情報の CAD（設計），CAE（解析），CAM（加工）への情報のフィード・バック

6.4.3　CAT の特徴

　CAT では，図 6.3.1 に示したように，CAD で作成した製品形状などの数値モデルを基準に，実物の自由曲面形状・輪郭形状・穴形状などを，3次元測定機等をコントロールして自動測定し，CAD で作成した数値モデルとの比較・評価を行う．
　従来の検査方法と 3DCN システムによる検査方法とを自動車のパネル成形を例に取って比較したものを図 6.4.5 に示す．
　従来は，製品設計から型設計・製造までのプロセスにおいて図面やモデルを個別に作り，これを各工程間でのマスタ・モデルおよび確認モデルという情報の媒体として用い，倣い加工して金型を製作し，当たりのチェックを繰り返し行い，パンチ型基準の型合わせを行っていた．そのため，各工程間での独立した基準が形成され，次工程での食い違いなどのさまざまな問題が発生し，その問題解決の

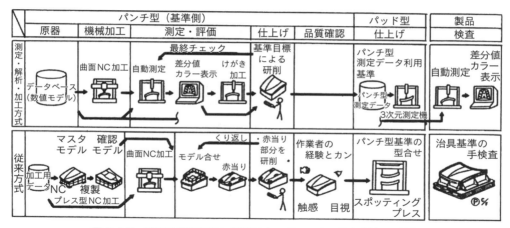

図 6.4.5 従来の検査方法と 3DCN システムによる検査方法との比較

ために，高度な熟練を要するノウハウとともに多くの工数と期間が必要になっていた．特に当たりのチェックでは，紙面に書きにくい工数，段取り時間，ノウハウが必要である．

一方，3DCN システムでは，数値モデルを基準に NC 加工で金型を製作し，これを測定し，差分値をカラー表示し，不良部分をけがき加工し，さらにパンチ型の測定データを利用して反転し，メス型を作成し，同様に自動測定して，差分をカラー表示する．

3DCN システムにおける基準は木型モデルから作成した検査治具ではなく，CAD（製品設計）で作成した数値データが基準になり，設計部門の数値データと，検査部門における 3 次元測定機等で検査・測定した数値データを比較して，その製品の品質保証を行う．さらに，CAT では製品形状の測定箇所や方向，順番などをあらかじめ指定すれば，自動測定もできる．

図 6.4.4 に示したように **CAT の情報**は，製品成形上で不具合が起きていれば，CAD（設計），CAE（解析），CAM（製造）の各部門までさかのぼり，その不具合の原因をつきとめ，さらに設計変更の的確な指示を容易に行うことができる．この情報のフィード・バックによって，本来の製品の品質保証が達成され，自社のモノづくりの固有技術，ノウハウを確立することができる．

CAT の特徴を挙げてみると，①個人差がない，② CAT データが共有化できる，③検査および評価の標準化が計れる，④各部門への測定情報のフィード・バックが容易に行える，⑤不具合による誤差原因の検討が容易である，⑥ CAD（設計）データと測定データの誤差（ズレ）の検証がリアル・タイムでできる，⑦自社の製品の品質保証ができ，固有技術の確立の基盤を作ることができる，⑧グローバル基準に対応できる，の 8 つがある．

(1) CAT による**断面形状の自動測定解析手順**

図 6.3.2 で示したように，3 次元測定機上のワールド座標系とローカル座標系の原点を合わせるため，3 次元測定機上の測定原点復帰を行い，**図 6.4.6**（a）に示すように，コードレステレフォン金型の外形の測定を開始する．図（b）は測定中の様子を示す．このとき，上述したように測定点はあらかじめ CAD で指定した箇所で，この測定箇所の座標値を**ティーチング**しておく．実測定では，CAT の各種機能による指定断面形状の倣い測定が行われる．そして，図（c）に示すように，測定中に測定された形状の寸法精度を自動的に解析，すなわち測定基準の断面線と測定値の差分解析が行われ，その結果としてグラフィックス上にリアル・タイム（実時間）で公差表示が行われる．

(2) CAT によるリアル・タイム解析および表示

図 6.4.6 (c) に示したように，測定中の情報は**実時間**（real time：リアル・タイム）でグラフィックス上に表示される．測定基準データ（候補点）と測定データは，リアル・タイムに差分値計算を行い，差分値に応じた色でグラフィックス上にカラー表示される．色で精度判別ができるようになっている．**図 6.4.7** はコードレス電話器の解析結果を示す．図 (a) はその全体図，図 (b) は図 6.4.6 (c) に対応した受話部分の拡大図で，測定中の解析表示である．ここの×印は測定候補点の箇所を示し，■印の部分は測定値と CAD 数値との差分値を 5/100 [mm] の精度でカラー表示している．この場合，緑色のカラー表示され，測定値と CAD 数値との差分がゼロであることを示す．この処理は CAT 端末で実施できることは言うまでもない．

(a) 測定原点復帰

(b) 測定中の様子

(c) 測定と測定値のリアル・タイム計算による公差表示

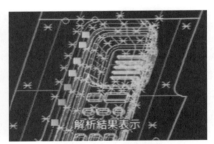

(d) 図 (c) の拡大表示

図 6.4.6 コードレステレフォン金型の外形の測定の様子

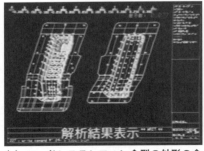

(a) コードレステレフォン金型の外形の全体測定の結果表示

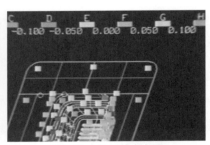

(b) 図 (a) の拡大表示

図 6.4.7 コードレステレフォンの測定解析結果表示

7章 質量・力・圧力・密度の測定

7.1 質量の測定

7.1.1 質量とは

質量（mass）の国際単位は**キログラム [kg]** で，1889年に「国際キログラム原器の質量」が制定された．**図 7.1.1** に示す質量原器は直径，高さとも約 39 [mm] の円柱形状で，材質は白金 90％，イリジウム 10％の合金である．

7.1.2 質量の測定

重力加速度 $g = 9.8$ [m/s²] が作用する地球の引力の場では，質量 M [kg] の物体は重さ $W = Mg$ [kg·m/s² = N] をもち，重さ [N] は質量 [kg] に比例する．重力加速度 g [m/s²] の値は，厳密には位置や高さによって少しずつ異なってくるから，重さ [N]（重量）もそれに伴って変わってくるが，2つの物体の重量比は重力 [kg] の影響がなくなるから一定である．よって，**天秤**や，**はかり**を使用して，既知の質量をもつ分銅の重さ

図 7.1.1　質量原器

(a) 古代・中世期　　(b) 現在　　(c) 電子式天秤

図 7.1.2　体表的な天秤

と，測定しようとする物体の重さを釣り合わせ，その比から**物体の質量**を求めることができる．

1.6.1 項で述べたように，未知量と既知基準量との合致点を見つける測定法を**零位法**という．その代表的な計測器が上皿天秤である．**図 7.1.2** は質量測定に用いられる天秤を示す．図 (c) は**精密天秤**とも呼ばれる．通常はビーム，弾性支点，ねじなどで構成される**秤量機構**を有する**電磁力平衡方式**が採用されている．しかし近年，**図 7.1.3** に示すユニブロック[1] を秤量センサとする高性能な 0.1 [mg] の分解能を有する電子式天秤も開発されている．「はかり」の用語は JIS B 0192 に規定されている．

---

1) ユニブロック（UniBloc®）は，島津製作所が世界で初めて開発したアルミ一体型質量センサ．ひとかたまりのアルミ合金を精密放電加工し，従来のセンサブロック（70 部品）を一体化（1 部品）し，体積を 1/10 にしたもので，ネジやバネなどを使用していない．その均一構造によって，「応答性」と「温度特性」が格段に向上し，シンプルかつコンパクト化できたことにより「耐衝撃性」が向上した．

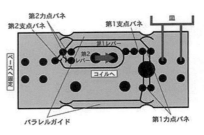

(a) 小型化　　(b) 実物写真　　(c) ユニブロックの名称

図 7.1.3 ユニブロックの外観と説明
（(株) 島津製作所提供）

7.2 力・トルク・ひずみの測定

7.2.1 力の測定

力（force）**の標準**は，質量と同じく分銅である．**力の測定**は，分銅と釣り合わせるほか，弾性体に加える力と変形量（応力とひずみ）が比例する関係，つまり**フックの法則**を使って，その変形量から力を測定することである．

図 7.2.1 は**環状検定器（環状ばね型力計）**で，JIS B 7728 に従ってダイヤルゲージの変位を力に換算する．材料試験は一般に万能試験機（引張・圧縮試験機）を用いる．その試験機は門形梁の底面にアンビル（金敷）を固定し，側面のガイドに支えられた加圧台が油圧ピストンとか電動モータで上下動する．その校正に環状検定器が使われる．

(a) 環状検定器　　(b) 万能試験機による校正

図 7.2.1 環状検定器とその校正風景

図 7.2.2 に示すように材料に引張力（または圧縮力）P が加わると，これに対応する応力 σ が材料内部に生じ，この応力に比例した引張ひずみ（圧縮ひずみ）が発生する．長さ L の材料は $L + \Delta L$（または $L - \Delta L$）に変形する．このときの L と ΔL の割合を**ひずみ**（strain）という．ひずみの単位はなく，百分率で表し，これを**無次元**という．また，ひずみは**伸び率**や**縮み率**ともいわれる．

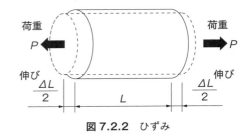

図 7.2.2 ひずみ

一様な棒状物体の圧縮力（引張力）を P [N]，断面積を S [m^2]，長さを L [m]，伸びを ΔL [m]，応力を $\sigma = P/S$ [N/m^2 = Pa]，ひずみを $\varepsilon = \Delta L/L$ とするとき，**ヤング率** E [Pa] は次式で表せる．

$$E = \frac{\left(\frac{P}{S}\right)}{\left(\frac{\Delta L}{L}\right)} = \frac{P}{\varepsilon} \tag{7.2.1}$$

7.2.2 トルクの測定

回転力はその回転軸から作用点までの距離（通常，半径 r [m]）と作用力 $F \sin\theta$ [N] の積で，**トルク**（torque）T [N·m] または**モーメント**（moment）M [N·m] で表現される．数学的には両者の**ベクトルの外積**で，**図 7.2.3** に示すような場合，次式で計算できる．

$$T = M = rF \sin\theta \tag{7.2.2}$$

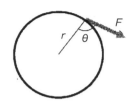

図 7.2.3 トルクの定義

7.2.3 動力（馬力）の測り方

動力（仕事率）は単位時間当たりのエネルギーで，SI 単位では [J/s] で W（ワット）という**固有単位**[2] を用いる．しかし，従来の工学単位の PS（仏馬力：1PS = 735.5 W）は，現在でも自動車などに使われている．

一般に回転機械の動力 P [W] は，トルク T [N·m] と回転数（回転速度）n [rpm] を測定して，次の計算式から求められる．

$$P = 2\pi Tn/60 \tag{7.2.3}$$

動力計（dynamo meter）としては，吸収動力計と伝達動力計がある．吸収動力計の基本構成を**図 7.2.4** に示す．動力吸収部では回転機械の動力を吸収し，そのトルク反力を動力吸収部から伸びた腕に受けて台秤で測定する．F [N] を台秤で測定される力，L [m] を回転軸から腕の支点までの距離としたとき，そのトルク T [N·m] は次式のようになる．

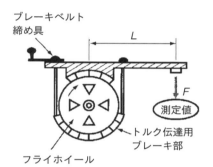

図 7.2.4 プロニーブレーキによるトルク測定

$$T = FL \tag{7.2.4}$$

動力吸収の方法は，木製のブレーキによる摩擦，水の中を回転する回転円板による水の抵抗，磁場中での導体の回転円板による渦電流発生に伴う抵抗などが用いられる．

伝達動力計（transmission dynamo meter）は，原動機と作業機の間の伝達軸のねじれからトルクを測定するものである．ねじれの検出には数種の方法があるが，電気的方法としては，ひずみゲージを用いる方法などがある．しかし，回転している軸のねじれを検出するための工夫が必要であり，ひずみゲージを用いる動力計の場合，スリップリングを用いて出力信号を取り出す．

7.2.4 ひずみの測定

ひずみゲージ（strain gauge）は導体がひずみを受けると電気抵抗が変化することを利用したセン

---

[2] 固有単位とは，SI 単位の中で固有の名称をもつ組立単位のことで，周波数はヘルツ [Hz]，力はニュートン [N]，圧力はパスカル [Pa] というように，仕事率，電力，工率，動力はワット [W] と表される．

サである．ひずみゲージの導体である金属材料は，その金属固有の抵抗値をもっているので，外部から引張力（圧縮力）を加えられると伸び（縮み），その抵抗値は増加（減少）する．金属材料にひずみが加えられたとき R であった抵抗値が ΔR だけ変化したとすれば，次の関係が成り立つ．

$$\frac{R}{R} = K \cdot \frac{\Delta L}{L} = K \cdot \varepsilon \tag{7.2.5}$$

K は**ゲージ率**といい，ひずみゲージ用の抵抗線の材料によって決まる値で，ひずみゲージの感度を表す係数である．一般用のひずみゲージで使われている銅・ニッケル系やニッケル・クロム系合金ではほぼ2である．半導体を用いた半導体ひずみゲージは，100以上のゲージ率の値をもつため感度は高いが，温度特性は抵抗線に比べて悪い．

さて，ひずみゲージの種類には，**箔ひずみゲージ**，**線ひずみゲージ**，**半導体ひずみゲージ**などがある．**図7.2.5**はひずみゲージの構造を示す．箔ひずみゲージの一例で，薄い電気絶縁物のベースの上に格子状の抵抗線またはフォトエッチング加工した抵抗箔を形成し，引出線を付けたもので，これを測定対象物の表面に専用接着剤で接着して測定する．

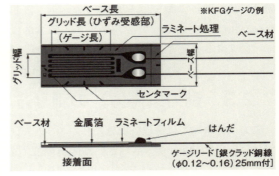

図7.2.5 ひずみゲージの構造
（(株)共和電業提供）

表7.2.1はひずみゲージによる測定例を示す．この表では，1つ，2つ，および4つのひずみゲージを用いた，引張および圧縮応力の測定，曲げ応力の測定，軸ねじれの測定法の事例を示した．ここで，2ゲージ法における ν は**ポアソン比**[3]である．

ひずみゲージの抵抗変化は微小なため，**ホイートストン・ブリッジ**（Wheatstone bridge）**回路**を用いて電圧に変換する．ブリッジ回路の出力電圧 e [V] は，入力電圧 E，ひずみゲージの抵抗値 R_1，その他の抵抗値 R_2, R_3, R_4 としたとき，次式となる．

$$e = \frac{R_1 R_3 - R_2 R_4}{(R_1 + R_2)(R_3 + R_4)} E \tag{7.2.6}$$

ここで，$R = R_1 = R_2 = R_3 = R_4$ とすると，ひずみゲージにひずみが加わっているひずみゲージの抵抗 R が $R + \Delta R$ になり，よって，ひずみによる出力電圧 Δe（変化分）は次式のようになる．

$$\Delta e = \frac{\Delta R}{4R + 2\Delta R} E$$

$\Delta R \ll R$ の場合， \hfill (7.2.7)

$$\Delta e = \frac{\Delta R}{4R} E = \frac{E}{4} K\varepsilon$$

応力は [N/mm²] と記載されるが，この値を9.8倍したものがSI単位の [MPa] となる．

---

[3] ポアソン比（Poisson's ratio, Poisson coefficient）は仏国の物理学者シメオン・ドニ・ポアソンが発見したもので，物体に弾性限界内で応力を加えたとき，応力に直角方向に発生する横ひずみと応力方向に沿って発生する縦ひずみの比のことである．ヤング率などと同じく弾性限界内では材料固有の定数である．

表 7.2.1 ひずみゲージによる測定例
((株) 共和電業提供)

種類		特徴の説明	図
1ゲージ法	引張・圧縮応力の測定	一方向から均一な荷重を受けている柱の表面に，荷重方向に軸を合わせてひずみゲージを1枚接着した場合の応力 σ は 応力 $(\sigma) = \varepsilon_0 \cdot E$ σ：応力 E：縦弾性係数（ヤング率） ε_0：ひずみ また 応力 $(\sigma) = W/A$ W：材料に加えた荷重 A：材料の断面積	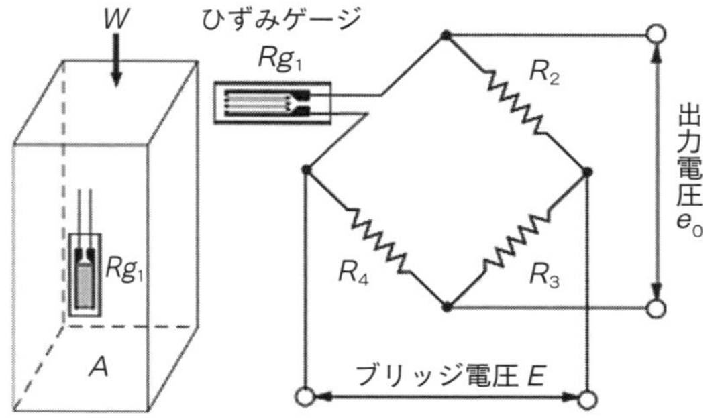
	曲げ応力の測定	一端を固定し他の一端に荷重 W を加えた矩形断面の片持ばりの表面に，ひずみゲージを1枚接着した場合，ひずみゲージ接着位置箇所の表面応力 σ は $\sigma = \varepsilon \cdot E$ ひずみ ε の計算式 $\varepsilon = \dfrac{6WL}{Ebh^2}$ b：はりの幅 h：はりの厚み L：荷重点からひずみゲージ中心までの距離	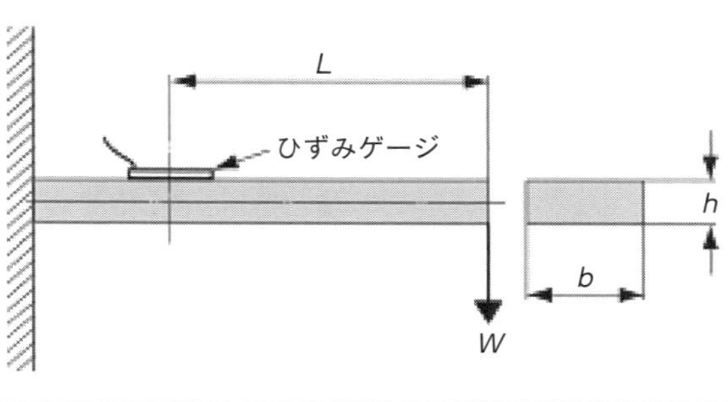
2ゲージ法	引張・圧縮応力の測定	荷重方向と直角にもう1枚ひずみゲージを接着して，ブリッジの隣辺どうしに接続した場合，ポアソン比を ν とすれば，柱の表面応力 σ は 表面応力 $(\sigma) = \dfrac{\varepsilon_0}{1+\nu} \cdot E$ 曲げひずみ消去の目的で柱の対向面にもう1組の2枚のひずみゲージを接着して4ゲージ法とした場合には表面応力 σ は 表面応力 $(\sigma) = \dfrac{\varepsilon_0}{2(1+\nu)} \cdot E$	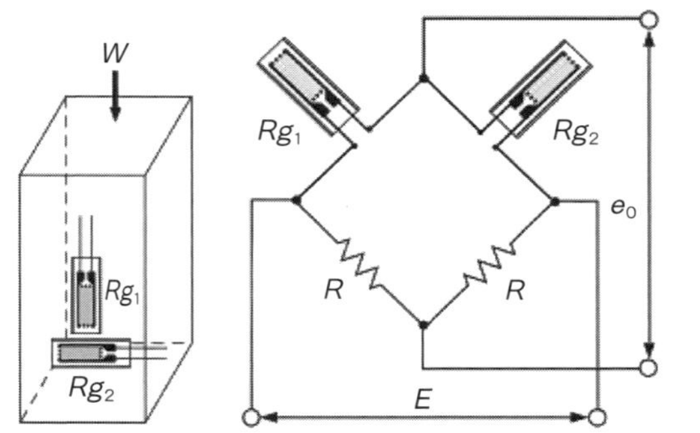
	曲げ応力の測定	表裏の対称位置に接着されたひずみゲージの出力は，絶対値が等しく，符号が逆になる．この2枚のひずみゲージをブリッジの隣辺どうしに接続すれば，曲げひずみに対するブリッジの出力は2倍になり，ひずみゲージ接着位置の表面応力 σ は $\sigma = \varepsilon \cdot E/2$ 2ゲージ法の場合では，はりの軸方向に加えられた力によるひずみゲージの出力は打ち消される．	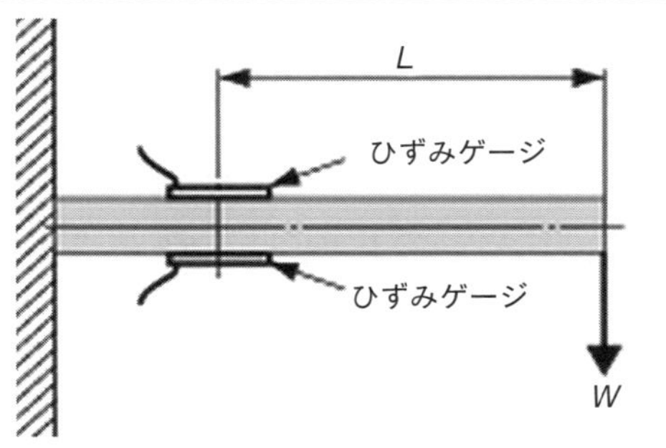
4ゲージ法	軸ひずみ測定	軸ひずみの計測では，曲げモーメントによるひずみを除去する意味で2ゲージ法，4ゲージ法が採用される．引張ひずみと圧縮ひずみを検出するひずみゲージは，右図のように軸心を対称に相対するように配置する．	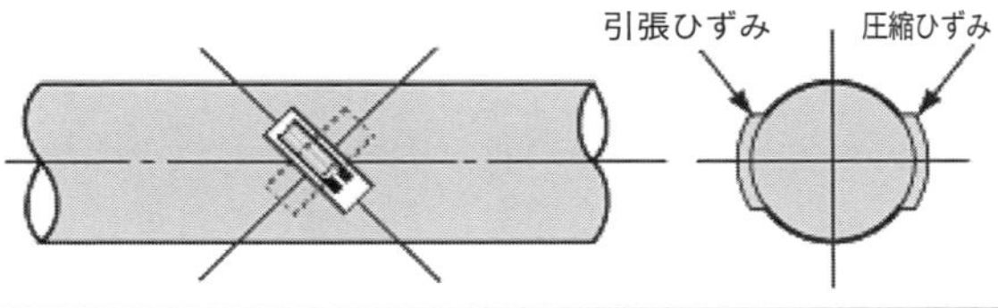

表 7.2.2　ひずみゲージによる変換器例

種類	特徴の説明	図
加速度変換器	走行車両の加速度，車体，機械などの振動をひずみゲージを用いて電気的出力（微小電圧）に変換し，測定目的により，各種測定器に接続し，加速度，振動の測定を行える．小型軽量で，しかもその静動特性が優れている．またX，Y，Z方向を同時に検出できる3軸型もあり，広い応用範囲をもっている．	
加速度変換器	右図の基本構造で，加速度が加わると，重錘に働く慣性力によって板ばねが変形し，その変位量を加速度に比例したひずみ量として，ひずみゲージで検出，増幅することにより加速度を測定することができる．特長として，静加速度（0 Hz）から応答することができる．	
トルク変換器	シャフトのトルクに応じたねじれ量（表面せん断応力）を電気量（電圧）に変換し，スリップリングとブラッシュまたは回転トランスや光伝送によって外部に取り出し，伝達されるトルクを静止状態から高速回転まで正確に，しかも簡単に測定できる．変換素子にひずみゲージを使用しているため，精度・安定度に優れ，厳しい条件下で長時間使用した場合にも，初期の性能をそのまま維持できるので，実験・研究・工業計測用としても幅広く利用できる．	

ひずみゲージを用いた加速度変換器およびトルク変換器を**表 7.2.2**に示す．ひずみゲージを用いてトルクを測る場合，次に説明するロードセルの場合と同じく表7.2.1の4ゲージ法のように，弾性体の棒のねじりをひずみゲージで測定する．棒がねじれると軸に対し45°の方向に圧縮・引張が生じるので，表面に4枚のひずみゲージを接着すると，曲げ成分を打ち消して，ねじりひずみ成分のみ検出される．ねじれ角 θ [°] とトルク T [N·m] は次式のような比例関係にあるので，トルクが測定できる．

$$\theta = 32LT/(\pi d^4 G) \tag{7.2.8}$$

ここで，L は棒の長さ [m]，d は棒の直径 [m]，G [Pa] は**横弾性係数**（modulus of transverse elasticity）である．

上述の電気抵抗ひずみゲージによるひずみ測定方法は，日本非破壊検査協会規格 NDIS 4402 で規定されている．

7.2.5　ロードセル

ひずみゲージを用いた質量計用ロードセルを通常，**ロードセル**（loadcell, JIS B 7612）という．ロードセルには，各産業界で広く応用できるように，圧縮用，引張用，爆発危険度の高い液体，ガス，粉体などの雰囲気で使用できる防爆型，圧延圧下力を測定するワッシャ型などがある．実験研究での

表7.2.3 ロードセル（荷重変換器）の種類

種類	直線はり受感形	曲げ受感形	中空円筒受感形	せん断受感形
構造図				

一般的な力の測定からタンク，ホッパ，圧延機，車両などの重量（質量）測定，制御などの検出器として広く利用できる．ひずみゲージを**力センサ**として用いるには，弾性体の表面にひずみゲージを接着し，弾性体に加わる力によるひずみを測定して求める．**表 7.2.3** に各種の荷重計（ロードセル）の特徴や原理図を示す．

図 7.2.6 は，軟鋼（C：0.12～0.25%）を引張試験したときの応力-ひずみ曲線を示す．OE の間は弾性変形領域であり，E 点を**弾性限界**という．弾性限界内では，負荷を除くと試験片の寸法はまったく元に戻り，永久ひずみは生じない．応力-ひずみ曲線が直線から外れた点が**比例限界** P 点であり，OP 間では**フックの法則**が成り立つ．一般に P 点は E 点よりやや低い．E 点を越えると，軟鋼とアルミニウムや銅などの非鉄金属とでは異なる挙動を示す．軟鋼では，ピークの**上降伏点** Y_1 が現れ，負荷一定の状態で伸びが進む．この領域は，材料が弾性変形から塑性変形に移行する部分で，**降伏現象**（yield）と呼ぶ．Y_1 を過ぎ，いくつかの山谷の最終点を**下降伏点** Y_2 という．アルミニウムでは鋭い降伏状態は見られない．実用上は降伏点を弾性変形の限界と見なし，軟鋼では上降伏点を，アルミニウムでは**永久ひずみ**が 0.2% 残る点（$\sigma_{0.2}$）を降伏応力とし，一般に**耐力**と呼ぶ．その後，曲線は最高点 M を通過し，試験片は中央部で細くなり，くびれて，断面積が小さくなり，荷重は低下し，破断点 T に至る．M 点での応力を単に**引張強さ**（tensile strength）という．これを軟鋼の最大引張応力といい，材料記号 SS400 の 400 は引張強さ [Pa = N/m²] を表す．

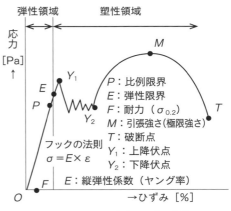

図 7.2.6 軟鋼の応力-ひずみ曲線図

7.3 圧力の測定

気中，液中にある物体の面に対して常に垂直・均等にかかる力，あるいは単位面積当たりにかかる力を**圧力**（pressure）という．圧力はスカラ量である．

7.3.1 圧力の単位

国際単位では，1［Pa（パスカル）］= 1［N/m²］で表される．以前は**表7.3.1**に示すようにさまざまな単位表現があったが，現在はSI単位に統一されている．

図7.3.1は大気圧[4]について示す．**通常大気圧**（atmospheric pressure）は「1気圧」といわれるが，標準大気圧は101.3［kPa］（760［mmHg］，1,013［mb：ミリバール］）である．圧力は1気圧を基準にして測定するので，**正のゲージ圧**[5]，**負のゲージ圧**に分けて扱う．

表7.3.1 圧力単位の換算表

圧力単位	パスカル Pa N/m²	バール bar 10⁶ dyn/cm² 10⁵ N/m	トル torr mmHg
1 Pa 1 N/m²	1 Pa	10⁻⁵ bar	7.50062 × 10⁻³ torr
1 bar 10⁶ dyn/cm² 10⁵ N/m²	10⁵ Pa	1 bar	7.50062 × 10² torr
1 torr 1 mmHg	1.33322 × 10² Pa	1.33322 × 10⁻³ bar	1 torr
1 atm 760 mmHg	1.01325 × 10⁵ Pa	1.01325 bar	7.60000 × 10² torr
1 kgf/cm²	9.80665 × 10⁴ Pa	9.80665 × 10⁻¹ bar	7.35561 × 10² torr
1 psi	6.89655 × 10³ Pa	6.89655 × 10⁻² bar	5.17284 × 10 torr

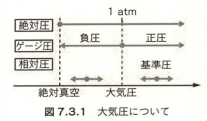

図7.3.1 大気圧について

7.3.2 圧力計の種類

圧力計は**液体圧力計**と**弾性体圧力計**に大別される．前者は連結した管の液面の差を測るもので，その液体は非圧縮性で物理・化学的に安定した水銀，油，水などが用いられる．弾性体圧力計は弾性体の変形を利用して，その圧力差による変位量で圧力を測定するものである．**表7.3.2**にU字管圧力計，単管圧力計，傾斜管圧力計，ブルドン管圧力計，ダイアフラム圧力計，ベローズ圧力計，空ごう（金）圧力計といった各種の圧力計の特徴を示す．

---

[4] 大気圧とは大気の圧力のこと．標準大気圧（1 atm）は高さ760 mmの水銀柱による圧力に相当する．
[5] ゲージ圧力とは，大気圧を基準にして表した圧力の大きさ．大気圧より高い圧力を"正圧"，低い圧力を"負圧"という．

表 7.3.2 圧力計の種類

種類		特徴の説明
液体圧力計	U字管圧力計	最も基本的な圧力計で，右図に示す構造で，次式で圧力を求めることができる． $P_1 - P_2 = \rho g h$ ρ：液体の密度 g：重力加速度 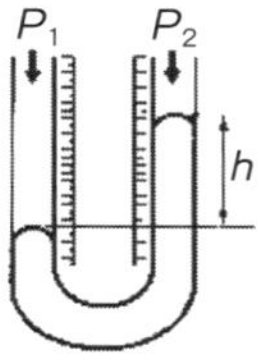
	単管圧力計	U字管圧力計の片方の管を太くし，その液面の変位を無視できる程度に小さくしたもの．圧力は次式の h を単管の液面変位とする．液槽の液面変位 h' は誤差要因となるが，$S_2 \fallingdotseq S_1/1000$ とすれば，その誤差は 0.1% $h' = S_2 h/S_1$ 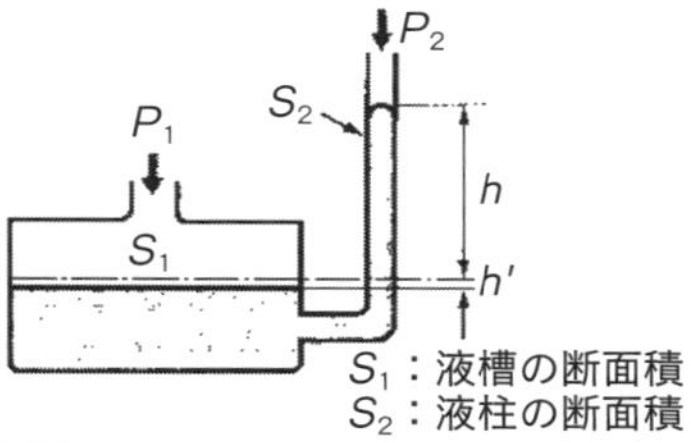
	傾斜管圧力計	低い圧力を測定するに適した圧力計で，右図に示すとおり単管を斜めに傾けた構造で，h' も計算に入れると，次式のようになる． $P_1 - P_2 = \rho g l (S_2/S_1 + \sin\alpha)$ 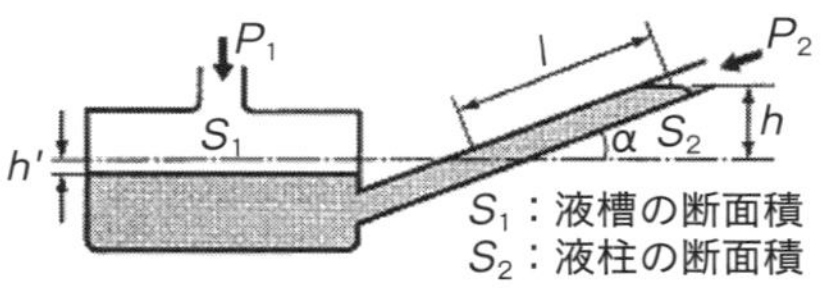
弾性体圧力計	ブルドン管圧力計	弾性金属のブルドン管（偏平管）を半円状にして，その中に油などを詰めたもので，その油に圧力がかかるとパイプが伸びて圧力を計測できる． 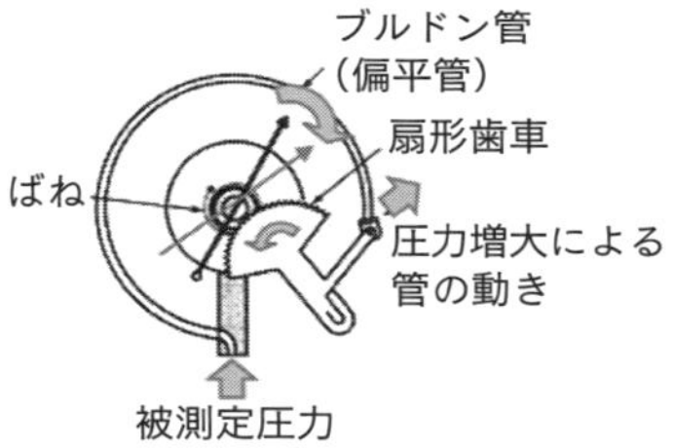
	ダイアフラム圧力計	ダイアフラムとは隔膜の事で，圧力で隔膜が膨らんだり凹んだりする度合いを読み取るもので，大きな変位を得られないので測定範囲が狭いが，粘性液体にも用いる． 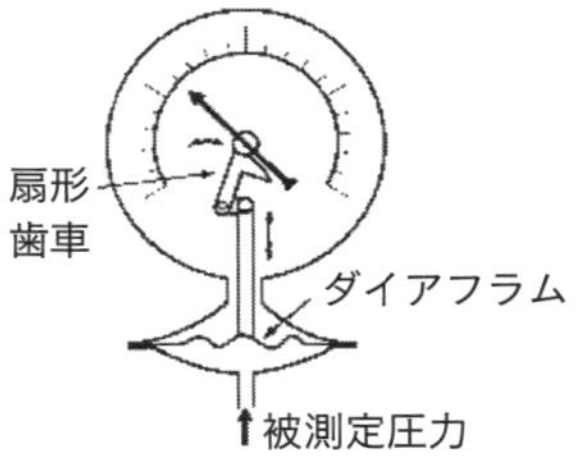
	ベローズ圧力計	ダイアフラム圧力計に類似しているが，ダイアフラム圧力計より測定範囲が若干広い反面，応答速度が劣る． 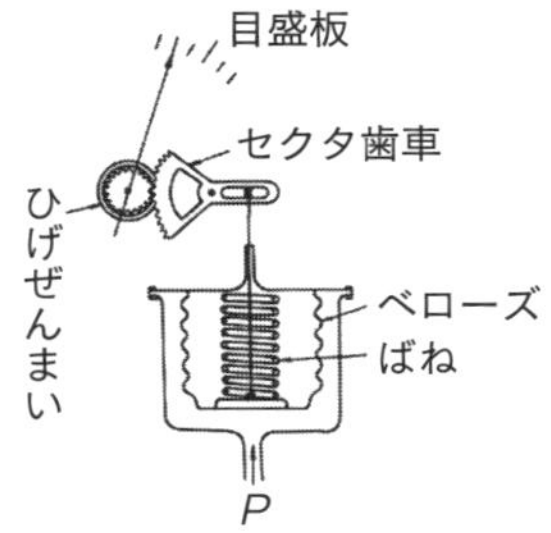
	空ごう（金）圧力計	2枚のダイアフラムを貼り合わせた空ごうの中に圧力を加えると，それがふくれ，その変位量で圧力を測定できる．計器ダイアフラム圧力計より低い圧力を測定でき，気圧計として利用される． 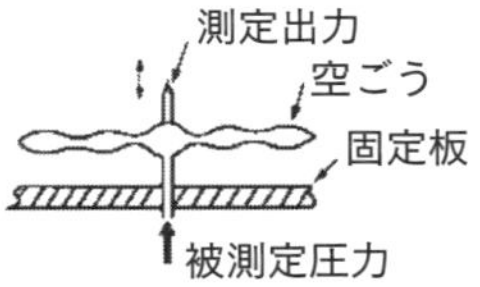

7.3.3 圧力変換器

一般に，**圧力発信器**または**圧力伝送器**とも呼ばれ，**電子式**と**空気圧式**のものがある．**電子式圧力変換器**の受圧素子は**ダイアフラム**が多く用いられており，圧力を電気量に変換する素子として静電容量または半導体ストレインゲージ式が主流となっている（**表 7.3.3**）．それは受圧素子の変位が極めて小さくて済み，精度の向上が図られるためである．

表 7.3.3 圧力変換器の種類

種類	特徴の説明	図
静電容量式	ダイアフラム面とベース面に電極を加工し，コンデンサを形成する．ダイアフラムに圧力が加わると電極間距離が変化し，コンデンサの静電容量が変化する．この変化量を測定して出力信号に変換する．	
半導体ストレインゲージ式	受圧部（圧力によって変形する部分）にストレインゲージのブリッジを形成し，接液ダイアフラムに圧力を加えると受圧部が変形し，ストレインゲージに張力（または圧縮力）を与える．ストレインゲージの抵抗値はこの張力（または圧縮力）により変化するため，その抵抗値を測定して出力信号に変換する．	
固有振動式	圧力受圧部に振動子を形成し，接液ダイアフラムに圧力を加えると受圧部が変形し，振動子に張力（または圧縮力）を与える．振動子の固有振動数はこの張力（または圧縮力）により変化するため，振動子の振動数を測定して出力信号に変換する．	

7.4 密度の測定

7.4.1 密度とは

密度（density）のSI単位は［kg/m^3］である．水の密度は4［℃］のとき0.999972［g/cm^3］である．**図 7.4.1** に示すように**真密度**（true density），**見かけ密度**（apparent density），**かさ密度**（bulk density）など，定義の異なる複数の密度が存在する．**真密度**とは，固体自身が占める体積だけを密度

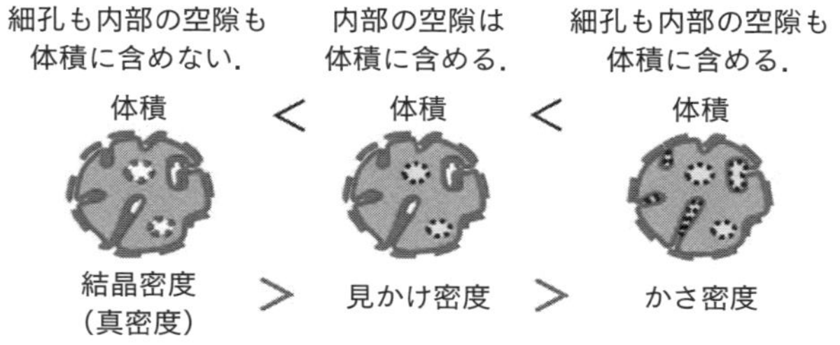

細孔も内部の空隙も体積に含めない．　　内部の空隙は体積に含める．　　細孔も内部の空隙も体積に含める．

体積　＜　体積　＜　体積

結晶密度（真密度）　＞　見かけ密度　＞　かさ密度

図 7.4.1　固体，粒子の密度

算定用の体積とする密度のことである．この体積には，表面細孔や内部の空隙を含まない．**見かけ密度**とは，固体自身と内部空隙を体積とした場合の密度のこと，**かさ密度**とは，固体自身，細孔と内部空隙を体積とした場合の密度のことである．

7.4.2　密度の測定

(1) 固体，液体の密度

表 7.4.1 は固体，液体の主な密度の測定方法を示す．主に，**比重**[6] びん法，水中秤量法，浮秤法，連通管法などがある．

・液体の比重

液体の比重 d を求める式は，M：浮秤の質量，m：標線まで沈めるに要する分銅（水中），m'：標線まで沈めるに要する分銅（試料液体中）としたとき，次式で求められる．

$$d = (M + m')/(M + m) \tag{7.4.1}$$

・固体の比重（水中測定）

固体の比重 d を求める式は，m_1：試料なしのときの秤量，m_2：分銅皿に試料を載せたときの秤量，m_3：吊りかごに試料を入れたときの秤量としたとき，次式で求められる．

$$d = (m_1 - m_2)/(m_3 - m_2) \tag{7.4.2}$$

(2) 気体の密度

気体の密度 ρ [kg/m^3] は標準状態（0 [℃]，1 [atm]）における体積 1 [m^3] の気体の質量 [kg] である．次式の**ボイル-シャルルの法則**が成り立つので，温度と圧力を測定しておけば，標準状態への換算は容易である．

$$PV = RT \tag{7.4.3}$$

ただし，P：気体の圧力 [Pa]，V：1 モルの気体の体積 [m^3/mol]，T：絶対温度 [K]，R：気体定数（= 8.314472 [J/(mol·K)]）．

代表的な気体の密度を表 7.4.2 に示す．もちろん，この表の値は標準状態での密度である．また，空気は酸素 1 と窒素 4 の混合気体であるから，

$$\rho = (1.429 + 1.25 \times 4)/5 \fallingdotseq 1.29 \text{ [kg/m}^3\text{]}$$

---

[6] 比重（specific gravity）とは，ある物質の密度と基準となる標準物質の密度との比である．単位は無次元量である．

表 7.4.1　固体，液体密度の測定法

種類	特徴の説明	図
比重びん法	精度よく試料液体の体積を量るため，細い首の部分を設け，そこで計量する．左の比重びんは一定の体積の液体を量るため，目盛線が1本だけある．	（目盛線，目盛部）
水中秤量法	固形試料の場合，水中で浮力を利用して秤量し，別途空気中での秤量値から差し引いて，水の密度で補正し，次式で密度が得られる． 密度 $= M/V$ $= M\rho w/(M - M')$	
浮秤（ニコルソン）法	浮きの上部に分銅皿を設置し，液中下部に吊りかごを付けた構成で，液体および固体の比重を測定する．	（分銅と皿，吊りかご）
連通管法	$\rho_2 = \rho_1 h_1 / h_2$ ρ_1：標準液体の密度 ρ_2：試料（液体）の密度 h_1：標準液体の液柱の高さ h_2：試料（液体）の液柱の高さ	（真空に引く，標準液体，試料液体）

表 7.4.2　標準状態における各種気体の密度（単位 kg/m^3）

気体	ρ	気体	ρ
酸素 O_2	1.429	キセノン Xe	5.887
窒素 N_2	1.250	硫化水素 H_2S	1.539
水素 H_2	0.0899	一酸化炭素 CO	1.250
ヘリウム He	0.1785	二酸化炭素 CO_2	1.977
ネオン Ne	0.900	アンモニア NH_3	0.771
アルゴン A	1.784	アセチレン C_2H_2	1.173
クリプトン Kr	3.739	メタン CH_4	0.717

8章 温度・湿度・熱量の測定

8.1 温度の測定

8.1.1 温度とは

温度(temperature) とは，分子の運動エネルギーの大きさを示すものであり，歴史的には温度計測は気体や液体の熱膨張を利用した機械的な構成であった．近年では工業的な使用温度範囲は従来の機械式温度計の測定範囲を超えた，より極低温から超高温に広がりつつある．そしてさらに測定精度に対する厳しい要求から，機械式から電子式センサへの開発が進んでいる．

一方で測定精度の向上からセンサごとの絶対値のズレが無視できなくなり，国際標準で実用的な**国際実用温度目盛**が定められた．これが日常使われているすべての温度基準となっている．現在，**温度単位**には［F］: **華氏**(Fahrenheit)，［℃］: **摂氏**(Celsius)，［K］: **ケルビン温度**(Kelvin temperature) あるいは**絶対温度**(absolute temperature) がある．

温度情報そのものが計測における重要な測定項目であり，温度管理は高精度計測技術において重要である．**温度計**は体積または圧力が温度によって変化する物理的性質を利用し，**膨張式**と**圧力式**がある．また，別の分類として温度計は，測定対象物に温度計を接触させ，測定対象物と温度計を同一の温度として温度を測定する**接触式**と，測定対象物から放射される熱放射の強さから測定する**非接触式**とに大別される．接触式の代表として液柱温度計がある．以下に見てみる．

8.1.2 液柱温度計

液柱温度計(liquid column thermometer) の代表が図 8.1.1 に示すガラス管温度計である．温度計の水銀はガラスに付着しないので精度がよく，熱伝導度が大きく応答が速いので，− 35［℃］〜 360［℃］間の精密測定に使用される．石英ガラス管に水銀・不活性ガスを封入したものは 750［℃］

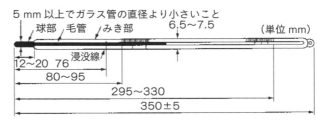

図 8.1.1 ガラス管温度計

まで測れる．− 100［℃］〜＋ 100［℃］までは，赤色に着色したアルコール（実際には軽油）温度計が一般的である．しかし，液がガラスに付着するので精度はよくない．

8.1.3 各種の温度計

液柱以外の接触式各種方式の温度計を**表 8.1.1** に示す．異種金属をはり合わせてそれぞれの熱膨張率の違いによる形状の変化から温度を測定する**バイメタル**(bimetal) をはじめ，感温部の熱膨張を圧

表 8.1.1 各種方式の温度計

種類	説明	図
バイメタル式温度計	膨張係数の異なる2種類の金属薄板を貼り合わせたもので，温度による変形で指針を動かす．	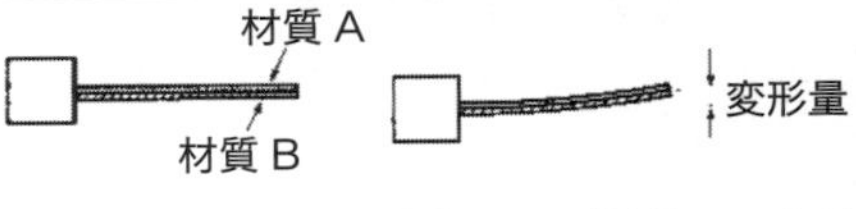 (a) 基準温度　(b) 昇温（材質Bの方が膨張率大）
液体充満式温度計	容器に水銀などの非圧縮性の液体を密封し，体積変化をブルドン管などで圧力変化として計測する方式．10 [m] 程度の遠隔指示が可能である．封入液体は水銀，エタノール，ケロシンなど．	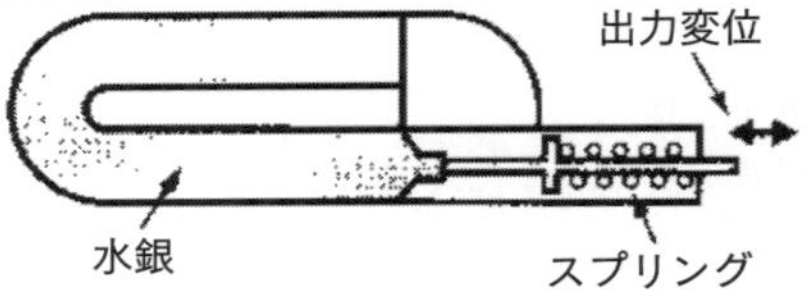
蒸気圧式温度計	液体の飽和蒸気圧の急激な変化を利用して温度を計測する方式．液体と気体の境界面の温度で蒸気の圧力が決まるので測定箇所を限定できるが，目盛が不等間隔で測温範囲が狭い．封入液体はトルエン，エタノール，プロパン，n-ブタンなど．	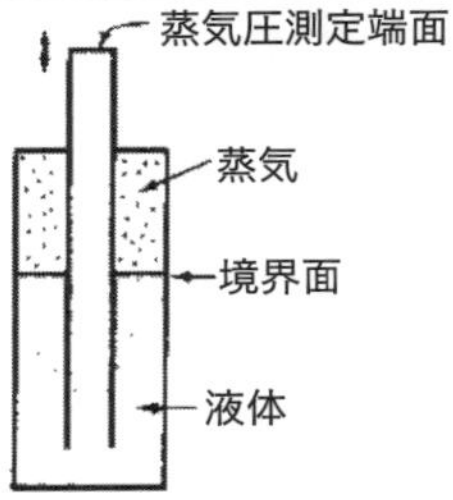
熱電温度計	熱電対を検出端子として使用する温度計．原理は，右図に示す2種類の金属導体の両端を接続した閉回路の両端に温度差を与えると回路に電位差が生じ，それによって電流が流れる現象（ゼーベック効果）を利用．	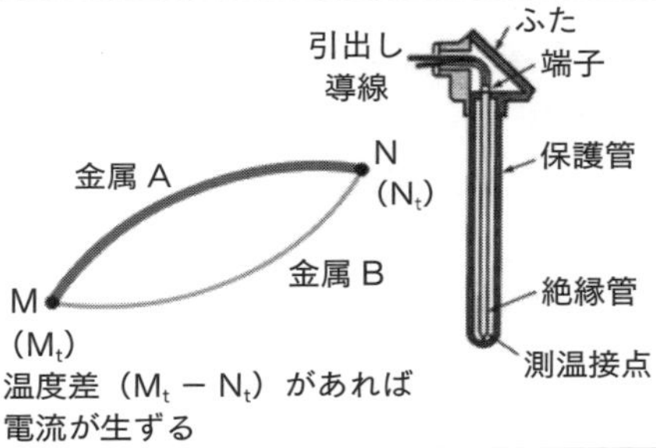 温度差 ($M_t - N_t$) があれば電流が生ずる
抵抗温度計	原理は，導体または半導体の電気抵抗が温度によって変わることを利用．$-200 \sim 600$ [℃] の温度範囲において，すべての温度計のなかで最も精度がよい．温度計測・制御にも適するので，広く用いられる．	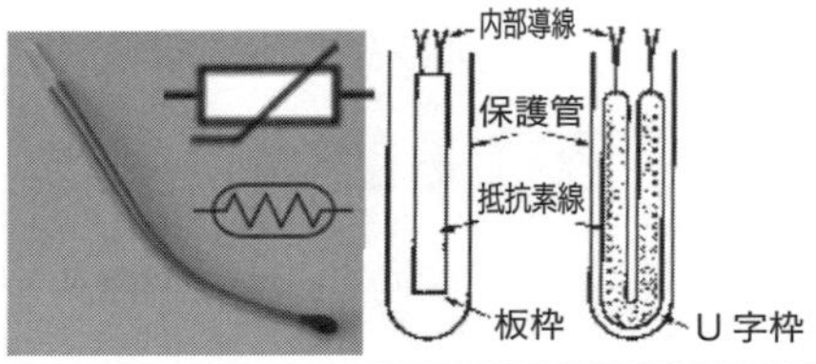

力変化に変えて測定する**充満式温度計**（filling type thermometer），また，2種類の材質の異なる金属線の先端を接続し，その先端と他端の温度差によって熱起電力が発生する原理を利用して測定する**熱電対**（thermocouple），金属の酸化物を焼結した素子で，温度の変化によって抵抗値が大きく変化する特性を利用する**サーミスタ**（thermistor），一般に金属の電気抵抗が温度に比例して増加する性質を利用する**測温抵抗体**（RTD：Resistance Temperature Detector）などがある．以下，温度センサについて見てみる．

8.1.4 温度センサの種類

温度センサ（temperature sensor）は，センサの中でも最も古くから用いられているものである．家電製品の温度制御や化学工場での温度計測だけでなく，水位，湿度，流速，圧力などの計測制御に

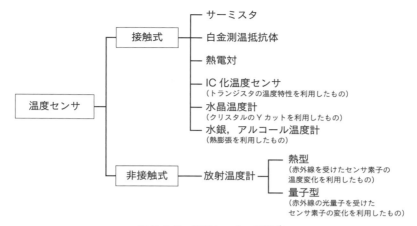

図 8.1.2 温度センサの種類[1]

も用いられている．

温度センサは，その測定方式から，**図 8.1.2** に示すように**接触式**と**非接触式**とに分けられる．**接触式**は，直接物体に接触して測定する方式で，センサの構成が簡単で広く用いられている．主な代表例としては，**サーミスタ**，**白金測温抵抗体**，**熱電対**がある．**非接触式**は，物体から放射される赤外線を測定し，その赤外線の量から物体の温度を測定する方式で，センサの構成は複雑である．代表的なものが**放射温度計**である．

8.1.5 接触式温度センサ

(1) サーミスタ

サーミスタ（thermistor）は一種の電気抵抗体であり，温度変化に応じて電気抵抗が変化することを利用した感温半導体である．サーミスタは，抵抗温度変化特性の直線性が悪く測定精度も低いが，

表 8.1.2 さまざまなサーミスタ形状

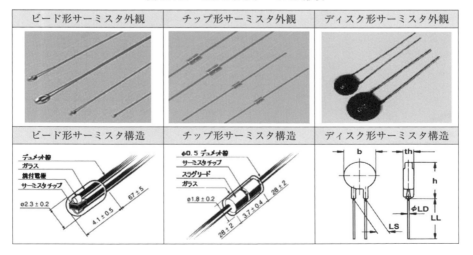

---

1) ライン電機（株）http://www.line.co.jp/senserbook/thermo/index.htm

小型で白金抵抗体の10倍くらい感度が良いので,温度センサとしては現在最も広く実用されている.サーミスタの主な材料は,Mn,Ni,Co などの金属酸化物を主成分とした半導体で,これを高温で焼結して,セラミック・サーミスタとする.

形状は,ビード形,チップ形,ディスク形がある.さまざまなサーミスタ形状を **表 8.1.2** に示す.

規格は JIS C 1611 を参照のこと.特性(種類)は **表 8.1.3** に示すように,温度が大きくなると特定温度で抵抗が急増する **PTC**,急減する **CTR**,指数関数的に減少する **NTC** がある.PTC は広い温度範囲の温度センサとしては使用できないが,NTC に比べて温度係数が 1 桁近く大きいので,定温温度センサとして利用されている.また,ある温度で内部抵抗が急変する特性を利用した CTR もある.

PTC は特異な抵抗温度特性から,電子ジャー,電気こたつ,乾燥機,ドライヤなど多くの工業製品の温度センサとして用いられている.サーミスタの調理器への使用例と具体的なサーミスタの構成,特徴,仕様例を **表 8.1.4** に示す.

表 8.1.3 サーミスタの種類と特性[2]

種類	特性	使用温度範囲	特性カーブ	備考
NTC	温度上昇とともに抵抗値が減少する負の温度係数.	−50〜400 [℃]	(抵抗が温度とともに減少する曲線)	各種温度測定
PTC	温度上昇とともに抵抗値が増大する正の温度係数(スイッチング特性).	−50〜150 [℃]	(抵抗が温度とともに増大する曲線)	温度スイッチ
CTR	ある温度で内部抵抗が急変する負の温度係数(スイッチング特性).	−50〜150 [℃]	(抵抗が温度とともに急減する曲線)	温度警報

表 8.1.4 さまざまなサーミスタ形状[3]

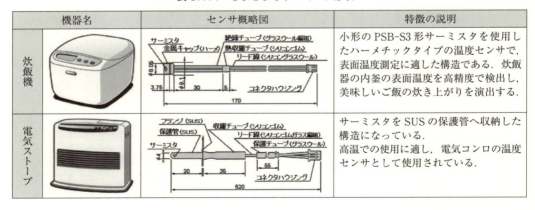

[2] ライン精機(株) http://www.line.co.jp/senserbook/thermo/index.htm
[3] (株)芝浦電子 http://www.shibaura-e.co.jp/products/elements_index_j.htm

(2) 白金測温抵抗体

図 8.1.3 に示す金属の抵抗を測って温度を求める温度センサを**測温抵抗体**（RTD）と呼ぶ．その中でも，化学的に安定で，しかも高純度のものが得られやすい**白金抵抗温度センサ**は，JIS C 1606 に規定されて標準温度計に用いられているほどである．白金の細線をコイル状に巻いたものが多く，外形が他のセンサに比べると大きくなるのが欠点であるが，蒸着等の方法で小型化したものも製品化されている．

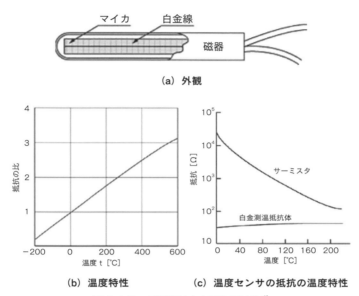

(a) 外観

(b) 温度特性　　(c) 温度センサの抵抗の温度特性

図 8.1.3 保護管付白金測温抵抗体[4]

(3) 熱電対

熱電対（thermocouple）は**図 8.1.4** に示すように 2 種類の金属で回路をつくり，その 2 つの接合点を異なる温度に保つと熱起電力が生じ，電流が流れる**ゼーベック効果**（Seebeck effect）の原理を利用した温度センサ（**図 8.1.5**）である．熱電対では原則として，測温接点と基準接点との間の熱起電力を測定する．測温接点の温度を知るためには，基準接点の温度を一定にする必要があり，一般に基準接点の温度をゼロにとって起電力が定義される（**表 8.1.5**）．

熱電対の特長として，①比較的安価で入手しやすい，②測定方法が簡単で精度が高く，測定時間の遅れも比較的小さい，③サーミスタ等よりも広い温度範囲の測定を可能とする，④感度や寿命等の状況に応じて種類や線径を選ぶことができる，⑤小さな測定物や狭い場所の測温を可能とする，⑥測定物と計

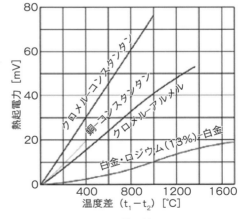

図 8.1.4 熱電対の原理

---

4) ライン精機（株）http://www.line.co.jp/senserbook/thermo/index.htm

温度差（Mt−Nt）があれば電流が生ずる

図8.1.5 さまざまな熱電対の起電力の温度特性[5]

表8.1.5 熱電対と使用温度（JIS C 1602）

記号（旧）	＋脚	−脚	使用温度範囲（[℃]）
K（CA）	クロメル	アルメル	−200～1000
E（CRC）	クロメル	コンスタンタン	−200～700
J（IC）	鉄	コンスタンタン	−200～600
T（CC）	銅	コンスタンタン	−200～300
R（PR）	白金・ロジウム13%	白金	0～1400
S（−）	白金・ロジウム10%	白金	0～1400
B（−）	白金・ロジウム30%	白金	300～1550

※クロメル＝ニッケル・クロム合金
　アルメル＝ニッケル・アルミニウム合金
　コンスタンタン＝ニッケル・銅合金

器間との距離を大きく取ることができ，回路の途中に局部的な温度変化を生じても測定値にほとんど影響を与えることがない，といったことが挙げられる．

8.1.6　熱放射を利用した放射温度計の原理

熱放射（thermal radiation）を利用した放射温度計の種類，原理，検出器（センサ）の種類を**表8.1.6**に示す．放射温度計は，測定物に非接触で熱放射量を測定して温度を計測するもので，**広帯域放射温度計**，**狭帯域放射温度計**，**2色温度計**，**パターン放射計**に分類される．この放射温度計には，ⓐ遠くから測定できる，ⓑ動いている物体の温度も測定できる，ⓒ温度を測ろうとする対象に外乱を

表8.1.6 放射温度計の種類

分類	原理	検出器
広帯域放射温度計	熱電形	サーモパイル（TE）：サーミスタ（TC）：焦電素子
狭帯域放射温度計	光電形	光電管・光電子増倍管（PE）：PbS, GeAu, InSb（PC）：Si, InAs, InSb, HgCdTe（PV）
	光高温計形	光電子増倍管（PE）：肉眼
2色温度計	可視2色 赤外2色	Si（PV）：光電子増倍管（PE） PbS（PC）
パターン放射計 （1次元，2次元）	機械走査式 電子走査式	サーミスタ（TC）：InSb（PC, PV）：GeAu, HgCdTe（PC） 赤外CCD，ショットキーバリア素子（PV）：赤外ビジコン

※ TE：熱起電力，TC：熱導電，PV：光起電力，PC：光伝導，PE：光電効果

---

5) ライン精機（株）http://www.line.co.jp/senserbook/thermo/index.htm

与えずに測定できる，ⓓ一般に遅れが小さい，といった利点がある．しかし，測定物体の放射率や大気吸収などの影響を受けるので，注意を要する．

ここで，熱放射について簡単に見ておく．熱放射とは，ボルツマン分布に従う熱エネルギーがある空間から別の場所に移動する伝熱現象の1つで，特に熱が電磁波として運ばれる現象をいう．気体，液体または固体を構成する原子，分子，イオンまたは電子は，熱平衡状態においては，熱放射は，輻射ともいわれ，**輻射の放射**（emission of radiation）と**輻射の吸収**（absorption of radiation）をいう．

熱放射の基礎理論は，プランクの法則で，後述の**黒体**（black body）という仮想物体について，熱放射の温度と波長による関数で説明する式を式 (8.1.1) に示す．すなわち，黒体から輻射される電磁波の分光放射輝度 $I(\nu, T)$ は周波数 ν と温度 T の関数として，放射面の単位面積，立体角，周波数当たりの**放射束**[6]を表し，h はプランク定数 $6.626070040 \times 10^{-34}$ [Js]，k はボルツマン定数 $1.3806485 \times 10^{-23}$ [JK^{-1}]，c は光速度 $299{,}792{,}458$ [m/s] としたとき，

$$I(\nu, T) = \frac{2h\nu^3}{c^2} \frac{1}{e^{h\nu/kT} - 1} \tag{8.1.1}$$

と表せる．また，分光放射輝度は波長 λ の関数として次式のように表される．

$$I'(\lambda, T) = \frac{2hc^2}{\lambda^5} \frac{1}{e^{hc/\lambda kT} - 1} \tag{8.1.2}$$

ここで波長と周波数は $\lambda = c/\nu$ という関係式によって結びついている．この関数は $hc = 4.97\lambda kT$ の位置にピークをもつ．プランクの放射則に基づいて，物体の温度と放射エネルギーの関係をグラフにすると**図 8.1.6** のようになる．この図から，物体の温度が高いほど短波長の光が多く放射され，温度が低いほど長波長の光が多く放射されることがわかる．つまり，高温の物質を測定する場合は短い波長を，低温の場合は長い波長を利用すると，より精度のよい測定ができることがわかる．

このプランクの理論式が成り立つ理想的な熱放射体を**黒体**という．実在する物体は，これより弱い放射しかなく，実際の物体の熱放射の理論値に対する割合を**放射率**という．

放射率＝（実際の熱放射）/（プランクの熱放射理論値）

熱放射はどんな物体でも起こる本質的な現象だが，その強度は，物質の種類や表面状態に依存する．

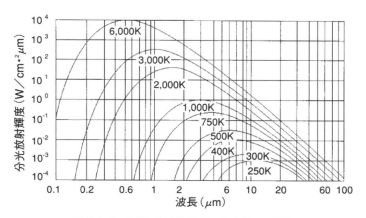

図 8.1.6 物体の温度と放射エネルギーの関係

---

[6] 放射束（radiant flux）とは，ある面を時間あたりに通過する放射エネルギーを表す物理量で，SI単位はワット [W] である．

熱放射と熱吸収とは関係があり，同じ割合でおこる．すなわち，熱放射しやすい物体はそれと同程度に熱吸収しやすい（**キルヒホッフの法則**）．熱放射と熱吸収の割合である放射率と**吸収率**（absorption rate）は同じで，次の関係がある．

$$放射率 = 吸収率$$

放射率が"1"である理想物体が「黒体」であり，黒体の吸収率は"1"である．日向に置いた黒い布は太陽熱を吸収しやすいと同時に熱放射もしやすい．つまり，熱しやすく冷めやすい．

8.1.7　熱放射を利用した放射温度計（非接触温度計）

熱放射を利用した各種の**放射温度計**（radiation thermometer）の概要を**表 8.1.7** に示す．放射温度計には**赤外線センサ**が不可欠である．ここで，赤外線とは**図 8.1.7** に示すように，電波や可視光線，紫外線と同様に電磁波の一種で，可視光線の長波長側（波長約 0.78 [μm]）より大きい波長をもち，肉眼では見えない．波長の上限は明確な定義はないが，約 1 [mm] 程度とされ，一部マイクロ波の領域と重なる波長をさす．

(1) 赤外線センサ

赤外線センサ（infrared sensor）の歴史は，ハーシェル（W.Herschel，英）が赤外線の存在を証明する実験（1800 年）に用いた水銀温度計に始まる．

赤外線センサとは，赤外領域の光を受光して，受けた光を電気信号に変換し，必要な情報を取り出して応用するセンサである．赤外線センサは動作原理により，**熱型赤外線センサ**と**量子型赤外線センサ**とに分けられる．**図 8.1.8** に赤外線センサの種類を示す．

熱型赤外線センサは，感度，応答速度は低いが，波長帯域が広く，常温で使用できて使いやすいという特徴がある．量子型赤外線センサについては，検出感度が高く，応答速度が速いなどの特徴をもっている．

熱型赤外線センサは，赤外線のもつ熱効果によってセンサが暖められ，素子温度の上昇によって生ずる素子の電気的性質の変化を検知するものである．このセンサは，古くから赤外分光器用として実用されてきた．熱型赤外線センサには，熱起電力効果を中心としたサーモパイル，それに焦電効果を中心とした PZT（ジルコル酸チタン酸鉛），LiTaO₃（タンタル酸リチウム）などがある．**表 8.1.8** は熱型赤外線センサの種類とその特徴を示す．

量子型赤外線センサは，赤外線を受けるセンサ素子が赤外線の光量子（フォトン）によって直接励起され，この励起によって生じるセンサ素子の抵抗や電圧などの電気的な性質または量の変化を電気信号として出力する．赤外線に対する感度は**熱型**に比べてさらに高いが，高感度を得るためには素子

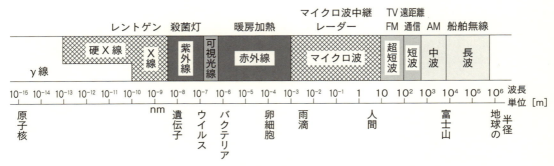

図 8.1.7　電磁波の波長

表 8.1.7　放射温度計の概要

種類		説明	図
狭帯域放射温度計	光高温計	プランクの法則を用いた熱放射と温度との関係から，標準光源の放射量との比較によって高温物体の温度を測定する．標準光源の輝度と赤色フィルタを通した高温物体の輝度とを一致させて温度を測定する．	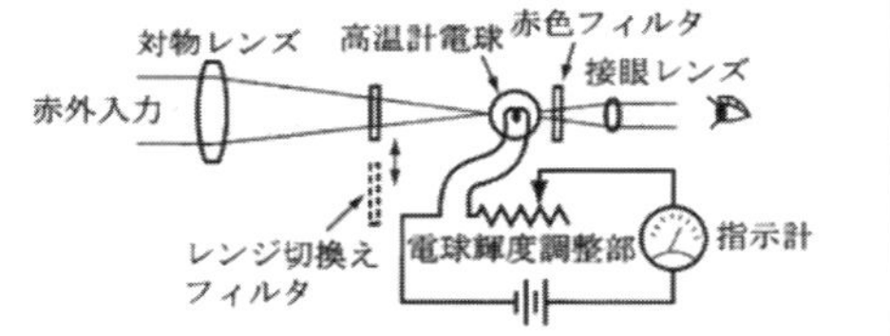
	シリコン放射温度計	シリコン光電素子を検出器として可視域から近赤外域 0.6 ～ 0.96［μm］を中心に計測する．高速で移動する 400［℃］の測定が可能．	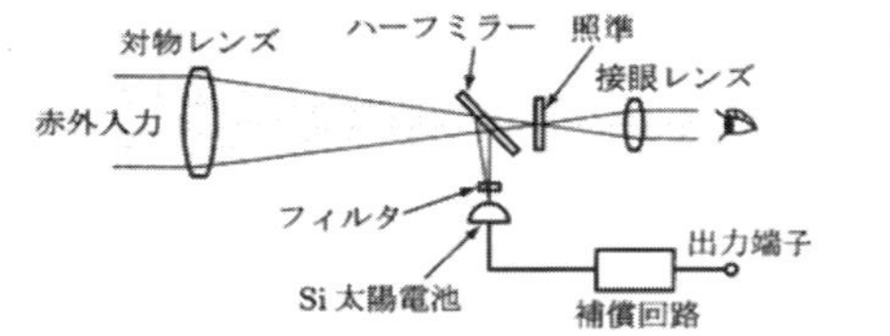
	PbS 放射温度計	赤外線入射によって抵抗値が減少する光導電素子で，1 ～ 3.2［μm］の範囲内で感度をもった赤外線検出素子．放射温度計やフレームモニタなど幅広い分野で用いられる．	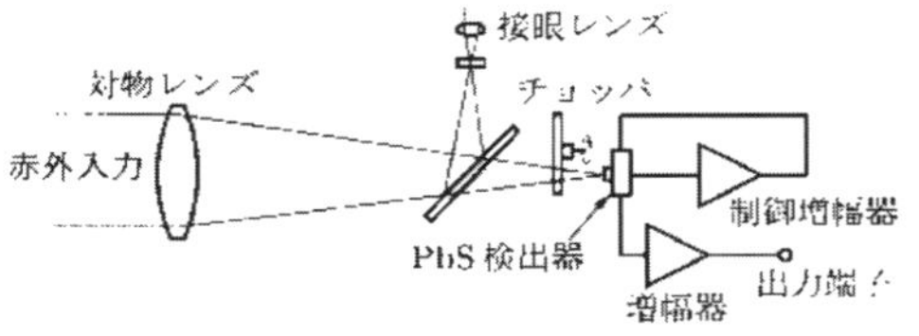
広帯域放射温度計	サーモパイル放射温度計	サーモパイルへの赤外線エネルギー（温接点と冷接点との間に温度差）に応じた出力信号が発生し，これを検出する．主として常温付近の測定に用いられる． サーモパイルは熱電対を直列あるいは並列に接続したもので，入力の熱エネルギーを電気エネルギーに変換するもの．	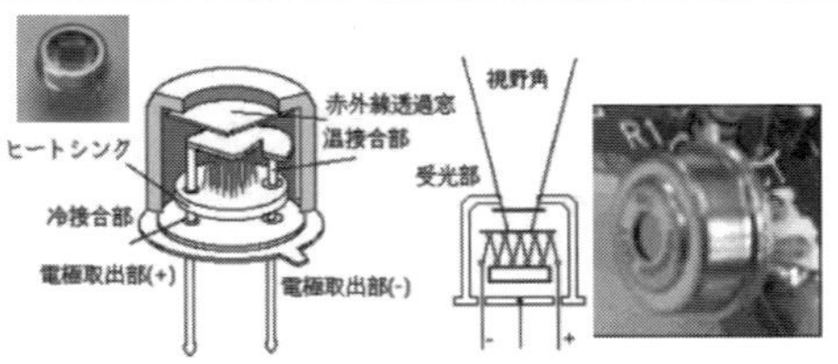
	サーミスタ放射温度計	常温付近の測定に用いられる． サーミスタボロメータとも呼ばれる． 熱による抵抗変化を利用した熱伝導検出素子で半導体サーミスタがよく使われる．	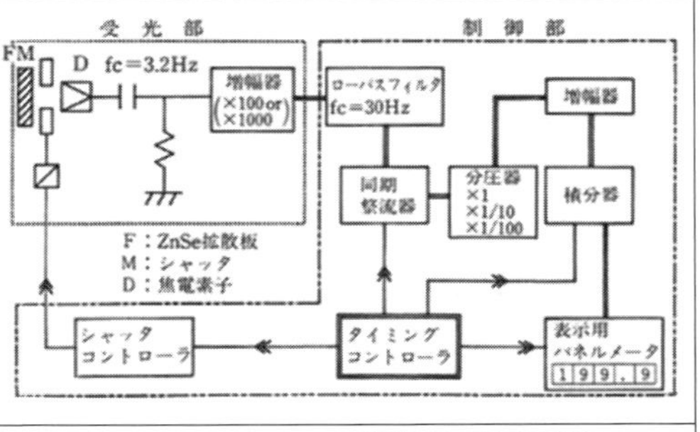
	焦電形放射温度計	常温付近の測定用．温度分解能 0.1［℃］． 焦電素子ともいい，強誘電体で，温度が上がると自発分極して電荷を生じる焦電効果を利用した素子で，右図のコンデンサに電荷を蓄えて電圧を取り出す．	
2色温度計		構造原理には，①単板式カメラ，②3 板式カメラ，③2 センサ式カメラ，④2 分岐光学系モノクロ・センサの 4 種がある．単板式は 3 板式に比べてコストが安いため，デジタルカメラやビデオカメラで採用されている．右図には③と④を示す．②は良質の画像と温度データが得られる．③は周囲温度等環境の変化に影響を受けない．	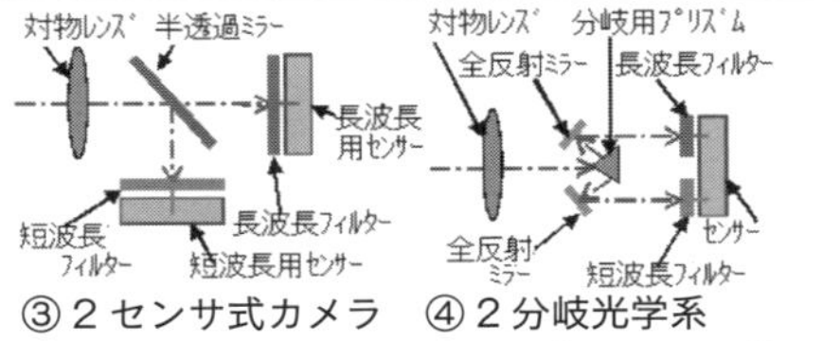 ③ 2 センサ式カメラ　④ 2 分岐光学系モノクロ・センサ
パターン放射計		1 次元，2 次元パターン測定用．機械走査系で視野走査する方式と素子アレイ（複数の素子が 1 次元または 2 次元に配列されたもの）で測定視野をカバーする電子走査方式がある．	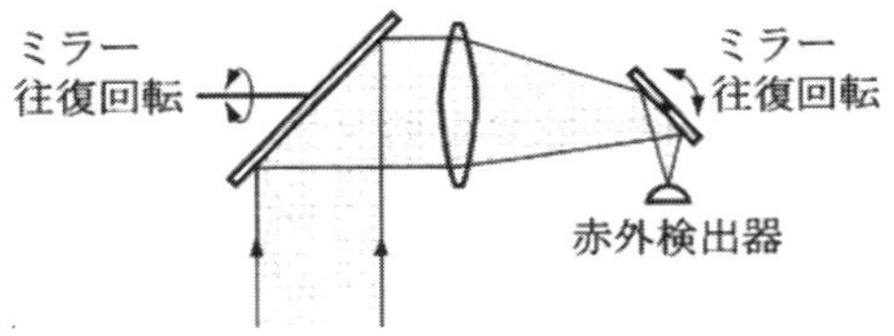

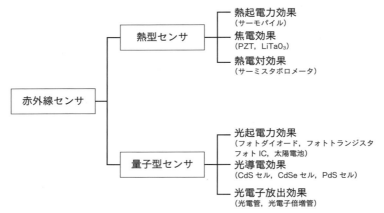

図 8.1.8　赤外線センサの種類[7]

表 8.1.8　熱型赤外線センサの特徴

検出器	動作原理	長所	欠点	応用例
サーモパイル	熱起電力（赤外線-温度差-熱起電力発生）	無電源，機械強度大，直流応答，安価	responsivity 比較的小	輻射温度計，分析計，防災・防犯，家電品
パイロ	焦電効果（赤外線-温度変化-電荷発生）	無電源，高速応答可，安価	振動影響，直流光不感応	防災・防犯，家電品
サーミスタボロメータ	電気抵抗の温度変化（赤外線-温度変化-抵抗変化）	機械強度大，直流応答	電源必要，継時変化	輻射計，分析計
ゴーレイセル	不活性ガスの熱膨張（赤外線-封入ガス体積膨張-膜変位-光学検知）	検知感度大	非常に壊れやすい，高価	理化学機器，分光光度計
ニューマティックセル	特定ガスの熱膨張（赤外線-封入ガス体積膨張-膜変位-電気容量変化）	高選択性（相関検出器）	全波長感応には使用不可	公害分析計，プロセス制御

の冷却が必要なものが多く，一般に装置として大型で高価になる．

(2) 熱画像センサ・赤外線サーモグラフィ

　赤外線カメラを用いて，測定対象物の表面温度分布を測定する方法がある．各種炉における耐火煉瓦の損傷の有無や，プリント基板における局所発熱の有無等の測定に使われる．

　赤外線サーモグラフィ（infrared thermography）は，対象物から出ている赤外線放射エネルギーを検出し，見かけの温度に変換して温度分布を画像表示する方法のことをいい，その装置を赤外線サーモグラフと呼ぶ．

---

7)　ライン精機（株）http://www.line.co.jp/senserbook/infrared/infraredlight.htm#

8.2 湿度の測定

8.2.1 湿度を表す計測量用語

湿度（humidity）を表す計測量はいくつかあり，その中でも重要な用語の定義を**表 8.2.1** に示す．

表 8.2.1　湿度を表す計測量用語

用　語	定　義
絶対湿度	単位体積の気体の中に含まれる水蒸気の質量 $[g/m^3]$．絶対湿度 D は温度と水蒸気圧 e で決まる．気体が含み得る最大の水蒸気質量（飽和水蒸気圧）は温度によって定まり，気体圧力に無関係である．水蒸気が飽和すると水滴になる． $$D = \frac{0.794 \times 10^{-2} \times e}{1 + 0.00366\,t}\ [g/m^3]$$ t：（乾球）温度 $[℃]$
相対湿度	ある温度における気体の絶対湿度（水蒸気質量）（D）と，その気体が含み得る飽和水蒸気圧（最大水蒸気質量）との比を%で表す．最大質量（D_s）との比を相対湿度といい，パーセントで表す． $H = D/D_s \times 100\%$
露　点	ある相対湿度の気体を圧力一定のまま冷却していくと，ある温度以下では水蒸気が凝縮して露を生ずる．この限界温度を露点という．飽和水蒸気圧 e から露点湿度 y を算出する計算式は， $$y = \ln\left(\frac{e}{611.213}\right)$$

8.2.2 湿度計・湿度センサの分類

湿度測定方法は JIS Z 8806 により分類されており，これを参考に湿度計・湿度センサを**表 8.2.2** に分類する．**湿度センサ**の電気特性を利用した湿度計は，①小型，②安価，③デジタル・自動計測・自動制御システム化が容易，といった特徴をもつのでよく利用されている．

また，湿度センサは電解質系，高分子系，金属酸化物系の 3 つに大別される．**表 8.2.3** は電気特性利用湿度計の**高分子系湿度センサ**と**金属酸化物系湿度センサ**を示す．前者の感湿膜材料には①セルロ

表 8.2.2　湿度計・湿度センサの分類

分類	湿度計・センサ
電気特性利用湿度計	高分子系湿度センサ，金属酸化物系センサ，電解質系湿度センサ
露点計	自動平衡式露点計，肉眼判定式露点計，塩化リチウム露点計
伸縮式湿度計	毛髪湿度計
乾湿球湿度計	アスマン通風乾湿球湿度計，気象庁形通風乾湿球湿度計，抵抗温度計式乾湿球湿度計
その他	赤外線利用湿度計，マイクロ波利用湿度計，水晶振動式湿度計

表 8.2.3　電気特性利用湿度計の種類

高分子系湿度センサ	金属酸化物系湿度センサ
基板，電極，感湿膜（＋コーティング膜）から構成され，高分子材料の親水性高分子に水分子が物理吸着することにより静電容量が変化する静電容量変化型と吸湿によりイオン伝導を引き起こし電気抵抗が変化する電気抵抗変化型がある．	金属酸化物系湿度センサも感湿材料に Al_2O_3 を用いた静電容量変化型と ZrO_2 や $ZnCr_2O_4$ 系の電気抵抗変化型がある．Al_2O_3 膜湿度センサの基本構造を下図に示す．

ース化合物，②ポリビニール化合物，③芳香族系ポリマーが用いられる．

また，**静電容量変化型の湿度センサ**は次の特長をもつ．ⓐ湿度-容量特性の直線性が良い，ⓑ温度依存性が非常に小さい，ⓒ相対湿度の全領域で測定可能，ⓓ経年変化が比較的小さい．しかしながら，容量が $100 \sim 200$ ［pF］と小さく，また相対湿度に対する容量変化が $0.1 \sim 0.3$ ［pF/%RH］と小さいため，駆動回路や計測器の設計においては注意が必要である．

一方，**電気抵抗変化型の湿度センサ**は次の特長をもつ．ⓐ安価，ⓑ多くのセンサ・メーカが製造・販売，ⓒサーミスタと同じ抵抗変化型であるため温度・湿度の同時計測，温度補正が容易．しかしながら，次の欠点をもつ．ⓐ湿度-抵抗特性の直線性が悪い，ⓑ温度依存性が大きい，ⓒ相対湿度の低湿領域（20%RH以下）での計測が難しい．

8.2.3 種々の湿度計

湿度計の代表的な例を**表 8.2.4**に示し，補足説明をする．

(1) 乾湿球湿度計（psychrometer）

乾球と湿球（ガーゼで常に湿らせる）の温度計を並べて配置し，両者を同時に測定する湿度計である．湿球では，湿度が100%なら気化潜熱（熱を奪う）がないので温度は下がらないが，湿度が低いと蒸発が大きいため温度が下がる．これらの温度差から湿度を換算する．通常の簡易な気象観測ではこれを使っている．乾湿計の種類には，①アウグスト乾湿計，②アスマン通風乾湿計，③温度差式通

表 8.2.4 種々の湿度計

名称	乾湿球湿度計	毛髪湿度計	ニポルト湿度計	アスマン送風湿度計[8]
概要説明	湿球では水の蒸発で潜熱が奪われ温度が下がる．湿度が100%では蒸発が起きないので温度は下らず乾湿球の温度差がゼロ．湿度が低いと蒸発まし温度が下り温度差が大きくなる．	毛髪などが湿度によって伸縮あるいは変形することを利用したもので，条件がよければ，3%程度の精度が得られる．	エーテルAの蒸発潜熱で水銀を冷却し，水銀表面の結露現象を確認して露点を測定するもの．Eから空気を送るとエーテルは泡を立てて蒸発し，Dから逃げる．Gは水銀で，Bにより正確に露点を観測できる．Cは水銀面の結露Fを観察するための鏡である．	f：乾球の示度 T における水蒸気圧，fs：湿球の示度 T' における飽和水蒸気圧，P：気圧 ［Pa］，A：定数（乾湿計定数）としたとき，その場所の空気中の蒸気圧は乾湿両球の温度を測ることで次式で算出できる．$f = fs - A(T-T')P$ A は風速により異なる．
図	乾球計／湿球計／濡れ布／T／T'／水	毛髪／0 20 40 60 80 100%	C 鏡／空気とエーテル蒸気／温度計 B／D F G E／エーテル A／水銀／空気吹込み	ゼンマイ式ファン／乾球計／湿球計

---

8) アスマン送風湿度計は，ドイツの気象学者アスマン（R.Assmann）が1887年に考案したもの．輻射熱を防ぐクロムメッキされた金属中に湿球・乾球を内蔵し，送風機で一定速度の通風する．室内を移動しての環境測定・他の湿度計の校正に用いられる．送風機は電動機駆動とゼンマイばね式のものとがある．

風乾湿球湿度計，④気象庁形通風乾湿球湿度計，⑤振り回し式乾湿計などがある．

(2) 毛髪湿度計 (hair hygrometer)

図 8.2.1 に示すように，ぴんと張ったヒトや動物の毛・ナイロン糸の湿度変化による伸縮を利用したもので，構造が簡単で相対湿度を直読でき連続測定も可能である．人の髪の毛は湿度によって伸縮し，その相対湿度に対する精度は±3％程度なので，30～50本を束にして自動制御に利用されている．

図 8.2.1 毛髪湿度計

(3) ニポルト湿度計 (Nippoldt hygrometer)

エーテル A の蒸発潜熱で水銀を冷却し，水銀表面の結露現象を確認して露点を測定するものである．現在では，エーテルの代わりに電子冷凍素子を用い，鏡面の結露状態の観察には発光ダイオード (LED) とフォト・ダイオード (PD，光検出器) を組み合わせた光検知デバイスを用いて，自動的に測定できる．

(4) 露点湿度計 (dew-point hygrometer)

露点計とも呼ばれ，露点温度を測定することにより湿度を求めるもの．

露点計の種類には，①**静電容量式露点計**，②**冷却式露点計**，③**塩化リチウム露点計**がある．

さて，湿度を測定したい空気の露点を計測できれば，その露点の飽和蒸気圧がわかり，それはまさに測定対象の水蒸気圧 f [Pa] であるから，**絶対湿度** (absolute humidity) [g/m³] を式 (8.2.1) で算出することができる．ただし，T_d：露点 [K] とする．

$$\text{絶対湿度}\ D = 2.167 \times f/T_d \tag{8.2.1}$$

相対湿度 (relative humidity) は，その定義から観測対象の飽和蒸気量を D_s とすると，上式で得た絶対湿度 D と D_s のパーセント比で求めることができる．観測対象の気温を T [K]，その温度での飽和蒸気圧を f_s [Pa] とすると，D_s は $2.167 \times f_s/T_d$ なので，相対湿度は式 (8.2.2) のとおりである．

$$H = D/D_s \times 100 = fT/f_s T_d \tag{8.2.2}$$

ここで，f は観測対象の水蒸気圧で，露点 T_d での飽和水蒸気圧であり，f_s は観測対象の温度 T での飽和水蒸気圧である．

8.3 熱量の測定

大人1人の平均発熱量は約 100 [W] といわれる．以下，熱量の測定について見てみる．

8.3.1 熱量の単位

熱量 (quantity of heat) とは，高温物体から低温物体へ移動する熱や，発熱または吸熱化学反応で発生または吸収される熱など，物体のもつ熱の量のことである．高温であるほど，質量が大きいほど，比熱が大きいほど，熱量は大きい．熱量のSI単位はジュール [J] で，仕事や運動エネルギーや位置エネルギーと同じ単位である．また，物体の温度を 1 [K] 上げるのに必要な熱量をその物体の**熱容量** (heat capacity) という．熱容量 C [J/K] の物体の温度を，ΔT [K] だけ上昇させるのに必要な

熱量 Q [J] は次式で表される.

$$Q = C\Delta T \tag{8.3.1}$$

8.3.2 熱量計測法

熱量計（calorimeter）とは，**比熱**（specific heat）[9]，**潜熱**（latent heat），**転移熱**（heat of transition），**反応熱**（reaction heat）などの熱量の測定計器のことである．よく，カロリーメータと呼ばれる．熱量計には次の各種がある．

①熱容量のわかっている物質の温度変化から測定する**水熱量計**，**金属熱量計**．

②潜熱のわかっている物質の質量あるいは体積変化から測定する**氷熱量計**，**蒸気熱量計**．

③試料に一定量の電気エネルギーを加え，試料の温度変化（比熱の場合），相変化量（潜熱の場合）を測定する**流動熱量計**．

①では温度変化の測定が重要な問題で，**ベックマン温度計**，**抵抗温度計**などの**精密級温度計**が用いられる．固体・液体物質の燃焼熱の測定に使用される**ボンベ熱量計**（あるいはボンブ熱量計）も水熱量計の一種である．**表 8.3.1** に種々の熱量計の代表例として，**水熱量計**，**金属熱量計**，**氷熱量計**，**ボンベ熱量計**を示す．

表 8.3.1 種々の熱量計

名称	水熱量計	金属熱量計	氷熱量計	ボンベ熱量計
概要説明	水の入った容器中に熱量を測定しようとする物体を入れ，その熱を吸収した水の温度変化から熱量を求める．	熱した金属を水の中に入れ，水の温度変化から金属の比熱を測定する．	図はブンゼンによって考案されたもので，測定しようとする熱量を氷の融解潜熱を利用して定量化する装置．氷の融解潜熱は既知であり，どれだけの量の状態変化（融解）を引き起こしたかによって与えられた熱量を測定できる．	試験方法としては，耐圧密閉容器（ボンベ）中に高圧酸素によって一定量の試料を定容下で燃焼させて，その際に発生する熱量を一定の水に伝え，その温度上昇より総発熱量（高位発熱量）を算出する．
図	（かくはん棒，温度計，銅製容器，電気ヒーター，断熱材）	（かき混ぜ棒，温度計，水，銅製容器，断熱容器，水熱量計）	（体積目盛り，試料，氷点槽，水，氷，水銀）	（外槽，内槽撹拌モーター，外槽昇温槽，外槽温度計，温水注入管，点火線プラグ，内槽温度計，外水槽，内水槽，ボンベ）

[9) 比熱（specific heat）とは単位質量当たりの熱容量を考え，物質の種類による熱容量の違いを表したもので，物質 1 [g] 当たりの熱容量である．

9章 時間・振動の測定

9.1 時間の測定

時間（time）の基本単位 s（秒）の初期の定義では，地球の**自転**（rotation）であったが，これには季節変動などがあるので，20世紀の初頭，地球の**公転**（revolution）に基づく定義に変更された．

1970年以前の時計の動力はゼンマイを使った**機械式**（mechanical）が主流で，70年以降，トランジスタの発明でその方式のものになり，1980年代以降の動力は**電気式**（electrical），調速機に **32.768 [kHz]** の水晶振動子を使った**クォーツ時計**へと変遷した．

そして，1967年には**セシウム（Cs）原子の固有振動**（9.19263177 [GHz]）に変更され，これを用いた原子時計の時刻を基に JJY[1] から発信される**標準電波**[2]（**周波数標準**[3] または**時間周波数標準**とも呼ばれる）を受信する1次標準のセシウム原子時計がある．

現在は，**GPS**（Global Positioning System）衛星に原子時計が搭載され，1958年1月1日0時（経度0度）を起点とした**国際原子時**[4] が現示された．いまや，クォーツ時計の時刻を自動修正する**電波時計**も開発・利用されている．

表 9.1.1 は主な時計の原理の説明と種類を示す．

さて，**時間の測定**には，基準時間から刻々ときざまれていく**時刻測定**と，ふたつの時刻の間隔の**間隔測定**がある．例えば，Box 12 に示すクロノグラフは，刻々ときざまれていく時刻測定であり，ストップウォッチは時刻の間隔測定である．

---

1) JJY とは，日本標準時を送信する日本の無線局で，総務省所管の独立行政法人情報通信研究機構（NICT）が運用している．
2) 標準電波（standard-time and frequency-signal emission）とは，国家標準または国際標準として政府や公的機関が発信・運用している時刻情報電波のこと．
3) 周波数標準（frequency standard）とは，周波数測定の基準となる正確な周波数のこと．周波数 [Hz] は周期的現象が1秒間に繰り返される回数であるので，周波数標準は時間の標準にもなる．周波数標準には一次標準と二次標準とがあり，前者は他の標準で校正をしなくても，それ自身で周波数の基準値が実現できる．後者は一次標準や標準電波による周波数の校正が必要な標準器である．
4) 国際原子時（略語：TAI，仏語：Temps Atomique International，独語：Internationale Atomzeit，英語：International Atomic Time）は，現在国際的に規定・管理される原子時（原子時計によって定義される高精度で安定した時刻系）である．

表 9.1.1　時計の種類

種類	原理の説明	図
振子時計	ゼンマイなどの動力で歯車をまわして，振子の等時性により一定の時を刻み，指針振子の周期 T は次式で求められる． $T = 2\pi (l/g)^{1/2}$ ただし，l：振子の長さ（支点から重心までの長さ），g：重力加速度（約 9.8 [m/s^2]）．でその時刻を表示するもの．	
テンプ時計	腕時計の中で忙しくクルクルと回っているはずみ車（テンプ）とゼンマイを組み合わせた時計． $T = 2\pi (2Il/t^3 bE)^{1/2}$ ただし，I：テンプの慣性モーメント，l：ゼンマイの長さ，t：ゼンマイの厚さ，b：ゼンマイの幅，E：ゼンマイの弾性率．	
音叉時計	音叉と電気発振器を組み合わせて発生する固有振動で電気的あるいは機械的に歯車を回転させるもの．支持が容易な利点がある．精度は日差1秒程度．	
クォーツ時計	水晶の圧電特性を利用し，電気信号（32.768 Hz）をIC回路で1秒に1回の電気信号に変換するもので，1969年にセイコーが商品化に成功．日差0.1秒．半導体集積回路技術と液晶技術の進歩により安価で精度のよいデジタル時計が普及．	
原子時計	原子振動を基準にした時計で，1次標準として使われている．原子はセシウム，水素，ルビジウムなどであり，次の2種類がある．①原子共鳴振動で発振器の周波数を直接決める方式（ルビジウム原子）．②精度のよい水晶時計を原子共鳴周波数で校正しながら使う方式（セシウム原子，水素原子）．精度は 1×10^{-15} 程度．	
電気時計	交流電源の商用周波数（50または60 [Hz]）を基準にした時計で，同期モータを使用している． ①誤差が積算されにくく，長期間での時刻の狂いが小さい． ②国，地域により商業周波数が異なるので，注意が必要．	
電波時計	正確な時刻情報とカレンダー情報をのせた標準電波を受信することにより自動修正し，非受信時はクォーツ時計として時を刻む．1986年に世界ではじめて標準電波を利用する電波時計がドイツにおいて実用化．	

Box 12　時計用語について（出典：（一社）日本時計協会）

筆者が重要であると思った用語を拾った.

項目番号	用語	対応英語	同義語（派生語・略語）	定　義	引用規格
3.1.1	計時装置	time measuring instrument	測時機	時刻の指示又は時間の測定を，個々に，又は同時に行う装置.	ISO6426-2
3.1.2	時計	time keeping instrument		時刻を指示する計時装置.	ISO6426-2
3.1.3	タイムカウンター	time counter	時間計	時間を測定する計時装置. 時刻は指示しない.	ISO6426-2
3.1.4	ウオッチ	watch	携帯時計〔腕時計&提時計（懐中時計）〕	どんな姿勢でも作動し，かつ携帯することを目的とした時計.	ISO6426-2, JIS B 7001
3.1.5	クロック	clock		一定の姿勢で使用する時計.	ISO6426-2, JIS B 7001
3.1.6	機械時計	mechanical time keeping instrument	機械式時計，メカニカル時計，メカ時計，〔機械式〕，〔ぜんまい式〕〔てんぷ式〕	動力源，時間基準及び指示装置が機械的構造である時計.	ISO6426-2
3.1.7	電気時計	electric time keeping instrument	〔電気式〕〔電池式〕	電気エネルギーが動力源で，時間基準及び指示装置が機械的構造である時計. 備考 商用電源を動力源及び時間基準とする時計も含む.	ISO6426-2
3.1.8	電子時計	electronic time keeping instrument	〔電子式〕〔電池式〕	電気エネルギーが動力源で，電子的に制御された時間基準をもつ時計.	ISO6426-2
3.1.9	水晶時計	quartz time keeping instrument	クオーツ時計〔水晶式〕	水晶振動子を時間基準にもつ時計.	ISO6426-2
3.2.13	電波修正時計	radio controlled watch / clock		電波時計 標準電波を受信し，自動的に時刻やカレンダー修正を行う機能をもつ時計.	
3.2.15	世界時計	world time keeping instrument	ワールドタイムウオッチ／クロック	世界各地の標準時を表示できる時計.	ISO6426-2, global time (ISO)
3.2.26	クロノグラフ	chronograph		時刻の指示の他に時間の測定もできる時計.	ISO6426-2
3.2.27	ストップウォッチ	stop watch		携帯用のタイムカウンター. 備考 デジタル式で時刻表示機能を備えたものもある.	ISO6426-2
3.2.30	衛星電波修正時計	Satellite radio controlled watch ／ Clock	衛星電波時計 Satellite synchronized (satellite-sync) watch ／ Clock	GPS衛星からの電波を受信して，自動的に時刻やカレンダーの修正を行う機能をもつ時計.	

9.2 速度・回転数の測定

9.2.1 速度の測定

2.3.2項で述べたように，**速度**（speed）v [m/s] は，移動距離 l [m] と移動に要した時間 t [s] を測定して，$v = \dfrac{l}{t}$ から求められる．しかし，一般的には回転数や回転速度の測定で速度を計測することが多い．一般に，回転数を測定する機器を**回転計**（revolution indicator），特に回転数を計数や積算するものを**回数計**（counter）という．工作機械や自動車など，軸が瞬時的に変動する回転速度を測定する機器のことを**回転速度計**（tachometer）という．

回転速度（rotational speed）は**角速度** [rad/s] と単位時間あたりの**回転数** [rpm，rps] で表され，は SI 組立単位である．なお，SI 基本単位で表すと [s^{-1}] と [rad/s] になる．**rad/s** は 1 秒間の回転角，**rpm** は 1 分間の回転数（revolution per minute）である．なお，1 秒間の回転数として **rps**（revolution per second）も使われる．

回転速度計の種類を大別すると，**機械式**，**電気式**，**デジタル式**，**ステッピングモータ式**などがあるが，**表 9.2.1** にはその主なものを示す．これとは別に，1.4.5 項の変位センサの説明で，図 1.4.12 に示した**回転センサ**に分類された**ロータリ・エンコーダ**も参照されたい．

表 9.2.1 回転速度計の種類

種類	説明	図
電気回転速度計（タコメータ）	起電力が回転速度に比例している発電機を利用した回転速度計．フロントホイールに取付けられたスピードセンサから，パルス信号をメータ内のコントロールユニットに送る．このコントロールユニットで信号は電流に変えられ，スピードメータを作動させる．	
ハスラ形回転速度計	定速回転するカムにより，てこが3秒間つめ車から離れ，被測定回転系からの回転がかさ歯車で伝達され，1分間あたりのその回転数が指針に表示される．回転軸の1分間あたりの回転数が測定できる．	
ストロボスコープ	右図の図形を回転させ，ストロボスコープを用いて，照明を高速点滅して図形が静止して見える状態で，回転数を次式で算出する．m 角形の図形が静止して見える条件式は，$mN = nf$ ($n = 1, 2, 3, \cdots$) ただし，N：回転体の回転速度 [rps]，f：光源の明滅回数 [回/秒]	

9.3 振動の測定

9.3.1 振動とは

振動(vibration)の大きさを表すのに，図 9.3.1 に示すような**変位**，**速度**，**加速度**の 3 つの尺度がある．振動現象の相違や測定目的により，いずれの尺度を用いるかは異なるが，この三者の間には正弦波振動の場合，周期を T [s]，振動数を f [Hz]，変位振幅を d [m]，速度振幅を v [m/s]，加速度振幅を a [m/s^2] としたとき，次式の関係が成立する．

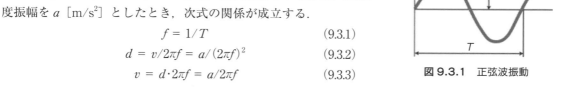

図 9.3.1　正弦波振動

$$f = 1/T \tag{9.3.1}$$
$$d = v/2\pi f = a/(2\pi f)^2 \tag{9.3.2}$$
$$v = d \cdot 2\pi f = a/2\pi f \tag{9.3.3}$$
$$a = d(2\pi f)^2 = v \cdot 2\pi f \tag{9.3.4}$$

また，振動の大きさを表す実用単位は，表 9.3.1 のものが使われている．

表 9.3.1　振動の大きさの実用単位

変位	m, mm, μm (10^{-3} mm)
速度	m/s
加速度	m/s^2, cm/s^2, Gal (1 Gal = cm/s^2)
振動加速度レベル	dB (re·cm/s^2)：JIS

9.3.2 振動センサの種類

機械の振動状態の把握，監視には振動センサが必須となる．振動センサとは，各種の振動量を電圧，電流など電気量に変換する変換器である．

振動センサを大きく分けると，振動しない基準点と測定対象物の相対的振動とを検出する**非接触式**と，測定対象物にセンサを固定して取り付け，センサ内部のばねと重りからなる系(サイズモ系)の重りの振動を検出する**接触式**に分けることができる．また，出力する物理量によって，加速度，速度，変位のタイプに分けることができる．

現在，主に使われている振動センサを分類したものを図 9.3.2 に示す．

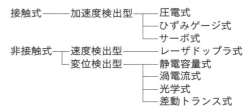

図 9.3.2　振動センサの分類

加速度式センサの中では，ピエゾ素子（力により電荷が発生する）などの圧電素子を用いた圧電式センサは広い周波数特性をもち，ひずみゲージ式は低域の特性が優れている．また，サーボ式は非常に高感度で微小振動の計測に向く．

非接触式では最近，レーザドップラ式の速度振動センサが広く用いられるようになり，高周波帯域を高感度に振動計測できるようになった．これとは別に，1.4.5 項の変位センサの説明で，図 1.4.12 に示した直線変位センサに分類された光学式変位測定装置を参照されたい．

表 9.3.2 は振動センサの種類を示す．機械振動の測定に用いる振動センサは，その測定対象となる機械の振動によって振動センサを選択する．<u>低い周波数用のピックアップは低加速度を測定するため感度が高いが，形状が大きく，質量も大きくなって設置時の共振周波数も低くなる．逆に，高い周波数用の振動センサは大きな加速度を測定するために，軽量小型で低感度である．</u>

図 9.3.3 は振動センサの適用例を示すが，**圧電式加速度振動センサ**は概ね 1 [Hz] 以上の周波数の振動を測定する場合に使用する．これは高周波数特性が良好で，特に高い周波数の振動測定に適しているため，プラントなどの設備診断や振動監視に多く使用される．**圧電式**は温度変化によって低い周波数成分の雑音（パイロ）が発生するため，使用に当たっては温度変化を与えないようにする．積分して速度，変位で評価する場合にはパイロ雑音が増幅されるので特に注意が必要である．なお圧電式ではプリアンプ内蔵を除いてチャージアンプが必要である．**サーボ式**は DC まで周波数応答が完全にフラットで，低周波数の雑音も非常に小さく，概ね 10 [Hz] 以下の測定に使用する．最近では地震計のセンサにも多く使用されている．サーボ式は測定可能な周波数の上限は約 100 [Hz] である．なお，サーボ式は専用の電源で動作し，チャージアンプは不要である．**表** 9.3.3 は振動センサ関係の用語を示す．

表 9.3.2　振動センサの種類

種類	説明	図
電気的振動センサ	電気的振動センサは，振動を電流，電圧の変化に変換してから電流計，電圧計あるいはオシログラフなどで記録・表示する振動センサである．①遠隔測定が容易である，②高倍率を得ることができる，③小型で使いやすい，④応答特性がよい，⑤振動分析が自動的にできる，といった特徴がある．	（フェライトコア，差動変圧器，ばね，おもり・オイル，加振面（取付け面）の構造図）
圧電素子型振動センサ	圧電素子を用いた小形振動センサも実用化されている．このセンサは素子のばね定数が非常に高いので，固有振動数が高い．圧縮形は圧電素子の上に重りを載せた構造．構造が単純で機械的強度が高いので大加速度，衝撃の計測に適す．せん断形は，圧電素子にズレを起こさせる構造で感度が高くとれ，そのため小型化でき，圧電式ピックアップ特有の温度変化による雑音（パイロ電気出力）が小さく低レベル・低振動数領域での計測には有利．機械振動，構造物・地震などの低レベル・低振動数範囲の測定，振動監視装置用に適す．	圧縮形／せん断形／曲げ形（圧電素子，重り，バイモルフ素子，取付面の構造図）

9.3 振動の測定

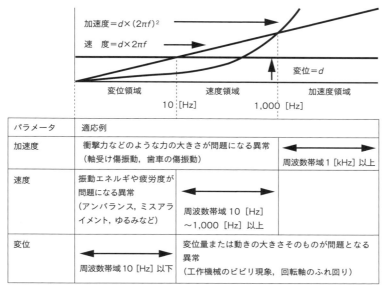

図 9.3.3 振動センサの適用例

表 9.3.3 振動センサ関係の用語

保全のタイプ（考え方）	設備の重要度に応じてタイプを使い分け，最小のコストで最大の効果を生むよう考える． ・事後保全（BM：Break-down Maintenance）：故障したら直すことが基本的な考え方． ・時間基準保全（TBM：Time Based Maintenance）：故障の有無に関係なく，一定の時間使用した部品の交換や，一定の周期ごとに点検，分解，修理を行うような予防保全（PM：Preventive Maintenance）の考え方． ・状態基準保全（CBM：Condition Based Maintenance）：機械設備の動作状態を定期的に測定し，劣化の程度を把握して，故障の発生を予知すること，すなわち予知保全（PRM：Predictive Maintenance）することにより，点検，分解，修理を行い，部品の交換をするという考え方．
振動法による設備診断技術	振動法は機械設備が運転状態の時，振動測定を行うことにより，設備の異常を早期発見し，設備のメンテナンスを行う方法．生産設備に直結した重要設備で特に回転機械設備に有効である．
振動振幅の応答特性	振動周波数によって変位振幅，速度振幅，加速度振幅の応答が異なる．設備診断ではこの使い分けが重要．どんな振動が増加するのかを十分理解し，検出したい異常に応じて振動のパラメータを使い分ける．必要に応じて速度，加速度の両方測ることが必要な場合もある．
診断方法	・簡易診断法：人により定期的な振動測定を行い，その値を傾向管理することにより機械設備の予知保全を行う． ・精密診断法：振動の信号をFFT分析などにより，機械設備の異常個所を抽出し，点検・修理をする．

10章 音の測定

10.1 音の測定

10.1.1 音とは

音（sound）とは物体（媒質）中を**縦波**（疎密波，longitudinal wave）として伝わる力学的エネルギーの変動（**波動**，wave motion）であり，波動とは周波数，波長，周期，振幅，速度などの特徴をもつ**音波**（sound wave）である．

音波を伝える速さ，**音速**（sound velocity）は媒質によって異なる．空気中では15［℃］で約340［m/s］，海水中では約1500［m/s］である．

さて，**図10.1.1**に示すように，ヒトの**可聴周波数帯域**[1]（audio frequency band）は，ほぼ20［Hz］〜20［kHz］であり，ヒトが聞こえない20［Hz］以下の低い周波数帯域の音波を**低周波**[2]（low frequency）という．逆に，20［kHz］以上の高い周波数帯域の音波を**超音波**[3]（ultrasound, ultrasonic）という．

音は大気圧の微小な圧力変化であるところから物理量を**音圧**といい，単位はパスカル［Pa］である．音の強さは，次のような**音圧レベル**（SPL：sound pressure level）で表される．

$$SPL = 20 \log 10\,(P/P_0) \quad [\mathrm{dB}] \tag{10.1.1}$$

これは基準音圧値 P_0 に対するデシベル値［dB］で，**図10.1.2**に示すように1［kHz］での最小可

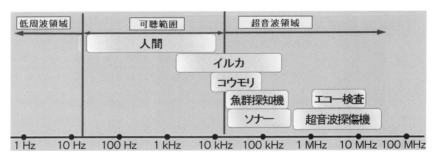

図10.1.1　種々の周波数可聴範囲

---

[1] 可聴周波数帯域とは，聴覚で音として感知することができる周波数帯域のこと．人間，犬，コウモリなど，動物の種類によって可聴域は大幅に異なる．
[2] 低周波（low frequency）とは，波動や振動の周波数（振動数）が低い（小さい）こと．厳密には，音での低周波の定義では，100［Hz］以下は低周波音と呼ばれ，20［Hz］以下は超低周波と呼ばれる．
[3] 超音波とは人間の耳には聞こえない高い振動数をもつ弾性振動波（音波）．

聴音圧（ヒトが聞きうる最小の音圧）20［μPa］が用いられる．つまり，最小可聴値を基準値として音の大きさをデシベル値［dB］で表すと0〜140［dB］で扱うことができる．人間の聞くことのできる音圧は20［μPa］から200［Pa］と1,000万倍にもなる．また，人間が感じる音の大きさは音圧の対数に比例するとの法則がある．

一方，人間の耳の感度は周波数によって異なり，同じ音圧の音でも周波数が異なると大きさが違って感じられる．ある音が1［kHz］の音圧レベルP［dB］の音と同じ大きさに感じると，その音は**音の大きさ**[4]のレベルが**P phon**[5]であるという．**図10.1.3**は純音の音の大きさのレベルと周波数の関係を示しており，この曲線を**等感曲線**（isosensitive curve）という．図10.1.3から音の物理量と感覚量とは一致せず，複雑な関係をもっていることがわかる．

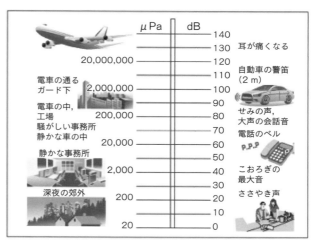

図10.1.2 音圧と音圧レベル（リオン（株）提供）

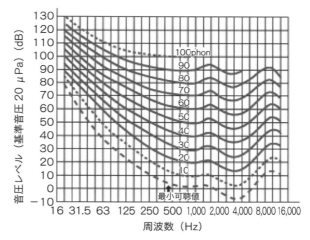

図10.1.3 音圧レベルと周波数
（リオン（株）提供）

10.1.2　音響センサの種類

さて，**音響センサ**は音を電気信号に変換するセンサで，マイクロフォン，超音波受波器などがあり，音響→機械→電気変換の原理に基づいている．マイクロフォンの変換方式として，動電変換，静電変換，抵抗変化変換の各方式，そして超音波受波器が多く用いられている．**表10.1.1**はそれらのマイクロフォンの種類を示す．

4）音の大きさ（ラウドネス：loudness）とはヒトの聴覚が感じる音の強さで，感覚量（心理量）のひとつである．音の大きさ（ラウドネス）の単位はsone（ソーン）で，音圧レベルが40［dB］の1000［Hz］の純音の音の大きさを1［sone］と定義する．
5）図10.1.3中の曲線に付する数値は，音の大きさのレベル（loudness level）で，1［kHz］の純音の音圧レベル［dB］と同じ値をphon（フォン）という単位で表し，1［kHz］の純音と同じ大きさに聞こえる，それぞれの周波数の音圧レベルを結んで等感曲線として示す．

表 10.1.1　マイクロフォンの種類

種類	説　　明	図
動電変換方式（ダイナミックマイク）	振動板は可動コイルと一体化しており，コイルは永久磁石による一様な磁場中にある．音圧の影響で振動板が変位すると，磁場と直角方向に可動コイルも動き，ファラデーの電磁誘導の法則によりコイルに起電力が発生し，音を捉える．音楽の世界で依然根強い需要がある．	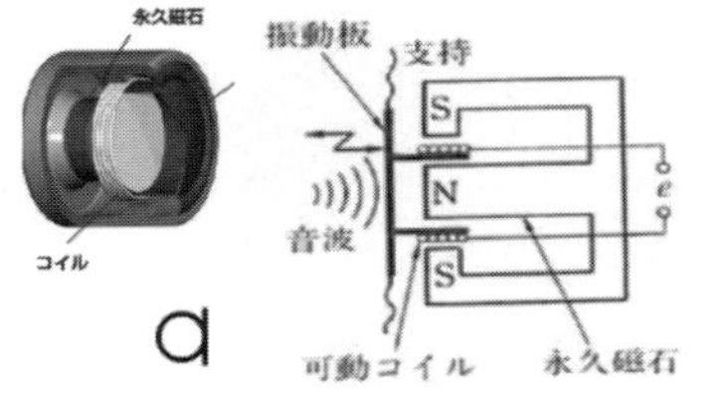 （永久磁石，振動板，支持，音波，可動コイル，永久磁石）
静電変換方式（コンデンサマイク）	計測用としては小形にできる．広い周波数帯域に渡ってフラットな周波数特性をもち，ほかの形式に比べ安定性がきわめて高い．バイアス型とバックエレクトレット型の2種類があり，その違いは外部から直流電圧を加えているか，電圧を加える代わりに永久電気分極した高分子フィルムを使用するかである．一般的にはバイアス型の方がより高感度で安定である．	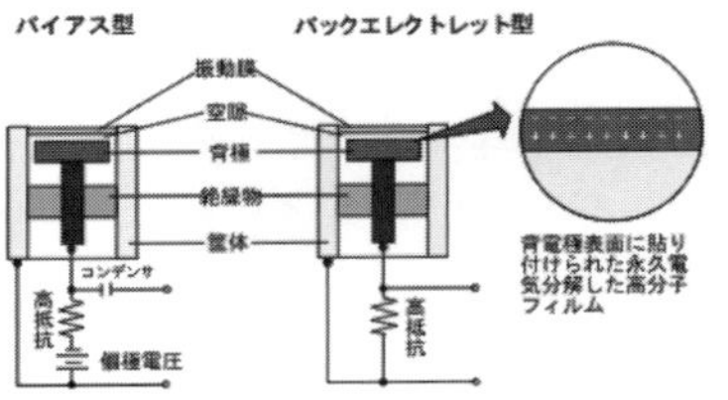 バイアス型／バックエレクトレット型
抵抗変化変換方式	機械的ひずみによる抵抗値の変化を利用したもので，右図の直流回路に可変抵抗体を接続する．振動板が音波の力により変位すると抵抗値が変化し，負荷抵抗 R_i（Ω）に流れる電流が変化する．電源電圧 E を大きくすれば Δi の出力は大きくできるため，電話の送話器などに広く用いられている．可変抵抗体として炭素粒，抵抗線，金属薄膜，半導体結晶などが用いられる．	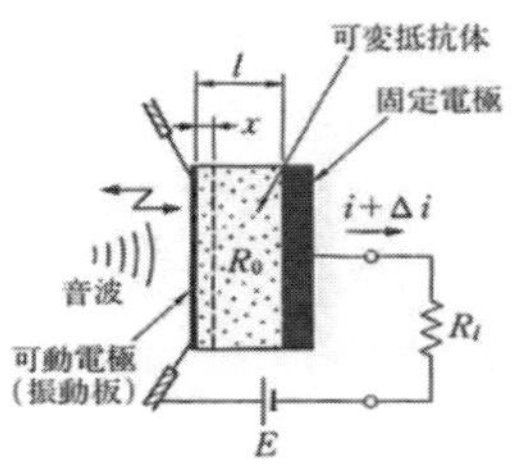 可変抵抗体，固定電極，音波，可動電極（振動板），R_0，$i+\Delta i$，R_i，E
圧電変換方式	力センサの圧電素子と同じで，音波の圧力に比例する電圧を得る方式．感度を上げるために，右図のように伸縮特性が逆の2枚の圧電素子を貼り合わせたバイモルフ（bimorph）構造と呼ばれる圧電振動子を用いる．これによって，振動板が力を受けると，バイモルフ振動子の先端部に小さな変位が生じ，2枚の圧電素子は逆特性のため，一方の素子は伸張し，他方の素子は収縮し，それに伴う大きな電圧変化が得られる．	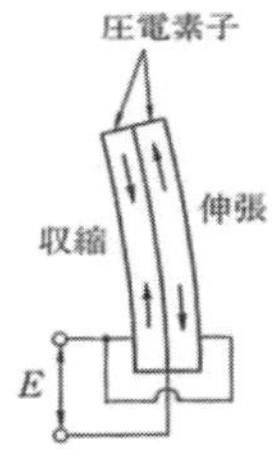 圧電素子，収縮，伸張，E

10.2　音と振動の周波数分析

10.2.1　周波数分析と周波数分析器

　一般に音や振動現象は周波数特性をもっている．多くの周波数成分が複雑に混在しており，その周波数ごとの成分の大きさ（レベル）を調べることを**周波数分析**（frequency analysis）という（**表10.2.1**）．騒音・振動対策もすべての周波数帯域で効果をもつわけではないので，対策の目標値や評価は周波数ごとに行う必要がある．

10.2 音と振動の周波数分析　169

表 10.2.1　周波数分析の種類
（リオン（株）提供）

目　的	フィルタ	周波数分析器
・騒音・振動の感覚量の評価 ・対策の評価 ・材料開発・評価	定比 オクターブバンド 1/3 オクターブバンド	
・騒音・振動現象の把握 ・騒音・振動対策 ・材料開発・評価	定幅 FFT （狭帯域分析）	SA-78 SA-02 NX-42FT VA-12/11C

10.2.2　周波数分析器の分類

周波数分析器は使用目的により**表 10.2.2** のように分類され，周波数分析器，定比型フィルタと定幅型フィルタおよびフィルタの規格についてまとめたものである．

表 10.2.2　周波数分析器，定比型フィルタと定幅型フィルタおよびフィルタの規格
（リオン（株）提供）

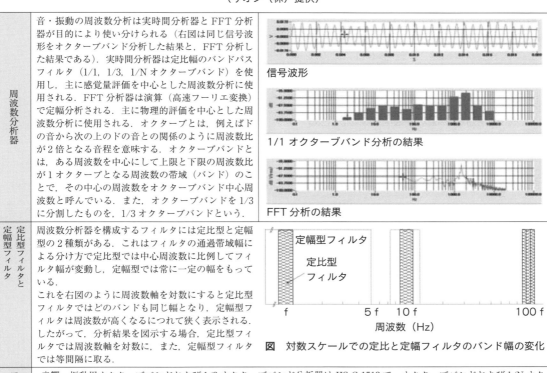

周波数分析器	音・振動の周波数分析は実時間分析器と FFT 分析器が目的により使い分けられる（右図は同じ信号波形をオクターブバンド分析した結果と，FFT 分析した結果である）．実時間分析器は定比幅のバンドパスフィルタ（1/1，1/3，1/N オクターブバンド）を使用し，主に感覚量評価を中心とした周波数分析に使用される．FFT 分析器は演算（高速フーリエ変換）で定幅分析される．主に物理的評価を中心とした周波数分析に使用される．オクターブとは，例えばドの音から次の上のドの音との関係のように周波数比が2倍となる音程を意味する．オクターブバンドとは，ある周波数を中心にして上限と下限の周波数比が1オクターブとなる周波数の帯域（バンド）のことで，その中心の周波数をオクターブバンド中心周波数と呼んでいる．また，オクターブバンドを1/3に分割したものを，1/3オクターブバンドという．	信号波形 1/1 オクターブバンド分析の結果 FFT 分析の結果
定比型フィルタと定幅型フィルタ	周波数分析器を構成するフィルタには定比型と定幅型の2種類がある．これはフィルタの通過帯域幅による分け方で定比型では中心周波数に比例してフィルタ幅が変動し，定幅型では常に一定の幅をもっている． これを右図のように周波数軸を対数にすると定比型フィルタではどのバンドも同じ幅となり，定幅型フィルタは周波数が高くなるにつれて狭く表示される．したがって，分析結果を図示する場合，定比型フィルタでは周波数軸を対数に，また，定幅型フィルタでは等間隔に取る．	**図**　対数スケールでの定比と定幅フィルタのバンド幅の変化
フィルタの規格	・音響・振動用オクターブバンドおよび1/3オクターブバンド分析器は JIS C 1513 で，オクターブバンドおよび1/N オクターブバンドフィルタの特性は JIS C1514 で規定される． ・国際的には IEC 61260 また ANS（I 米国規格）で規定される． ・国際規格でフィルタ規格が定められているのでデータの比較が容易である． ・FFT 分析器には JIS ならびに国際的な規格はない．したがって性能・設定により分析結果が異なる場合がある．	

10.2.3 周波数分析器の使い分け

表10.2.3は周波数分析器の使い分けについてまとめたものである.

表10.2.3 周波数分析器の使い分け

実時間分析器	・騒音レベル，振動レベルなど感覚量の評価や対策の評価にオクターブバンド，1/3オクターブバンド分析が主に使用される. ・騒音計，振動レベル計と同じ感覚補正特性（周波数重み特性，時間重み特性，周波数の対数表示）を使用して平均化を行えるので，感覚量を評価する測定に適している. ・遮音性能，室内騒音評価，音響パワーレベル，建築材料評価，音質評価，伝搬系の特性などの測定に使用される.
FFT分析器	・音，振動現象を物理的に把握し，対策を主目的とする周波数分析器である. ・時間領域，周波数領域で分析できるので汎用性に優れている. ・周波数分解能に優れているので，騒音源，振動源の特定には欠かせない. ・多チャンネル間信号（音と振動など）の相関性なども分析でき，自動車，機械，コンピュータ，家電製品などの騒音・振動分析，防振材・制振材料の開発・評価，機械インピーダンス，モード解析，インテンシティ測定，トラッキング分析，伝搬系の特性，音質評価などの測定に使用される. 一般の騒音，振動対策・評価には欠かせない.

10.2.4 FFTと信号処理

表10.2.4はFFT[6]（Fast Fourier Transform，高速フーリエ変換）を用いた信号処理についてまとめたものである.

表10.2.4 FFTと信号処理

FFT分析器	FFT（高速フーリエ変換）を用いた分析結果の帯域幅は定幅型である. FFT分析器の構成は，入力された信号から分析帯域外の信号を取り除くためローパスフィルタ（アンチエリアジングフィルタ）を通り，A/D回路でデジタル信号に変換される. さらに時間窓（ウィンドウ）の処理を行いFFT演算する，離散的周波数分析方法である.
信号処理	FFT分析器は振幅情報と位相情報も得られる. 時間領域では時間波形，自己相関，相互相関，振幅確率密度関数，また周数領域ではスペクトル，2チャンネル間ではクロススペクトル，伝達関数，コヒーレンス関数の演算，インテンシティの計測，オクターブバンド，1/3オクターブバンド分析（オクターブ合成），さらにシステムとしてモード解析，トラッキング分析が行える.

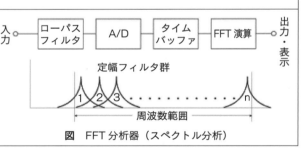

図 FFT分析器（スペクトル分析）

---

6) FFTとは，1965年に米国ベル研究所のJames W. Cooley氏とJohn W. Tukey氏が考案した，離散的フーリエ変換と逆変換を高速に計算する手法で，信号の中にどの周波数成分がどれだけ含まれているかを高速に抽出する処理のこと.

10.3 超音波の測定（超音波センサ）

超音波センサ（ultrasonic sensor）とは表 10.3.1 に示すように，送波器により超音波を対象物に向け発信し，その反射波を受波器で受信することにより，対象物の有無や対象物までの距離を検出する機器である．超音波の発信から受信までに要した時間と音速との関係を演算することで，センサから対象物までの距離を算出する．

また，送波器と受波器の間を通過する物体によって生じる超音波の減衰・遮断を検出することにより，対象物の有無を検出する機器もある．

超音波センサの原理には，超音波の発信・受信には圧電セラミックが使用される．圧電セラミックとは，図 10.3.1 に示すように圧電セラミック素子に加わった機械的な力により，電極間に力に応じた起電力が発生するセラミックスのことである．また逆に，電極間に電圧を印加すればその大きさに応じて機械的変位を生じる．この起電力の大きさにより，対象物の有無やセンサから対象物までの距離を検出・計測する．表 10.3.1 は検出方式による分類を示す．

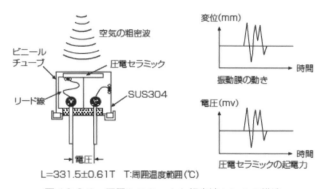

図 10.3.1 圧電セラミックと超音波センサの構造

表 10.3.1 検出方式による分類

透過形		送波器と受波器の間を通過する物体によって生じる超音波ビームの減衰，あるいは遮断を検出する方式．	送波器 検出可能物体 受波器
反射形	限定距離形	距離調整ボリウムで設定した検出距離範囲内に存在する物体からの反射波のみを検出する方式．	距離調整 不確定領域* 検出可能物体
	限定ゾーン形	距離切り換えスイッチで選択設定した検出ゾーン内に存在する物体からの反射波のみを検出する方式．	20 30 40 50 60 70cm A B C D E 不確定領域* 検出可能物体

10.4 AEの測定（AEセンサ）

10.4.1 AEセンサとは

　AE（エー・イー）とはAcoustic Emission（アコースティック・エミッション）の略で，音響放射と訳され，音の放出という意味である．11.5.4項で説明する**非破壊検査法**の1つである．身近なAE現象のいくつかを例に挙げると，**図10.4.1**に示すように，ラーメン屋などで割箸を割ったときの「バリッ」という音，たくわんを食べるときの「ポリポリ」という音，お茶碗を落としたときの「パリン」という音，また，地震が来て柱が「ミシミシ」という音，その地震そのものもスケールの大きい**AE現象**といえる．つまり，このような割箸等の固体が，ある外力などによって変形，破壊に至るときに発生する音（音波）をアコースティック・エミッション（以下，AEと略す）という．

　このような音を**弾性波**（elastic wave），あるいは**圧力波**ともいい，弾性波とは，**弾性体**（物体に力を加えると変形を起こし，その力を取り除くと元の形に戻り変形が残らない物質）内を伝わる波である．弾性波には**図10.4.2**に示すように**縦波**（longitudinal wave）と**横波**（transverse wave）とがある．前者は粒子の振動（弾性媒質の変位方向）が波の進行方向に平行で，体積の疎密変化に伴う体積弾性によって生ずる疎密波で，後者は粒子の振動が波の進行方向に直角で，等体積のままの形状変化に伴う形状弾性によって生ずる波で，縦波よりも伝達が遅く，約半分の伝達速度となり，固体の中だけに伝搬し，液体や気体の中は伝わらない．

　10.1.1項で述べたように，音には人間の耳で聴ける音（これを**可聴範囲**といい，その周波数はだいたい20［Hz］〜20［kHz］までの範囲）と聴けない音（20［Hz］以下あるいは20［kHz］以上，前者を**低周波**といい，後者を**超音波**という）とがある．

図10.4.1 AE現象のあれこれ

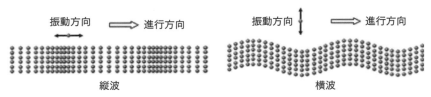

図10.4.2 弾性波の縦波と横波

10.4.2 人工物の維持・継続のためのヘルス・モニタリングに必要な AE

AE 波を計測することにより材料の強度や健全性を評価することをアコースティック・エミッション試験（AT）と呼ぶ．AE センシング技術は 1970 年代から破壊予知，保全などの目的で各種分野において注目され始め，現在では非破壊検査法にはなくてはならない技術である．例えば，石油タンク，LPG タンク，原子炉やロケットなどの高圧力容器の耐圧試験における破壊予知，あるいは欠陥部の位置評定，各種材料の塑性変形中のリアル・タイム・モニタリング，新素材の材料評価，またタービンやモータなどの回転機器稼動中の監視や保全，あるいはモノづくりの現場で使われる CNC 工作機械における軸受の初期破損や余寿命の推定，機械加工や金型加工における工具欠損，加工状態の検出，さらに自動車，鉄道車両，飛行機，トンネル，橋梁，高速道路等の建築構造物などを in situ[7]かつ非破壊で実現可能とするものである．図 10.4.3 に示すように，安全・安心に向け，災害や異常の予測，早期発見を実現し，人工物の維持・継続のためのヘルス・モニタリングにも用いられている．

これまでの AE 技術において検出できる波は 100［kHz］付近の横波や縦波が主体である．

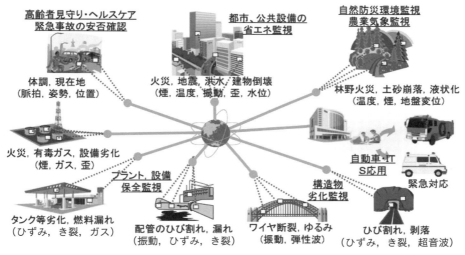

図 10.4.3　AE センサに期待される活用例

10.4.3　AE 計測の概要

AE 計測の概要を知る上で，図 10.4.4 に示すように，超音波計測と対比するとわかりやすいので，以下に見てみる．

(1) 超音波計測

超音波計測は図 10.4.5 に示すように，一般に送信部と受信部をもつ超音波探傷センサ（トランスデューサ，プローブ，探触子）で材料中にある静的状態のクラック（キズ）などに対して超音波を送信させ，そのクラックなどに反射あるいは通過した超音波（エコー）を受信する．1.6.3 項で述べた能

---

7) in situ（イン・サイチュ）とは，ラテン語で「本来の場所にて」という意味で，種々の学問で「その場」という意味で用いられる．

動的（active）計測方式である．送信波はパルス発生器からRF（Radio Frequency）波なるパルスが送信され，図10.4.5に示したような材料中のキズ，および底部からのエコーが受信派としてモニタ（表示器）に表示される．材料中の欠陥（傷，クラック）検出することを**超音波探傷試験**といい，JIS 3060 などで規定されている．

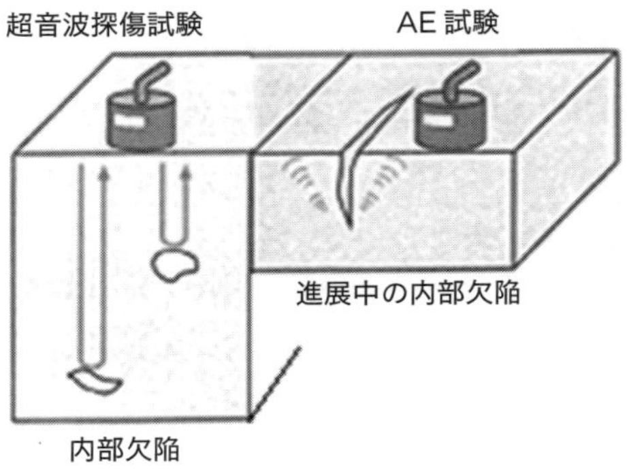

超音波探傷試験（UT）は図10.4.4で見たように欠陥の検出における発生後の試験方法である．その試験の種類には，(1) **パルス反射法**，(2) **透過法**，(3) **共振法**があり，パルス反射法には波の種類により，①垂直探傷法，②斜角探傷法，③表面波探傷法，④板波探傷法の4つがある．

図10.4.5に示したように，その送信と受信の時間からキズの位置と得られたエコー高さをモニタに表示し，モニタ上の波形からキズの大きさや位置を推定する．超音波探傷センサの送受信周波数は測定しようとするキズの大きさで異なり，小さいキズになればなるほど周波数は高くなるが，一般的には 20 [kHz]〜数十 [MHz] 付近であることが多い．0.1 [mm] 位のキズの探傷が精いっぱいである．

超音波探傷の身近なところでは，妊産婦の胎児の状態や胆嚢・腎臓・尿道などの結石をチェックするエコー検査はその代表例である．その他，自動車等の塗装の膜厚などの測定に使われる．

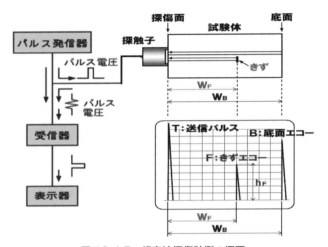

図10.4.4 超音波探傷試験と音響試験

図10.4.5 超音波探傷計測の概要

(2) AE 計測

AE 計測は，材料中に外力が負荷されている動的状態で，材料中のクラックが塑性変形あるいは破壊するときに発生する超音波（これを AE 源という）が固体中を伝播する弾性波，すなわち AE 信号を AE センサで受信する**受動的（passive）計測方式**である．

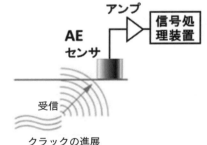

図10.4.6 AE 計測の概要

AE 計測試験は図10.4.4に示したように，欠陥の検出における発生中の音響試験 AET である．この規格に関しては JIS Z 2342 があり，ここでは圧力容器の耐圧試験などにおけるアコースティック・エミッション試験方法，および試験結果の等級分類方法が規定されている．

AE 計測は図10.4.6に示すように，クラックの進展をリアル・タイム（実時間）で計測できるオンライン・モニタリングが可能である点が特徴である．そのため，あらゆる分野の構造物などのトライ

ボロジー現象を連続的に監視でき，地震，軸受などで異常が発生するようなヘルス・モニタリング計測が可能である．

しかしながら，AE計測は測定対象の材料や構造物に外力が負荷される動的状態で行われるため，計測中に外乱やノイズ（雑音）が多く，計測上これらの問題をしっかりと対策する必要がある．つまり，超音波探傷とは異なり，材料や構造物中に発生したAE波は比較的長い距離を伝播するため減衰し，微弱になる．

このようにノイズの多い環境の中から微弱なAE信号を計

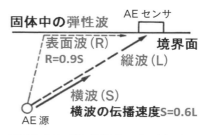

図 10.4.7 半無限体内のAE源からの弾性波の伝播

測するため，SN比が小さくなるので，図 10.4.7 に示すようにAE計測では信号をアンプ（増幅器）によって増幅し，さらに不要なノイズや雑音を除去するために種々のフィルタ，それらの信号処理装置が必要となる．超音波領域では微小な割れ（クラック）等に伴うAEを検出することが可能なため，破壊に至る前の予知が可能となる．

10.4.4 AE信号とAE波の伝播特性

AE信号は大別すると**連続型**と**突発型**の2つになる．前者は主として引張試験中の試料が塑性変形の際に発生する．ここでのAE計測の目的は，主にAEの計数率と計数総数を得ることである．一方，後者は構造材の微小な割れの進行に伴って発生するもので，鋭いインパルス状のAE原波形と考えられ，広い範囲の周波数成分を含んでいる．ここでのAE計測の目的は，主にその発生源位置を知ることである．このAE信号レベルは，連続型に比較してはるかに大きい．位置標定のためには複数個のAEセンサを用いて信号到達時間差から正確な測定を行う．

(1) 弾性波（AE信号）

固体中の弾性波には**縦波**（L）と**横波**（S）の2種がある．横波の伝播速度は縦波の速度の約60%である．これらの波が境界面にあたると，一般に**表面波**（R）と呼ばれる表面に沿って伝播する波が生じる．表面波の速度は横波の速度の約90%である．固体中の1点でAEが生じた場合，図10.4.7に示したように，表面に設置したセンサにはこれらの波が時間的に相前後して到着し，互いに干渉し合って複雑な様相を呈する．この事情は地震観測と同じである．

(2) 伝播媒体形状の影響

実際にAE技術を応用する場合，図10.4.4のように弾性波が半無限体と見なせるように，大きい被験物の中を伝播することは少なく，むしろ高圧容器のように広い板の中を伝播することが多い．

図 10.4.8 に示すように，AE波は境界面（板の表裏面）の間で多重反射を繰り返しながら伝播する．しかも反射のたびに横波と縦波の相互間にモード変換がある（この場合，板厚が有限なため純粋な表面波は存在しない）．このようにして伝播する波は，一般に**被導波**（guided wave）と呼ばれ，単一周波数の連続に対してさえ複雑な特性を有している．

さらに，物体の変形や破壊の過渡的現象を扱うAE波は非常に複雑になる．板の中の波は，**ラム波**（Lamb）あるいは**板波**と呼ばれる．鋼の中の音速は，縦波が約5,840 [m/s]，横波が約3,050 [m/s]，表面波は約2,540 [m/s] である．

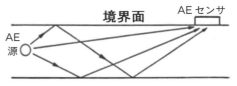

図 10.4.8 板状物体内のAE源からの弾性波の伝播

(3) AE 信号の減衰

減衰には，波が四方に広がっていくための広がり損失と固体の内部の摩擦による損失とがある．前者は周波数に関係せず，大きな固体では球面波，板では円筒波の減衰になり，前者の振幅は距離に反比例し，後者の振幅は距離の平方根に反比例する．また，棒の被導波では広がり損失はない．

10.4.5 AE センサの概要

(1) 従来の AE センサの種類とその構造

AE センサの種類には，主として**圧電型**，**静電容量型**，**光 AE 計測型**などがある．ここで，圧電型 AE センサは特定範囲の周波数で高感度となる**共振型（狭帯域型）**と，広い周波数範囲で一定感度を有する**広帯域型**とに大別され，目的に応じて使い分けられている．

(2) 従来の AE センサの構造，周波数特性，問題点

表 10.4.1 は従来のアナログ式 AE センサの構造，周波数特性，問題点を示す．従来の AE センサはアナログ式で，PZT のような圧電材料を用いたものが主である．

圧電素子は**ピエゾ素子**とも呼ばれ，外力を与えるとそれに比例した電圧が発生する圧電効果を有する受動素子である．圧電材料を用いた AE センサは，固体表面で検出された機械的高周波振動が電気信号に変換される．その素材は主に **PZT**（ジルコン酸チタン酸鉛）が使われる．他の材料としてはニオブ酸鉛やニオブ酸リチウムなどがあるが，PZT と比較して感度が非常に低く，高温環境に強いので特殊な用途に限られる．通常の PZT は，約 200 [℃] までの温度で連続使用でき，短時間ならば 300 [℃] 程度まで動作する．

さて，**共振型（狭帯域型）**では特定の共振点のみを付与した圧電素子を用いた構造となっているため，幅広い周波数特性を解析することが困難である．表 10.4.1 (a) に示したように，1 つのインパル

表 10.4.1 従来の AE センサの種類，構造，問題点

種類	(a) 共振型（狭帯域型）AE センサの特徴	(b) 広帯域型 AE センサの特徴
説明	検出素子の機械的共振を利用して高感度を得る．一般的に 60 [kHz] 〜 1 [MHz] の間に共振周波数がある．	検出素子（PZT）の上にダンパー材を貼り付け，共振を押さえ込む構造になっている．
内部構造図 周波数特性	（共振型 AE センサ感度周波数特性図：フタ，ケース，コネクタ，圧電セラミック，受信板（セラミックス））	（広帯域型 AE センサ感度周波数特性図：フタ，ケース，コネクタ，ダンパー，圧電セラミック，受信板（セラミックス））
問題点	・特定の共振点のみを検出する構造 ・幅広い周波数特性解析が困難 ・1 対多→物理現象が議論できない （感度良いが信号が長い） 通常の OUT PUT 波形では収れんせず，イベントカウントがいくつも現れ，どれが何の AE（変形，破壊の時に発する音，圧力波）かわからない．	・計測信号の周波数解析が必要 ・大がかりな信号処理装置構成が必要 ・1 対 1→物理現象が議論できるセンサがない （感度悪く信号は小さく）

ス入力信号に対して出力信号は多数の信号が得られる．よって，ここで発生している AE 現象の物理的な議論はできない．共振型の受信感度は良いが，信号の持続時間（リンギング）が長いため，ある閾値を設定して，それ以上の信号を計数したイベント・カウントで AE 現象を予測する．

一方，表 10.4.1（b）に示す**広帯域型**においては，1 入力に対して数波の信号にとどまり，その分帯域は広くなるものの，感度が 10 [dB] 位低い．

いずれも，アナログ式 AE センサで計測した信号に対して周波数解析をする必要があり，信号処理装置を含め大がかりな装置構成が必要となる．

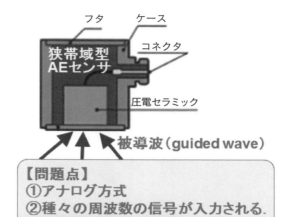

図 10.4.9　従来 AE センサの受信信号の特徴

また，図 10.4.7 に示したように，AE 信号がインパルスの場合は，縦波，遅れて横波，表面波など複数の信号，すなわち被導波が受信され，図 10.4.9 に示すように音源の物理現象を明確に把握できない．また，その測定精度やリアル・タイム性が保証されないことから，AE の原波形解析に関しても的確さを欠くという問題がある．

そこで，筆者は以下に説明する新しいデジタル式の MEMS 式 AE センサの開発に至る．

(3) MEMS 式アコースティック・エミッション・センサ（AE）の開発

さて，図 10.4.10 は MEMS 式 AE センサの開発概要を示す．これまで，著者らの研究[8]は，豊橋技術科学大学機械工学系教授の柴田隆行博士の研究室の協力と指導のもと，MEMS（Micro Electro Mechanical Systems）技術を用いて，AE の周波数特性を広帯域でデジタル的に分解・検出可能とすることも目的に，機械構造体および電気的検出素子を集積化したデジタル式 AE センサの開発を行い，デジタル式 AE センサの試作およびその電気的特性の評価を行い，その信憑性を検証した．

しかし，上記の複雑な構造をもった MEMS 式 AE センサを開発するには，非常に高額な半導体装置を使用する必要である．また，正確な AE 信号を得るためにはそのセンサ構造が複雑になるという新たな問題も判明した．

さらに，筆者は以下に説明する新しいデジタル式の櫛型の AE センサの開発に至る．

(4) LiNbO₃ を用いた音響コム型デジタル式アコースティック・エミッション・センサ開発

ここでは，その複雑な構造をもった MEMS 式 AE センサの代替として，図 10.4.11 に示すように比較的安価な装置で製作・製造することができ，かつシンプルな構造にすることができる．

$LiNbO_3$（ニオブ酸リチウム）材を用いた高性能な音響コム（櫛）型デジタル式 AE センサ開発の目的等を紹介とするものである．具体的には，まず，主にその音響コム（櫛）型 AE センサの概要，設計およびそのシミュレーション方法について説明する．

---

[8] 例えば，松井 淳ほか，2013 年度精密工学会春季大会学術講演会講演論文集，pp.347-348（2013）

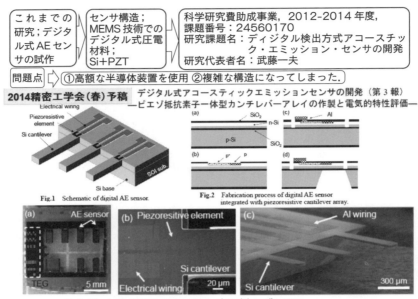

図 10.4.10　MEMS 式アコースティック・エミッション・センサ（AE）の開発概要

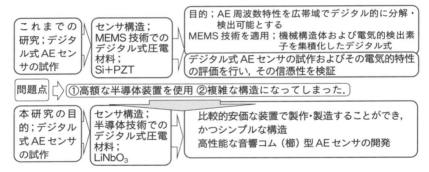

図 10.4.11　LiNbO$_3$ を用いた音響コム型デジタル式アコースティック・エミッション・センサ開発の目的

（a）LiNbO$_3$ を用いた音響コム型デジタル式 AE センサの特徴

　一般的に高額な半導体装置を使用し，複雑な構造をもった MEMS 方式の AE センサの代替として，材料等の変形やトライボロジー中のモニタリングを in situ かつリアル・タイム計測を実現することができ，比較的安価な装置で製造することができ，かつシンプルな構造で，高信頼性・実用性を実現にすることができる「LiNbO$_3$（ニオブ酸リチウム）材を用いた高性能な音響コム型デジタル式 AE センサ」の開発を着想するに至った．

　図 10.4.12 にその概要図を示す．これは，異なる共振周波数（長さにより制御）を有した複数のカンチレバーを製造して，アレイ状に形成することで各共振周波数に応じた変位をデジタル式に検知し，その周波数特性の分解・検出（デジタル化）を可能とする．これは比較的安価な装置で製造することができ，かつシンプルな構造で，高信頼性・実用性を実現できることから，従来技術の課題である計測後の信号処理回路が簡略化できるため，センサの小型化が可能となることから，局所計測や in situ

計測が実現可能である．第一に，音響コム型 AE（振動検出）センサには，電気—機械エネルギーの変換効率が高く，高分解能が期待できるニオブ酸リチウムを使用する．

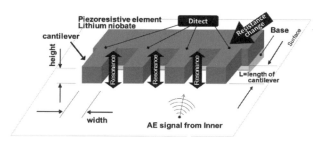

図 10.4.12 音響コム型デジタル式アコースティック・エミッション・センサの概要

音響コム型 AE センサの共振の狙いであるが，900［MHz］帯無線通信の2次中間周波数に使用された 455［kHz］を中心に 0.5〜2 倍程度の周波数にての試作を考えている．無線化を考えた場合，ハードウェアに汎用性と自由度をもたせたいためである．上記の設計指針より，ニオブ酸リチウムの弾性定数より設計パラメータを計算すると，$W \times T$ を 300×200［μm］とすると，カンチレバー長は 600〜900［μm］で設計できる．

本音響コム型 AE センサは現在，自動車用旋回検出などで音叉ジャイロとして量産されているニオブ酸リチウムのカンチレバーをアレイ化することにより実現する．

(b) LiNbO₃ を用いた音響コム型デジタル式アコースティック・エミッション・センサの特性

まず，この $LiNbO_3$ を基板材料として選定することについて，その特長と留意すべきポイントについて説明する．音響コムセンサは，**図 10.4.13** に示すようなカンチレバーを櫛型にアレイ化する構造であり，カンチレバーの共振周波数を用いる．

$LiNbO_3$ はシリコンなどの MEMS 材料に比較し，構造体として共振先鋭度（Q）が高く，狭帯域で安定な物性をもっている．これをアレイ化することで，幅広い周波数成分をもった AE 周波数を，信号処理に頼らずとも高い分解能で分別できる可能性が期待できる．

機械共振特性は構造により決定される．圧電材料に $LiNbO_3$ を用いる場合，化学的に高安定な物性をもっているため，一般的な MEMS プロセス加工は使えないため，マシニング・プロセスを併用することになる．したがって構造体を設計する場合，できるだけシンプルな形状にすることを考えなければならない．$LiNbO_3$ は周波数濾過器としての使用実績が多数あり，RF 帯の SAW フィルタとして一般的に知られている．また共振先鋭度（Q）の高さを利用したセンサとして，$LiNbO_3$ 音叉ジャイロなども量産製品となった実績がある[9]．

今回の音響コム型デジタル式 AE センサについても，同様の設計手法が用いることができる．設計時に留意しなければいけないポイントとしては，まずは材料

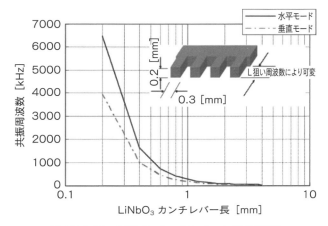

図 10.4.13 $LiNbO_3$ カンチレバーの共振周波数

---

9) 若月昇，ニオブ酸リチウム及びタンタル酸リチウム圧電単結晶を用いた電子機構デバイス，電子情報通信学会論文誌 C，Vol.J87-C, No.2, pp.216-224（2004）．

のもっている異方性特性である．前出の PZT など圧電膜を用いる場合，成膜の後に分極処理を行えば，任意の方向性特性が作り出せるが，$LiNBO_3$ の場合，分極を形成するキュリー温度が 1,130〜1,140［℃］と高いため，結晶育成の時点で分極処理を行う．このため，でき上がったウェハの結晶方位に特性の依存性があり，特に機械特性を電気特性に変換する，いわゆる電気機械結合係数（K）は 0〜50％まで，異方性により変化する．

この結合係数は高いほどエネルギー効率が高い，すなわちセンサ感度が高くなるということである．そこで結合係数の高い方位を選択することになる．

機械共振特性は，カンチレバーの形状により決定され，上記と同じく Warner の物性定数を用いて，次式により計算することができる．

$$fn = \frac{kn^2}{2\pi}\sqrt{\frac{EI}{\rho AL^4}} \quad (10.4.1)$$

ここで，E：縦弾性係数，I：断面二次モーメント，A：断面積，L：長さ，ρ：密度．

構造体の基板の設定，構造体の加工形状は上の計算により，図 10.4.13 に示したように所望の周波数を設計することができる．

図 10.4.14 は $LiNBO_3$ を用いた音響コム型デジタル式 AE センサのアレイの特性の計算結果を示す．高精度で，高感度な特性が得られていることがわかる．

図 10.4.15 は $LiNBO_3$ を用いた音響コム型デジタル式 AE センサの試作品を示す．

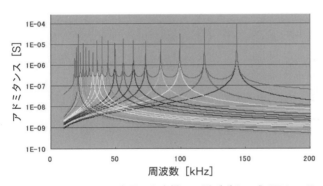

図 10.4.14　$LiNBO_3$ を用いた音響コム型デジタル式 AE センサのアレイの特性の計算結果

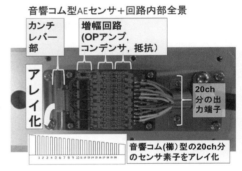

図 10.4.15　$LiNBO_3$ を用いた音響コム型デジタル式 AE センサの試作品

11章 流体・粘度・その他の測定

11.1 流体の測定

11.1.1 流体とは

流体（fluid）とは液体と気体の総称で，どちらも変形や流動が容易で，運動の仕方が似ており，共通した取扱いが可能である．流体を捉える視点は主に2つある．ひとつは流体の動き，つまり**流れ**である．特に，**流体力学**は流体における力の釣り合い，運動の関係などを議論する学問である．

もうひとつは，後述する**粘性**である．例えば，静止した流体では，その中に任意にとった面を通して，面に垂直な圧力だけが働くが（パスカルの原理），運動する流体では変形（ひずみ）速度にさからう粘性による力（**粘性応力**）が現れる．静止状態ではせん断応力が発生しないが，運動する流体ではこの粘性のため，面の接線方向にも力が働いてせん断応力が生じる．

実際に粘性が問題となるのは主に液体に限られる．というのも，航空機やロケットのように気体中を高速運動する場合を除き，気体は比較的サラサラした流体であり，気体の接する面の流れ方向にかかる力（**接線応力**）を無視しても，通常大きな誤差が発生しないと考えられるからである．このように，運動中（流動状態）に接線応力の現れない理想的な流体を**完全流体**（perfect fluid）または**非粘性流体**（inviscid fluid）という．液体のほとんどすべては粘性をもった**粘性流体**（viscous fluid）である．後述するが，例えば円筒形容器に水を入れ，容器の垂直中心軸の周りに容器を回転させると，最初は静止していた水は器壁に引きずられて運動を始め，ついには容器と一体となってあたかも剛体のように回転する．これは水と容器の壁が接する面において，流れ（運動）の方向に力（後述する**せん断応力**）が現れた結果であり，このような力が現れる流体を**粘性**（viscosity）をもった流体と呼ぶ．粘性流体はさらに，**ニュートンの粘性法則**（Newton's law of viscosity）が適用できる**ニュートン流体**（Newtonian fluid）と，ニュートンの粘性法則が成り立たない**非ニュートン流体**（non-Newtonian fluid）とに大別される．**図 11.1.1** は流体を大きく分類したものである．

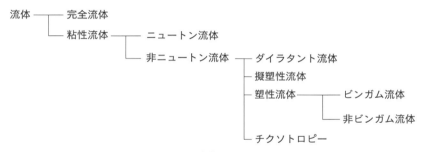

図 11.1.1 流体の大まかな分類

11.1.2　流速と流量

　流速［m/s］とは流体の局所的な流れの速さや，それらを平均した流れの速さである．**流量**（flow rate）とは，**流体（液体と気体）が移動する量（体積，質量）を表す物理量**で，JIS B 0142 油圧・空気圧システム及び機器−用語では，流路の断面を「単位時間に通過する作動流体の量」と定義されている．これには**体積流量**[1]（volume flow rate）［m³/s］と**質量流量**[2]（mass flow rate）［kg/s］とがある．前者はある断面積を通過する流れの束，後者はそれに密度をかけたものである．さらに，**瞬間流量**[3]と**積算流量**[4]に分類できる．

　流体の流れの状態には**層流**[5]と**乱流**[6]とがあり，断面が円形の管路内の流れが層流のときは中心部の流速の1/2が平均流速となる．流れの状態は流体の密度と粘度および管の直径によって左右され，次に示す**レイノルズ数 Re**[7]（無次元数）でほぼ判定できる．

$$Re = \frac{4\rho Q}{\pi \eta D} \tag{11.1.1}$$

ただし，Q：流量（$L^3 T^{-1}$），ρ：流体の密度（ML^{-3}），η：流体の粘度（$ML^{-1}T^{-1}$），D：管の直径（L）である．$Re \leq 2{,}300$ では**層流（低臨界レイノルズ数**[8]）で，$Re \geq 5{,}000$ では**乱流（高臨界レイノルズ数）**になるといわれているが，管壁の状態によっても違ってくるので明確な区別はできないので，1つの目安と理解すればよい．

11.1.3　流速を計るピトー管

　流体の粘性や圧縮性が無視できる定常流の場合（これを**非粘性流体（完全流体）**という），**図 11.1.2** に示すような管中の流れの2点A,Bについて，密度 ρ［Pa = kg/m³］，静圧 p_A, p_B［Pa］，流速 v_A, v_B［m/s］としたとき，次式の**ベルヌーイの定理**[9]（Bernoulli's theorem）が成り立つ．

$$全圧力 = \frac{1}{2}\rho v_A^2 + p_A = \frac{1}{2}\rho v_B^2 + p_B \tag{11.1.2}$$

---

1) JIS B 0142 では，「流路の断面を単位時間に通過する作動流体の体積」と定義される．
2) JIS B 0142 では，「流路の断面を単位時間に通過する作動流体の質量」と定義される．
3) 瞬間流量（instantaneous flow）とは，一定時間あたりに流れる量を指す．例えば，1分間に10リットル流れるときの瞬間流量は 10［l/min］，1秒間に 100 ml 流れる瞬間流量は 100［ml/sec］（= 6［l/min］）となる．
4) 積算流量（accumulated flow）とは，測定開始から流れた量の累積値を指す．例えば，瞬時流量100［l/min］で1時間，タンクに水を貯めた場合，積算流量は 6,000 l（6 kl）となる．
5) 層流（laminar flow）とは，流体の層が規則正しく通過することを特徴とする流れで，管内の流れではその流体の流線が常に管軸と平行なもののこと．低いレイノルズ数において発生し，そこでは粘性力が支配的であり，滑らかで安定した流れが特徴である．
6) 乱流（turbulence）は，層流に対して流体の無秩序な動作を特徴とする流れで，高いレイノルズ数において発生し，そこでは慣性力が支配的であり，無秩序な渦や不安定な流れが特徴である．
7) レイノルズ数 Re（Reynolds number）は「流体力学において慣性力と粘性力との比」で定義される．流れの中でのこれら2つの力の相対的な重要性を定量している．レイノルズ数はオズボーン・レイノルズ（1842～1912）の名に由来する．
8) 臨界レイノルズ数（critical Reynolds number）とは，与えられた流れの条件によって，流れが層流か乱流かの境界を示すレイノルズ数である．
9) ベルヌーイの定理（Bernoulli's principle）とは，「定常的に流れている流体の任意の点において，圧力水頭，速度水頭および高さの和は一定である」という定理．ベルヌーイの式は流体の速さと圧力と外力のポテンシャルの関係を記述する式で，力学的エネルギー保存則である．この定理により流体の挙動を平易に表せる．ダニエル・ベルヌーイ（Daniel Bernoulli，1700～1782）によって1738年に発表された．

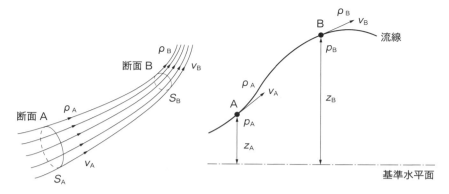

図 11.1.2 流管とベルヌーイの定理

ピトー管[10]（Pitot tube）はフランスのピトー（Pitot）が考案したもので，**図 11.1.3** の 2 重円筒型構造をもつ．v_A は管中心の流速で 0 であり，v_B は管壁を流れる流速である．すなわち，先端孔 A：流速 $v_A = 0$，圧力 p_A（全圧），側面孔 B：流速 $v_B = V$，圧力 p_B（静圧），これらを式（11.1.1）に代入すると流速 v_B が求まるが，ピトー管を流れに挿入すると流れに乱れや形状による誤差が発生する．これを補正するため，ピトー管係数 k を掛けて次式のように表す．

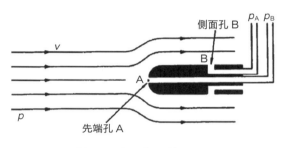

図 11.1.3 ピトー管の原理

$$v = k\sqrt{\frac{2(p_A - p_B)}{\rho}} \tag{11.1.3}$$

11.1.4 流量測定

図 11.1.4 は**流量計**[11]の分類を示す．
(1) 容積流量計（volumetric flowmeter）
流体を一定体積ずつ"ます（升）：定量空間"で測って送るような方法であり，**表 11.1.1** に示すように，2 個の扁平ローダや楕円歯車をかみ合わせ，定量空間内に流体を取り込み，それを放出して定量送り出す．そのときのローダや歯車の回転数を測って，単位時間あたりに流量計を通過した流体容積を表示する．主にガスや水道メータに用いられる．

---

10) ピトー管（pitot tube）は図 11.1.2 に示すように，流れの総圧を計るための穴を先端に開けた管と，静圧を測るための穴を側面に開けた管とを用い，総圧と静圧との差から動圧を測定して流速を知る計測器である．
11) 流量計（flowmeter）とは，流体の流量を測定する計測器で，水量計，ガスメータなどもその一種である．容積流量計，質量流量計および差圧（面積）流量計に大別される．容積流量計（例：ロータリー・ピストン式，ルーツ式，歯車式）は一定の体積の流体が送り出される回数を測り，質量流量計（例：熱量型，差圧型，運動量型）は通過した流体の質量に比例する物理量を測り，差圧流量計（例：ベンチュリ管，オリフィス）は流路中に細く絞った個所を設けて，その両側での圧力差を測って流量を知るものである．

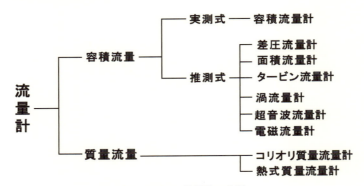

図 11.1.4 流量計の分類

表 11.1.1 容積流量系

名称	オーバル歯車式	ルーツ
概要説明	ケーシングの中に2個の楕円形歯車が組み合わされて入っている．歯車は上流側，下流側の面に働く圧力差から生じるトルクによって，図の矢印の向きに回転し，その時にケーシング内壁と歯車の間に挟れた一定体積の流体が送り出される．	ケーシングの中に2個のまゆ形の回転子が組み合わさっており，オーバル歯車式と同じく上流側と下流側の圧力差によって回転子が回転し，ケーシングと回転子間の一定体積の流体が送り出される．これらの形式の容積流量計は気・液体の両方に使用される．
図		

(2) 差圧流量計 (differential flowmeter)

表 11.1.2 のように管路内に**絞り**（**オリフィス**, orifice）があり，絞り前後の断面でベルヌーイの定理を適用して，A, B 断面の差圧から流量が求められるが，実際には縮流の影響で S_B は絞りの断面積より小さく，また粘性の影響などのため，係数 K を修正して求める．絞り部にはオリフィス以外に表 11.1.2 に示す**ノズル**（nozzle）や**ベンチュリ管**（Venturi tube）が用いられ，標準の絞り部の形状値はJISで決められた規格値を利用する．差圧流量計では絞り部の断面積は一定とし，前後の差圧から流量を求めるのに対して，面積流量計は差圧を一定とし，絞り面積の変化割合から流量を求める．面積流量計の代表的なものは**ロータメータ**（rotameter）で，テーパ管の中にフロートがあり，流体は下から上に流れる構成になっている．したがって，流体はテーパ管とフロートのすきまを流れるため，流量が増加するとフロートは上昇し，すきまの大きさを拡大する．テーパ管につけられた目盛から流量を読み取ることができる．

(3) その他の方式の流量計

電磁流量計（electro magnetic flowmeter）は，磁場の中を導体が動くと，その導体に起電力が発生するという**ファラデー電磁誘導の法則**[12]を利用している．

超音波流量計（ultrasonic flowmeter）は，超音波が流体中を伝搬するとき，音速は流体の速度が合成された速度になることを利用した流量計である．

表 11.1.2 種々の差圧流量計

名称	オリフィス	ノズル	ベンチュリ管	フロート式（ロータメータ）
概要説明	流路を穴あき板（オリフィス板）で絞り，その前後の圧力 p_A, p_B の差を求めて流量を算出する．基本式は式(11.1.2)のベルヌーイの定理．	絞り部に助走部（吹き出し口）を設けて通過流量によって絞りの前後の圧力差を利用．	流体損失が小さくなるようにテーパ管で絞り部を設け，通過流量によって絞りの前後の圧力差を利用．	テーパ管とフロートで構成される流量計で，フロートの位置を読んで流量を測る．バイオや医療分野で使われている．
図	$Q = K \times \sqrt{p_A - p_B}$ Q：流量 $p_A - p_B$：差圧 K：定数			

表 11.1.3 その他の流量計

名称	電磁流量計	超音波流量計	カルマン渦流量計
概要説明	磁束密度 B (T) の磁場中にある管路（内径 D）の中を導電性流体が速度 v [m/s] で流れると，電極間に生じる起電力 E [V] は流体の平均速度 v に比例するので，流量が測定できる．	管の中心軸に対し θ 角で超音波送受信兼用のトランスデューサ T_1, T_2 を配置して，T_1 から T_2 へ音波が伝わる送受信時間の差を求めて流速を測る．	量渦発生の周波数は一定の法則に従うため，渦周波数から流量が測定される．
図			

渦流量計（vortex flowmeter）は，流れの中に円柱などの物体を置くと，**表 11.1.3** に示すように物体の後方に規則的列は**カルマン渦**[13] が形成される．その渦発生の周波数から流量が測定される．その渦周波数はサーミスタ，ひずみゲージ，圧電センサを用いて検出する．

---

12) ファラデー電磁誘導の法則（Faraday's law of induction）とは，電磁誘導において，1つの回路に生じる誘導起電力の大きさはその回路を貫く磁界の変化の割合に比例するというもの．ファラデーの誘導法則と呼ばれる．
13) カルマン渦（Kármán's vortex）は，流れの中に障害物を置いたとき，あるいは流体中で固体を動かしたときに，その後方に交互にできる渦の列のこと．ハンガリーの流体力学者セオドア・フォン・カルマンに由来する．

11.2 粘度の測定

11.2.1 粘度とは

細い管を液体または気体が流れる場合，図 11.2.1 に示すように，流れの方向に 1 枚の板があるとすれば，板面 S には図のようなせん断力 F が働く．管壁と液体の摩擦のため，壁に近い部分では遅く，管の中央部で最も速い．このように流体速度 v が流れ方向に垂直の z に対して勾配をもち，その**速度勾配** $V = dv/dx$（ずり速度あるいはせん断速度，shearing rate）がせん断応力 τ [Pa] に比例しているとき，比例係数 η [Pa·s] を**粘度**（viscosity）といい，μ は次式で表される．

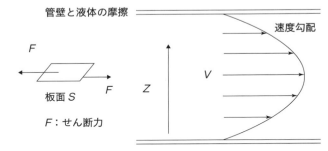

図 11.2.1 管の流れの様子

$$\mu = \frac{F}{S} = \eta \frac{dv}{dx} \tag{11.2.1}$$

このように，粘度とは内部摩擦によって生じる流れにおける流体の抵抗であり，つまり物質のねばりの度合いである．**粘性率**，**粘性係数**，または（動粘度と区別する際には）**絶対粘度**ともいう．SI 単位は [Pa·s]（パスカル秒）である．cm²/s = 10^{-4}m²/s = 1 [St]（ストークス）も使われる．1 [mm²/s] = 1 [cSt]（センチストークス）である（**表 11.2.1**）．

表 11.2.1 空気，水，水銀の粘度，動粘度，密度

	粘度 [Pa·s]	動粘度 [m²·s⁻¹]	密度 [kg·m⁻³]
空気	1.80×10^{-5}	1.5×10^{-5}	1.205
水	1.002×10^{-3}	1.004×10^{-6}	9.982×10^{2}
水銀	1.56×10^{-3}	1.15×10^{-7}	1.35×10^{4}

11.2.2 動粘度

粘度 η [Pa·s] を流体密度 ρ [kg·m⁻³] で割った値を**動粘度**（kinematic viscosity）ν [m²/s] といい，次式で表す．

$$\nu = \eta/\rho \tag{11.2.2}$$

表 11.2.1 に空気，水，水銀の粘度，動粘度，密度を示す．空気は 1.5×10^{-5}，水は 1.004×10^{-6} とされている．通常，動粘度はガラス製の動粘度計により測定する．一定体積の液体が流下するのに必要な時間を計って換算する．粘度は温度によって変化するので，恒温槽が使われる．各工業用オイル，エンジンオイル，ガソリンなどの品質管理に欠かせない．

例えばレイノルズ数を求める場合，$Q = \pi D^2 v/4$ であるから，これを式（11.1.1）に代入して，$Re = vD\rho/\eta$ が得られる．ここで，$\nu = \eta/\rho$ を代入すると，$Re = vD/\nu$ となり，平均流速 v が既知であれば容易に Re を算出できる．

11.2.3 ニュートン流体と非ニュートン流体

11.1.1項で述べた**ニュートン流体**（Newtonian fluid）とは，図11.2.1に示した，流れのせん断応力 F と流れの速度勾配（ずり速度，せん断速度）$V = dv/dx$ が比例した粘性の性質をもつ流体のことで，この流れのことをニュートン流体という．この比例関係が成立した**粘性率** μ [Pa] は，ずり速度に比例し次式で表される．

$$\mu = \eta \frac{dv}{dx} = \eta V \tag{11.2.3}$$

これを**ニュートンの粘性法則**という．流体の種類によって固有の物性値であることが表される．低粘度の水，コーヒーや高粘度の蜂蜜はニュートン流体であり，マーガリンのような粘度が変わるニュートン流体に当てはまらないものを**非ニュートン流体**（non-Newtonian fluid）という．これをグラフにしたのが**図 11.2.2** である．

①はニュートン流体である．②〜⑤のような流動性を示すものは非ニュートン流体となり，ずり速度の大きさによって粘度 τ/V は変化し粘度は一定値とならない．②は**ダイラタント流体**（dilatant fluid）といい，ずり速度 V の増加に伴い粘度は増加する．代表的なものとしては，片栗粉と水（1:1）で混ぜ合わせたもので，そーっと流すと水のように流れ，これを棒でかき混ぜるとぎゅっと締まって流れにくくなる．③は**擬塑性流体**（pseudo plastic fluid）といい，ずり速度 V の増加に伴い粘度は減少する．マヨネーズやケチャップなど，チューブに入った身近な食品の多くは，これにあたる．④と④'は**塑性流体**（plastic fluid）といい，例えば，バターはナイフで力を加えるとトーストに塗ることができるが，ある程度の力を加えないと動き出すことはない．このバターを流動させるために必要な力を降伏応力 τ_0（ある臨界のずり応力）以上にならないと流動しない流体である．降伏後，τ と V とが直線関係になるもの④を**ビンガム流体**（Bingham fluid），といい，その値を降伏値という．非直線関係のものを**非ビンガム流体**（non-Bingham fluid）という．⑤は**チクソトロピー**（thixotropy）と呼ばれ，ずり速度の増加過程と減少過程との間にヒステリシスが生じる．これは静止状態ではゲル状の液体が流動によりゾルになり，再び静止させることによりゲル化するためである．

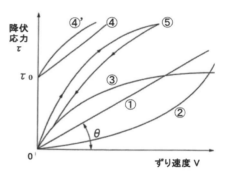

図 11.2.2 ニュートン流体と非ニュートン流体

11.2.4 粘度の測定方法

石油化学，高分子化学などの粘性工業品の発展に伴い，種々の液体の粘性測定が行われるようになった．粘度測定の主な目的は次の7つになろう．
① 流動挙動が製品の均一性と品質の間接的な物差しとなる．
② 物質の特性化・差別化に適した良い方法である（分子量，分子量分布，粒度，粒度分布，濃度，構造の度合いなど）．
③ 作業性の直接評価ができる（塗布，コーティング性，スプレー性，パイプライン設計，膜厚管理，印刷性など）．
④ 化学反応課程の追跡（重合・縮合のエンドポイント）．

⑤製造工程・最終製品の品質管理.
⑥プロセスのモニタリングおよびコントロール.
⑦化学的調合および調合剤の種類による,流動性変化・影響についての研究.

さて,JIS Z 8803 の「液体の粘度—測定方法」では,①毛細管式粘度計,②落球式粘度計,③共軸二重円筒形回転式粘度計,④単一円筒形回転式粘度計,⑤円錐平板形回転式粘度計,⑥振動式粘度計の 6 種類に分類されている.代表的な測定法を**表 11.2.2** に示す.

表 11.2.2 の中で,もっとも広く用いられ,特に石油類の動粘度測定に使用される**毛細管式粘度計**(tube viscometer)について見ておく.毛細管式粘度計にもいくつかの種類がある.それを**表 11.2.3** に示す.層流の速度分布を放物線とした**ハーゲン・ポアズイユの法則**[14] を用いる.表 11.2.2 の毛細管式粘度計の図に示すように,細い円管を流れる流体の量は,管の両端の圧力差と管の半径の 4 乗に比例し,管の長さと流体の粘性に逆比例する.理論的には単位時間の流量 Q は式(11.2.4)で与えられる.

表 11.2.2 種々の粘度計

名称	毛細管式	落球式	回転式	振動式
概要説明	円筒細管内を流体が層流として流れるとき,図のように単位時間に流れる流体の流量を Q,細管の直径 $2r$ と長さ L,細管の両端の圧力を P_1, P_2,圧力差 $P_1 - P_2$ を ΔP とすると,流量 Q は圧力勾配 $\Delta P/L$ に比例する.この現象はポアズイユの法則と呼ばれ,式(11.2.4)のように表される.図の毛細管式粘度計で,細管を流れる流体の流量 Q と細管両端の圧力差 ΔP を測定することで,粘度 η が求められる.	試料中に寸法と密度が既知の円柱形 or 球形の剛体を試料中で自由落下させ,一定の距離を落下させるのに必要な時間を測定して粘度を測定する方法.図の原理図は重力場での剛体の自由落下の法則より粘度を求める.	非ニュートン流体中に置かれた円筒,円板などを回転させるか,円筒,円板を固定し,周囲の流体に同心円状の回転運動を与えたとき,粘性によるトルクが粘度に比例することを利用して測定する.図は共軸二重円筒形の外筒回転方式,内筒回転方式の構造である	流体中で物体を振動させたとき,流体の粘性により振動は減衰するが,減衰が流体の粘度,または粘度と密度の積と一定の関係にあることを利用して測定する.振動式粘度計は,短冊状の薄い金属片(磁歪合金製)を高い周波数で振動させて,振動の減衰を電気的に検出,処理することにより「粘度×密度」の値を得る.
図	$Q = \dfrac{\pi r^4}{8\eta} \dfrac{\Delta P}{L}$ $\eta = \dfrac{\pi r^4}{8L} \dfrac{\Delta P}{Q}$		単一円筒形 共軸二重円筒形 コーンプレード形	板ばね,変位センサ,電磁駆動部,温度センサ,試料,振動子(感応板)

---

14) ハーゲン・ポアズイユの法則(Hagen-Poiseuille's law)とは,ハーゲン・ポアズイユ流れにおける(体積)流量に関する公式のことを指す.この流れは,管径が一定の円管を流れる粘性をもつ流体(非圧縮性のニュートン流体)の定常層流解,つまり円形の管の中をゆっくり流れる水などの流れ方に関する厳密解である.

表 11.2.3 毛細管式粘度計の種類

名称	用途	測定範囲	種類数
キャノン・フェンスケ (SO)	少量の試料の測定に適する.	測定範囲 $0.5 \sim 20{,}000$ mm^2/s{cSt}	12 種類
キャノン・フェンスケ 逆流形 (不透明液用) (SF)	不透明な試料の測定に適する.	測定範囲 $0.4 \sim 20{,}000$ mm^2/s{cSt}	12 種類
ウベローデ (SU)	液柱差が常に一定に保たれるため, SO, SF より精度が高い.	測定範囲 $0.3 \sim 100{,}000$ mm^2/s{cSt}	16 種類
オストワルド	比較測定に用いられる.	毛細管内径 $\phi 0.5 \sim 1.75$ mm	6 種類
	ポリ酢酸ビニル用.	JIS K 6725 を参考に製造されている.	1 種類
	ポリビニルアルコール用.	JIS K 6726 を参考に製造されている.	1 種類

$$\eta = \frac{\pi r^2}{8lq}(p_1 - p_2) \qquad (11.2.4)$$

ここで $(p_A - p_B)$ は管の両端の圧力差, l は管の長さ, r は半径, η は粘性率. この法則は粘性率の測定の基礎となる. 流れのレイノルズ数が約 2,000 以上の場合(例えば太い円管)には流れは乱流となり, この法則は成り立たない.

11.2.5 粘度の標準

粘度の標準としては, 蒸留水の粘度が精密に測定されており, 1 気圧, 20.00 [℃] における蒸留水の粘度 1.002 [mPa·s](動粘度 1.0038 [mm^2/s])が日本における粘度の第一次標準になっている. 粘度の標準は, JIS Z 8809 に規定される 13 種類の粘度計校正用標準液があり, 20 [℃] における動粘度を基準値として, 粘度計の校正に利用される.

11.3 pH の測定

11.3.1 pH とは

pH(potential Hydrogen)とは, **水素イオン指数**または**水素イオン濃度指数**と訳され, 水素イオンの濃度を表す数値である. 通常, 水溶液中での値を指し, 1 atm・25 [℃] の状態で pH は概ね 0 ～ 14 程度の範囲にあり, pH = 7 が**中性**(neutrality), pH が 7 よりも小さくなるほど**酸性**(acidity)が強く, 逆に pH が 7 よりも大きくなるほど**アルカリ性**(alkality)が強い. 強酸になれば 1, 強アルカリでは 14 に近づく.

11.3.2 pH の測定

pH の測定には, 指示薬法(リトマス紙, pH 指示薬(酸塩基指示薬), 液タイプ, pH 試験紙), 金属電極法(水素電極法[15], キンヒドロン電極法[16], アンチモン電極法[17]), ガラス電極法, 半導体センサ法等がある. **表 11.3.1** に代表的な pH 測定法を示す.

表 11.3.1 pH 測定法のいろいろ

種類	指示薬法				金属電極法	ガラス電極法	半導体センサ法
名称	リトマス紙	pH 指示薬（酸塩基指示薬）	液タイプ	pH 試験紙	水素電極	pH 計	ISFET
概要説明	単に酸性，中性またはアルカリ性かを確認する色の変化により，酸性（青→赤），アルカリ性（赤→青），中性（共に変化なし）を判定する．	水素イオン濃度（pH）により変色する色素で，pH の測定や中和滴定の終点を決めるのに用いられる．	必要に応じ，試験管などに分取した液に指示薬を加え，判定する．通常，指示薬の一覧にあるような色素が用いられ，市販されており，それぞれ色が異なる．複数試すことで，液の pH が概ねいくつかを判断することができる．	溶液の水素イオン濃度（pH）を測定するのに用いられる試験紙，上質の精製のろ紙に酸塩基指示薬をしみ込ませ，乾燥したのち短冊形に切ったもの．	この方法は種々の pH 測定の基準となる最も信頼できる測定法で，白金，水素ガスを用いた電極を測定溶液に浸し測定する．	ガラス電極と比較電極の 2 本の電極を用いて，この 2 つの電極の間に生じた電圧（電位差）を知ることで，ある溶液の pH を測定する方法．この方法は，工業分野を含む全分野で広く使われる．	ガラス電極の機能を半導体チップで実現したもの．ISFET (Ion Sensitive Field Effect Transistor（イオン応答電界効果トランジスタ））と呼ばれ，割れにくい特長のほかに，小型化・微小化できる．
図							

11.4 放射線の測定

11.4.1 放射線とは

放射線（radiation, radial rays）とは，高い運動エネルギーをもって流れる物質粒子（イオン，電子，中性子，陽子，中間子などの粒子放射線[18]）と高エネルギーの電磁波（ガンマ線，X 線のことで

---

15) 水素電極法（hydrogen electrode method）の水素電極とは，白金線，あるいは白金板に白金メッキにより白金黒をつけたものをサンプルに浸し，その溶液と白金黒とに水素ガスを飽和させる電極である．水素電極法は，種々の pH 測定方法の基準ともなるもので，他の pH 測定法は水素電極法の値と一致することを求められる．

16) キンヒドロン電極法（quinhydrone electrode method）とは，キンヒドロンを液に加えると，ハイドロキノンとキノンとに分かれ，キノンは液の pH に応じて溶けるので，白金電極と比較電極によって電位差から pH を求められる．この方法は簡単だが，酸化性あるいは還元性物質のある場合や，被検液の pH が 8，9 以上の場合に用いられない欠点があるため，現在ではほとんど用いられていない．

17) アンチモン電極法（Antimony electrode method）とは，アンチモンの棒の先端を磨いて比較電極とともにサンプルに浸し，双方の間の電位差から pH を求める方法．丈夫で取り扱いやすいためによく用いられていたが，電極の磨き方によって指示が変わることや，再現性が良くないことなどから現在では限られた用途以外には用いられていない．

18) 粒子放射線（particle radiation）とは，放射線の中でも粒子の性質をもつもので，アルファ線（He 原子核），ベータ線（電子），陽電子線（陽電子），陽子線（陽子），重イオン線（重イオンビーム），中性子線（中性子）に分類される．

電磁放射線[19]）の総称である．

放射性物質[20]）は放射性崩壊を起こすことで不安定な原子核の構造から安定した原子核の構造に変化しようとするが，その際に粒子または電磁波の形で放出されるのが放射線である．放射線は，直接的あるいは間接的に，物質中の原子や分子を電離または励起させる（物質にエネルギーを与える）．放射線は生物にとって有害であり，強度によっては死に至らせるため，放射線防護のために各国で法律が制定されている．生活環境にある放射線は**環境放射線**と呼ばれるが，誰しも世界平均合計で 2.4 [mSv] 前後の自然放射線による被曝を受けているといわれる．

11.4.2　放射線の測定

放射線の測定に関しては，1895 年にドイツのヴィルヘルム・レントゲンによる **X 線**の発見，1896 年にフランスのアンリ・ベクレルによる**放射能**（radio activity）の発見，1898 年にポーランドのキュリー夫婦による**ラジウム**（radium）の発見以来，放射線の各分野への利用が始まり，放射線応用計測器の実用化が始まったのは 1950 年代の半ばからで，1954 年に後方散乱形 β 線厚さ計をアルミニウム箔製造プロセス，特に製造ラインの非接触測定が実現できた．同じ年に，透過形 β 線厚さ計が実用化され，ゴムシート製造ラインで使用された．続いて γ 線レベル計，γ 線厚さ計，γ 線密度計，中性子水分計などが実用化された．

放射線応用計測器の基本構成は，「線源，検出器，電子回路」であり，それぞれについて 1950～1960 年代にかけて工業利用化の研究がされた．検出方式は，用途により電離箱方式とシンチレータ方式に大別される．電離箱方式では，微少な電離電流を検出する必要があり，シリコンダイオード可変容量素子を利用した固体化電位計を実現することにより，安定性の向上が実現できた．レベル計の検出器は最初にGM（ガイガー＝ミュラー）管が使われていたが，より工業用に適したシンチレーション方式の検出器が開発された．

表 11.4.1 は各種検出器について，その具体的用途と種類例をまとめたものである．放射線検出器は電離作用，発光作用を利用するものとその他のものに大別される．**放射線応用計測器**は，放射性同位元素から放射される放射線と測定物との相互作用（吸収，散乱等）を利用して測定する．非接触での測定が可能で，かつ情報が電気信号で得られる等，数多くの特長をもっている．その利点を生かして，紙パルプ業や鉄鋼業ではシート状の物質を製造するプロセスで厚さを測定する厚さ計，石油精製，化学プラントなどにおけるタンク内蔵物の高さを測定するレベル計，また，各種業種における水分，密度測定等に使用されている（**表** 11.4.2）．

放射線応用計測器は一般的に，①非接触測定が可能なため，高圧タンク内の液面，高温鉄板の厚さ，粘度の高い液体の密度等が測定できる，②温度・振動・圧力等の影響を受けにくい，といった特長をもつ．

---

19) 電磁放射線（electromagnetic radiation）とは，放射線のうち電磁波であるものをいい，一般に紫外線よりも波長の短いエックス線（X 線），ガンマ線（γ 線）を指す．エックス線とガンマ線との違いは，基本的にはエネルギーではなく，発生の仕方によって分けられる．ガンマ線は原子核内のエネルギー準位の遷移，エックス線は軌道原子の遷移を起源とするものである．公衆被曝で問題となるのは，この波長が極めて短いことで高い透過性をもった電磁放射線である．
20) 放射性物質（radioactive substance）とは，放射能をもつ物質の総称で，主に，ウラン，プルトニウム，トリウムのような核燃料物質，放射性元素もしくは放射性同位体，中性子を吸収または核反応を起こして生成された放射化物質を指す．

表 11.4.1 放射線検出器の適用と検出器の分類

用途		適応機種	測定線種	検出器の種類									
				電離作用					発光作用			その他	
				電離箱	BF$_3$比例計数管	He$_3$比例計数管	GM計数管	半導体検出器	NaIシンチレータ	プラスチックシンチレータ	ZnSシンチレータ	フィルムバッジ	TLD
空間線量測定	敷地内外固定式	環境モニタ	γ線	○					○				
	建屋内固定式	エリアモニタ	γ線, 中性子線	○	○	○	○	○	○				
	携帯式	サーベイメータ	γ線	○				○	○				
	携帯式	レムカウンタ	中性子線			○							
汚染測定	携帯式	サーベイメータ	α線, β線				○	○		○	○		
	人体表面	体表面モニタ ハンドフットモニタ	β(γ)線							○			
	人体内部	ホールボディーカウンタ	γ線					○	○				
	物品表面	物品搬出モニタ	β(γ)線							○			
個人線量測定	個人装着	個人線量計	γ, β線 中性子線					○				○	○
	個人装着	電子式線量計	γ, β線 中性子線					○					
放射能濃度測定	施設排水	水モニタ	γ線, β線						○	○			
	施設排気	ガスモニタ	γ線, β線	○					○				
	施設内空気	ダストモニタ ヨウ素モニタ	α, β線 β線				○	○	○	○			
放射線応用機器	鉄板等厚さ測定	厚板用厚さ計	γ線	○						○			
	紙, フィルム等厚さ測定	薄板用厚さ計	γ線	○									
		X線厚さ計	X線	○									
	容器内液体等レベル測定	β線厚さ計	β線	○									
		レベル計	γ線						○				
	密度測定	密度計	γ線						○				
	含水量測定	水分計	中性子線		○								
	石油硫黄分測定	石油硫黄計	γ線, X線	○									

11.4 放射線の測定

表 11.4.2 主な放射線応用計測器の利用分野と使用線源

種類	原理図	代表的利用分野（業種）	代表的線源（核種・数量）	
厚さ計		鉄鋼，パルプ・紙，化学，非鉄金属	^{85}Kr (β) ^{90}Sr (β) ^{147}Pm (β) ^{137}Cs (γ) ^{241}Am (γ)	$\sim$ 37 GBq $\sim$ 3.7 GBq $\sim$ 37 GBq $\sim$ 1.11 TBq $\sim$ 1.85 GBq
ガスクロマトグラフ		教育・研究機関，化学，計測サービス，食料品	^{63}Ni (β)	370 MBq
レベル計		化学，鉄鋼，繊維，パルプ・紙	^{60}Co (γ) ^{137}Cs (γ)	$\sim$ 259 GBq $\sim$ 111 GBq
密度計		化学，パルプ・紙，研究機関	^{137}Cs (γ)	$\sim$ 111 GBq
非破壊検査装置		非破壊検査サービス，機械，鉄鋼	^{60}Co (γ) ^{192}Ir (γ)	$\sim$ 1.85 TBq $\sim$ 3.7 TBq
たばこ量目計		たばこ	^{90}Sr (β)	$\sim$ 740 MBq
硫黄分析計		石油・石炭製品，化学，鉄鋼，電気・ガス	^{241}Am (γ)	$\sim$ 22.2 GBq
中性子水分計		鉄鋼，ガラス・土石，化学	^{241}Am-Be (n)	$\sim$ 18.5 GBq
蛍光X線分析装置		鉄鋼，非鉄金属，研究機関	^{55}Fe (X) ^{109}Cd (γ) ^{241}Am (γ)	$\sim$ 1.85 GBq $\sim$ 1.11 GBq $\sim$ 18.5 GBq

11.5 材料関係の測定

モノづくりにおいて欠かせない材料（特に金属材料）関係の主な試験方法は，物理的試験，電気的試験，機械的試験，金相学的試験，化学的試験，非破壊試験などに区別されるが，**表 11.5.1** に金属材料関係の試験の主な方法を示す．

表 11.5.1　金属材料関係の試験方法

機械的試験	引張試験，圧縮試験，曲げ試験，せん断試験，ねじり試験，衝撃試験，疲労試験，クリープ試験，エリクセン試験，摩耗試験，座屈試験，き裂伝ぱ試験
硬さ試験	押込み硬さ試験，動的硬さ試験
化学的試験	腐食試験
組織観察	マクロ組織，ミクロ組織，結晶粒度，非金属介在物

11.5.1　衝撃試験

衝撃試験（impact test）には**アイゾット法**（izod impact strength test）と**シャルピー法**（charpy impact test）がある．前者は，衝撃に対する強さ（靱性）を評価する衝撃試験の方法で，試験値は試験される試料の幅（各規格に試験片の寸法が規定）で破壊に要したエネルギーを割って求める．単位は〔J/m〕で，合成樹脂の機械的性能の評価によく用いられる．

シャルピー衝撃試験は**図 11.5.1** に示すように，長さ 55 × 10〔mm〕角棒の中央に深さ 2〔mm〕の 45 度 V ノッチの入った試験片に対して，振り始め高さ h〔mm〕からハンマを振り下ろして衝撃を与えることで試験片を破壊し，破壊するのに要したエネルギーを試験片の元の断面積で割って求める．試験片の靱性を評価するための衝撃試験である．フランスの技術者ジョルジュ・シャルピーが考案した．試験片は JIS 規格に合わせて U ノッチや，V ノッチに切り欠いて作成する．**シャルピー衝撃値**は，破壊する際の吸収エネルギー E〔J〕で表される．

$$E = mg(h - h') - L \tag{11.5.1}$$

ただし，m：ハンマの質量〔kg〕，g：重力加速度〔kg・m/s^2〕，L：回転する際の損失エネルギー〔J〕，h：振り始め高さ〔m〕，h'：振り終わり高さ〔m〕である．

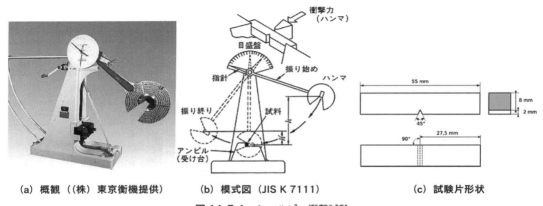

(a) 概観（（株）東京衡機提供）　　(b) 模式図（JIS K 7111）　　(c) 試験片形状

図 11.5.1　シャルピー衝撃試験

11.5.2 引張・圧縮試験

引張・圧縮試験（tensile and compression test）は，円形または長方形断面の平行部をもつ試験片を用いて，その長手軸方向に徐々に引張力を加え，そのときの荷重と伸びの関係から，材料の機械的諸特性を求める．この試験から**応力-ひずみ線図**[21]，降伏点または耐力，引張強さ，伸び率，断面縮み[22]のほかに，比例限度，弾性限度，真破断力，縦弾性係数（ヤング率），ポアソン比などが得られる．鉄鋼の応力ひずみ線図については図7.2.6に示している．引張・圧縮試験は，縦弾性係数，ポアソン比など材料の力学特性を知るうえで，最も基本的なものである．

図11.5.2は引張・圧縮試験機の外観，および応力-ひずみ線図と引張試験片の変形の様子を示す．図（b）に示すように，断面積 A_0，標点距離 l_0 の試験片の引張を考える．（b）の変形前は**フックの法則**が成立する**弾性領域**の状態である．図（c）は一様伸びで，試験片に荷重 P が加えると，平行部分は一様に伸びて l_0 は l に，A_0 は A に減る**塑性変形**である．さらに荷重を加えると，図（d）のように試験片はくびれる．つまり，平行部の一部が**すべり**（slip）と**双晶**（twin）による伸びで細くなり，これ以外の部分は変形しない**ネッキング**（necking）が起こる．ネッキングが発生すると荷重は低下し始

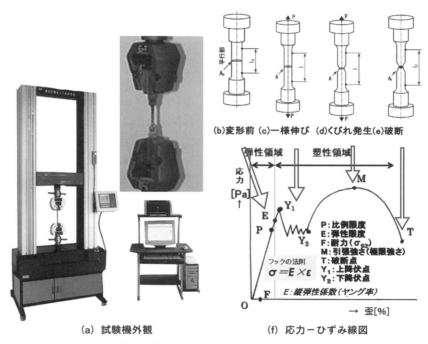

(a) 試験機外観　　　　（f) 応力-ひずみ線図

図11.5.2 引張・圧縮試験機外観および応力-ひずみ線図と引張試験片の変形の様子

---

21) 長さ変化の関係を自動的に記録した結果を荷重-伸び線図といい，この線図の縦軸と横軸をそれぞれ，公称応力（引張荷重／試験片原断面積）と，公称ひずみ（標点距離の伸び／試験片の原標点距離）にとって書き改めたものを応力-ひずみ線図または応力-ひずみ曲線と呼ぶ．

22) 絞り（reduction of area）ともいう．引張試験において，試験片の原断面積を A_0，破断部の最小断面積を A とするとき $\psi = \{(A_0-A)/A_0\} \times 100\%$ をいう．伸びは，A_0 が一定でも試験片長によって異なり，また，くびれの生じる位置にも影響を受けるため，この値は材料の展性や延性を表す尺度としては，伸び率よりも合理的といえる．

める．さらに変形をさせると，ネッキング部の材料内に微視的に金属の**転位**（ディスロケーション，dislocation）が発生し，き裂やボイドを起こし，最終的には破断する（図 11.5.2 (e)）．

応力は単位面積 A [mm²] 当たりの内力であるので，断面に内力 P [kg] が一様に分布しているとき，応力 σ [Pa = N/m²] は次の式で与えられる．

$$\sigma = P/A \tag{11.5.2}$$

引張と圧縮は加力方向が逆であるだけであり，また，圧縮試験は治具の変更で**座屈試験**としても使えるので，**万能試験機**ともいわれる．

11.5.3 硬さ試験

硬さ（硬度，hardness）とは物質，材料の特に表面（表面近傍）の機械的性質の１つであり，材料が異物によって変形や傷を与えられようとするときの，物体の変形しにくさ，物体の傷つきにくさである．

工業的に比較的簡単に検査でき，これを**硬さ試験**と呼ぶ．硬さ試験には**押し込み硬さ，ひっかき硬さ，反発硬さ**の３種があり，その中でも**押し込み硬さ試験**は金属材料で多く用いられる．

押し込み硬さ試験は，一定荷重を加えてできる圧痕（くぼみ）の面積または深さから変形のしにくさ（硬さ）を評価するものである．加える荷重，圧痕をつける圧子先端の形状，硬さ値の計算方法は，①**ブリネル硬さ**（HBS, HBW），②**ビッカース硬さ**（Vickers hardness）（HV）（JIS Z 2244），③**ロックウェル硬さ**（Rockwell hardness）（HRA, HRD, HRC）（JIS Z 2245），④**ヌープ硬さ**，⑤**スーパーフィシャル硬さ**，⑥**マイヤ硬さ**，⑦**ジュロメータ硬さ**，⑧**バーコール硬さ**，⑨**モノトロン硬さ**で定義される．

硬さ試験は鋼製品の熱処理結果の管理などに用いられる．特に上記②，③は現場でよく用いられるので，**表 11.5.2** に示すビッカースとロックウェル硬さ試験についてまとめておく．

機械加工や金型加工の関係では HRC（ロックウェル硬さ C）表記が主流である．

11.5.4 非破壊試験

非破壊試験は **NDT**（Non-Destructive Testing）とも呼ばれ，その意味は材料，製品，構造物などの人工部といった試験対象物を傷つけたり，分離したり，破壊したりすることなしに欠陥の有無とその状態，あるいは対象物の性質，状態，内部構造などを知るために行う試験方法である．その主な目的は，①製造技術の改良，②製造コストの低減，③信頼性の向上，に要約される．

非破壊試験の適用分野として，安全性，健全性が確保される必要のあるあらゆる構造物，製品，材料，例えば，原子力・火力発電所，石油精製，石油化学，ガスなどのプラント，あるいは自動車，鉄道車両，飛行機，船，ロケットなどの輸送関係，ビル等の建物，橋，道路などの社会インフラ，さらに鋼板等の資材や種々の工業製品など多くの分野で使われている．

さて，**図 11.5.3** は非破壊試験の分類を示す．その主だった原理とその種類に属する代表例を**表 11.5.3** に示す．例えばキズの検出では，キズの位置（表面か内部か），形状（円形か線状か），あるいは対象物の材質などにより，それぞれ適する方法が異なる．**図 11.5.4** は欠陥（キズ）の非破壊試験方法の使い分けを模式的に示す．非破壊試験を適用するときは，目的とするキズなどを予め明確にした上で，最適な方法を選択し最適な条件で適用する必要がある．**表 11.5.4** は溶接における欠陥検出のための非破壊試験方法を示す．

表 11.5.2　ビッカース硬さ試験とロックウェル硬さ試験

	ビッカース硬さ試験	ロックウェル硬さ試験
試験機		
圧子		
説明	ビッカース硬さの記号はHVで，頂角136°のダイヤモンドの正四角錐圧子を用い，試験片に圧接くぼみを付けたとき，へこみの対角線の長さdから表面積Sを算出する．試験力Fを算出した表面積Sで割った値がビッカース硬さである．任意の試験力で試験ができる．最も応用範囲の広い試験法である． $$HV \approx 0.102F/S \quad [\text{N/mm}^2] \quad (11.5.3)$$	ロックウェル硬さの記号はHRで，使用する圧子（スケール名）で，HRA，HRB，HRCに分ける．まず試験面（基準面）に基本荷重F_0をかける．次に試験荷重F_1を足した$F_0 + F_1$の力を加え，塑性変形させる．その負荷を基準荷重F_0に戻し，この時の基準面からの永久くぼみの深さを読み取る．ビッカース硬さやブリネル硬さと違い，深さを読むだけなので簡便かつ素早く行えるのが特徴．圧子の種類は先端半径0.2［mm］かつ先端角120°のダイヤモンド円錐と1/16インチの鋼球を使う．さらに試験荷重F_1は60［kgf］・100［kgf］・150［kgf］との3種類，合計6種類．基本荷重F_0は10 kgfが使われる． $$HR = a - b \cdot h \quad (11.5.4)$$ a, bはそれぞれのスケールごとに決められた値，hは基準面からの永久深さ［mm］である．HRA，HRD，HRCのとき$a = 100$，それ以外のとき$a = 130$，どちらの場合も$b = 500$である． 例えば，鋼の硬さを測る時によく使われるロックウェル試験法として，先端半径0.2［mm］かつ先端角120°のダイヤモンド円錐を使い150［kgf］の力をかけるHRCと，1/16インチ（1.5875［mm］）鋼球を使い100［kgf］の力をかけるHRBがある．この場合，式は以下のようになる． $$HRC = 100 - 500h \quad (11.5.5)$$ $$HRB = 130 - 500h \quad (11.5.6)$$

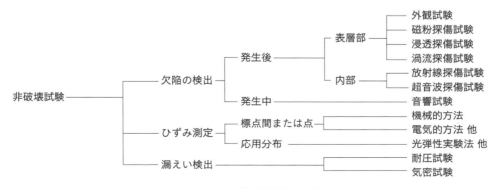

図 11.5.3　非破壊試験の分類

表 11.5.3　非破壊試験で利用する原理

利用する原理	試験方法
光学，色彩学の原理	目視試験，浸透探傷試験
放射線の原理	放射線透過試験，CT 試験
電磁気の原理	磁粉探傷試験，渦流探傷試験
音響の原理	超音波探傷試験，アコースティック・エミッション法
熱学的原理	サーモグラフィ
漏洩の原理	漏れ試験

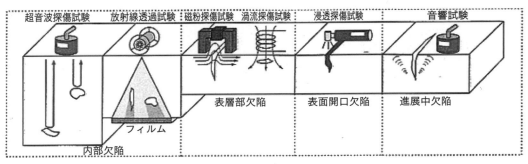

図 11.5.4　欠陥（キズ）の非破壊試験方法の使い分け
（非破壊検査（株）提供）

表 11.5.4　溶接における欠陥検出のための非破壊試験方法

試験方法	磁粉探傷	浸透探傷	渦流探傷	放射線探傷	超音波探傷
欠陥検出の原理	磁気吸引作用（漏洩磁束が生じ欠陥に磁粉が吸着する）	浸透作用（浸透液が浸透する）	電磁誘導作用（渦電流が変化し検出コイルの出力が変化する）	透過性（健全部と欠陥部の透過線量の差により欠陥を検出する）	パルス反射法（欠陥により反射された超音波を受信し欠陥を検出する）
対象とする欠陥の位置	表層部	表面	表層部	内部	内部
検出可能な溶接部の欠陥	割れ，ピンホール	割れ，ピンホール（表面に開口した欠陥）	割れ，ピンホール	ブローホール，溶込み不良，融合不良，一部の割れ，スラグ巻込み	ブローホール，溶込み不良，融合不良，割れ，スラグ巻込み，密集ブローホール

　自動車に使用される材料や部品の非破壊検査には，**マイクロフォーカス X 線**や **X 線 CT 装置**などのさまざまなタイプの X 線透過検査装置が使われている．物質の結晶構造の解明には **X 線回折装置**，残留応力の測定には **X 線応力測定装置**，元素の定性・定量分析には**蛍光 X 線装置**，ミクロ領域の元素分析には **X 線マイクロアナライザ**などが使われている．最近では高エネルギーの放射線発生装置もよく使われている．

　また，部品のメッキや塗膜の被膜厚さの計測，粉体成形の成形体や焼結体の密度分布計測，特に最近では燃料電池の電解質膜の製造管理にも使われている．これらの中には X 線以外に **RI**（**ラジオアイソトープ**）[23]からの β 線や γ 線を利用した装置もいくつか利用されている．以下では X 線応力測定装置の原理について簡単に見ておく．

11.5.5 X線応力測定法

X線は図 8.1.7 の紫外線の波長であり，また 11.4 節の放射線で示したように波長の短い電磁波で，その波長領域は広義には 0.1～100［Å］（100［eV］～100［keV］）程度である．X線は物質に対する透過能が高いことから，医療応用や工業材料の非破壊試験などに用いられるとともに，材料分析法としては**X線回折**[24]を用いた物質の構造解析や**蛍光X線分析**[25]を用いた元素分析が広く利用されている．

材料や構造物の強度評価に必要な残留応力の測定法としてX線応力測定法が用いられる．特性X線を多結晶材料に照射し，反射回折線の情報から応力を求める．結晶面の格子面間隔が応力によって変化するのを，ブラッグの条件を満足する回折角から格子面間隔の変化を，さらに計算により，ひずみや応力を求める．

X線応力測定法は，ある方向から特定の波長のX線（特性X線）を材料の表面に投射すると，X線は結晶の各格子面によって散乱することを利用している．**図 11.5.5** に示すように，波長 λ の入射X線と結晶格子面の角度を θ，その格子面間距離を d，n を正の整数とすれば，次式の関係が成立する．

$$2d \sin\theta = n\lambda \tag{11.5.3}$$

このとき，隣接する格子面からの散乱X線の位相が等しくなり，干渉して強めあう．すなわち角 θ の方向に強い回折現象が認められる．上式を**ブラッグの回折条件**，θ を**ブラッグ角**という．

X線が照射される材料が多数の微晶粒子で構成され，さらにそれぞれの向きがばらばらであれば，上式を満足する回折X線は円錐状の方向に反射される．このとき，入射X線の反対側に垂直に写真フィルムを置けば，デバイ環と呼ばれる円形の回折像が得られる．

試験材料に応力が作用したり，内部応力があると，X線の入射角度を変えた場合，デバイ環のプロフィルに変化が生じる．すなわち，材料が一様に弾性変形を受け内部応力が存在すると，材料を構成している結晶粒の格子面間隔が変化し，X線回折線は応力のない状態の反射位置から移動するとともに，その幅が広がる．この変化を精度よく捉えて材料のもつ応力を知る方法がX線応力測定法である．この測定法には主に写真フィルム法と計数管方式とがある．

1.1 節で紹介したトヨタ自動車（株）の**高エネルギーX線CT解析装置**はX線を応用した最先端技術の1つである．

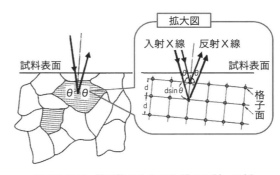

図 11.5.5 結晶格子からのX線の反射・回折

---

23) RIとは，Radio Isotope の略で，ラジオアイソトープと呼ばれ，「放射性同位元素」または「放射性核種」と訳される．アイソトープとは，元素の性格の規則性を示す周期表の同じ位置（同じ原子番号）を表し，ラジオアイソトープとは，アイソトープのなかで放射線を出すものをいう．つまり，アイソトープの中で陽子の数と中性子の数の兼ね合いから，原子核が不安定になるものが出て，原子核が不安定なので，外にエネルギーを放出して安定になろうとする．このとき，外に出てくるものが放射線で，放射線には α 線，β 線などの「粒子線」と X線，γ 線などの「光子線」がある．
24) X線回折（X-ray diffraction, XRD）は，X線が結晶格子で回折を示す現象で，1912年にドイツのマックス・フォン・ラウエがこの現象を発見し，波長の短い電磁波であることを明らかにした．
25) 蛍光X線（X-ray Fluorescence, XRF）とは，元素に特有の一定以上のエネルギーをもつX線を照射して，その物質を構成する原子の内殻の電子が励起されて生じた空孔に，外殻の電子が遷移する際に放出される特性X線のこと．

11.5.6 その他の材料計測法

その他の材料計測法として，ここでは材料表面の拡大観察装置の代表として **SEM**（Scanning Electron Microscope）と，その元素分析もできる装置として **EPMA**（Electron Probe Micro Analyzer）について**表 11.5.5** に示す．

表 11.5.5　SEM と EPMA の測定原理

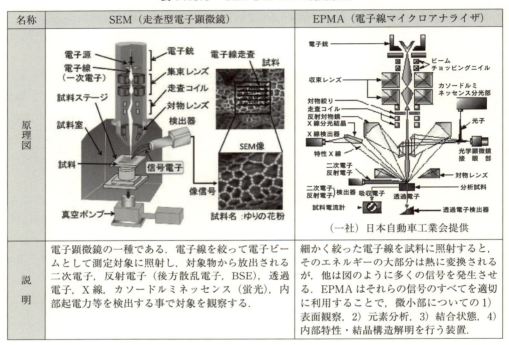

名称	SEM（走査型電子顕微鏡）	EPMA（電子線マイクロアナライザ）
原理図		（一社）日本自動車工業会提供
説明	電子顕微鏡の一種である．電子線を絞って電子ビームとして測定対象に照射し，対象物から放出される二次電子，反射電子（後方散乱電子，BSE），透過電子，X 線，カソードルミネッセンス（蛍光），内部起電力等を検出する事で対象を観察する．	細かく絞った電子線を試料に照射すると，そのエネルギーの大部分は熱に変換されるが，他は図のように多くの信号を発生させる．EPMA はそれらの信号のすべてを適切に利用することで，微小部についての1）表面観察，2）元素分析，3）結合状態，4）内部特性・結晶構造解明を行う装置．

12章 電気量の測定

12.1 電気量の測定

12.1.1 電圧・電流・インピーダンス・静電容量の測定

図 12.1.1 に示すように DMM（**デジタルマルチメータ**）と後述のオシロスコープは，主に回路の入力信号や出力信号の測定・観測に用いられるもので，電圧，電流，インピーダンスなど回路の動作状態を知るための計測器といえる．

DMM は抵抗 R [Ω] や，機種によっては静電容量 C [F] の測定もできるので，その点は **LCR メータ**と似ている．図 12.1.2 に示すように DMM と LCR メータの違いは，DMM は直流での特性を測定するのに対して，LCR メータは交流での特性を測定する点である．DMM は対象の回路に直流電流を流して，電圧 V [V] と電流 I [A] から抵抗 $R = V/I$ を計算してくれる．周波数に依存しない抵抗はこれで測定できるが，コイルやコンデンサの**インピーダンス**[1] Z [Ω] のように，周波数に依存する値は，この方法では測定できない．

LCR メータは，L（コイル），C（コンデンサ），R（抵抗）などの素子や回路に交流電流を流して，電圧，電流の振幅比と位相差からインピーダンスを計算する．さらに，そのインピーダンスと交流の周波数から，コイルのインダクタンス L [H]，コンデンサの静電容量 C を計算す

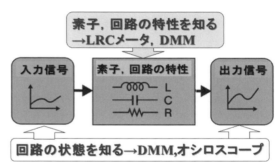

図 12.1.1 オシロスコープと LCR メータの違い

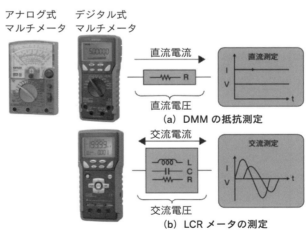

図 12.1.2 DMM と LCR メータの違い

---

[1] インピーダンス（impedance）は，交流回路におけるフェーザ表示された電圧と電流の比である．複素数であるインピーダンスにおいてその実数部をレジスタンス [1] または抵抗成分，虚数部をリアクタンスという．またインピーダンスの逆数をアドミタンスという．

る．LCRメータでは，抵抗とコイルを組み合わせた回路や，抵抗とコンデンサを組み合わせた回路の測定ができる．また単体の素子の測定でも，現実の素子がもつ理想値（インダクタンス L，抵抗 R，静電容量 C）と寄生成分の影響を合わせて測定し，それぞれに分けて表示できる．

オシロスコープ（oscilloscope）は，図12.1.3に示すように1つ，またはそれ以上の電圧（電位差）を2次元のグラ

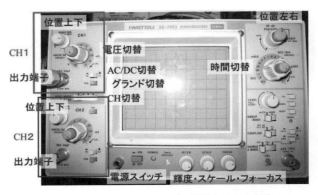

図12.1.3 オシロスコープの外観と主たる名称

フとして画面上に表示するオシログラフである．通常，画面表示の水平軸は時間を表し，周期的な信号の表示に適す．垂直軸は電圧を表す．人間の目では確認できない電気信号の変化を静止状態で観察できる．図のオシロスコープは，同時に2チャンネル（ch）の事象を観察できるものである．近年，画面はTVと同様にブラウン管から液晶に変わり，軽薄短小化されている．

12.1.2 電圧値の測定

電力の計算は演算器により行われるため，100［V］近傍の電圧を演算器が扱える電圧へ下げる必要がある．そこで必要となる法則が，有名な**オームの法則**と**キルヒホッフの法則**である．この2つの法則から，複数の抵抗を使用して入力電圧を意図した比で小さくすることが可能となる．

図12.1.4のように回路を構成することで，電圧変動に比例した値を取り出し，演算器へ入力することができる．

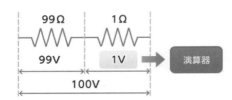

図12.1.4 電圧値の計算

例えば，図12.1.4のように抵抗99［Ω］と1［Ω］を直列に接続し，その両端の電圧を100［V］とすると，1［Ω］抵抗の両端には1［V］の電圧が現れる．仮に電圧が50［V］に低下した場合，1［Ω］抵抗の両端には0.5［V］の電圧が現れる．

12.1.3 電流値の測定

さて，次に電流はどのように計るのか．特殊なものを除き半導体は，大きな電流を流すことができない．そのため，流れる電流を電圧に変換し，演算器へ入力する必要がある．電流を電圧に変換するには，オームの法則により抵抗を挿入すれば簡単にできる．しかし，精度・品質・仕様などの制約があり，主に電流が流れることで発生する磁界の大きさを検出し，電圧に変換する方法が取られている（**アンペアの右ねじの法則**により，電流が流れるところに電流に比例した磁界が発生する）．このような**電流センサ**には，**CT**（current transformer），**ホール素子**などがあり，精度・品質・仕様を考慮して選択する．図12.1.5はCTセンサの概念図を示す．

CTは入力電流から，ある決められた比で小さな電流を出力する（1,000：1など）．この出力に抵抗を接続することで電圧として演算器へ入力することが可能となる．例えば，100：1の比をもつCTは電流が10［A］流れたとき，0.01［A］の電流を出力する．CTの出力に100［Ω］の抵抗を繋げれば出力1［V］となる．

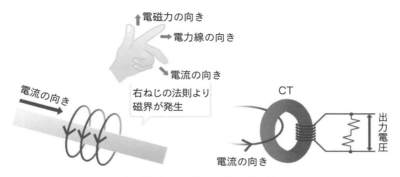

図 12.1.5 CT センサの概念図
（大崎電気工業（株）提供）

12.1.4 電力値の測定

　電気の使用量を計測する電力量計には**誘導形電力量計**がある．これは電力を円板の回転力に変えて，その回転数を積算して使用電力量を表す．**図 12.1.6** にそのメカニズムを示す．まず，電圧，電流が各コイルに流れる．すると円板に回転力が働き，円板が回転する．その回転が計量装置のギアに伝わり，電力使用量として数値化される．円板の回転力を作る電力，これは電圧と電流で求められる．よってそれらを受ける電圧コイルと電流コイルの2つの電磁石を，円板を挟むように設ける．これらのコイルはそれぞれ電圧，電流を流すことによって，電圧磁束と電流磁束を発生させる．これらの磁束を導体でできた円板に貫通させ，その磁束の変化を妨げる方向に誘導起電力（渦電流）が発生（これを**レンツの法則**と呼ぶ）し，その渦電流と各コイルから発生した磁束との電磁作用（**フレミングの左手の法則**）により回転力が生まれる．また，回転速度については制動磁石と呼ばれる磁極の間を円板が移動することで円板に逆向きの回転力が生じ，それがブレーキ力（制動力）となり，電力に比例した速度になるよう円板を制御している．そのほかにもさまざまな補償装置が付いており，これらの結果，電力に比例した回転速度で回転するため，正確な電力量が計測できる．

　次に，**図 12.1.7** に示す家庭に供給される**電子式電力量計**を見てみる．これは内部の電子回路により電力を計測する電力量計で，電力計算は，半導体という物質で構成された微細な電子回路内（演算器）で行われる．半導体は消費電力の軽減や処理速度の増加のために技術改良が行われ，現在，3〜6［V］程度で動作するものが主流となっている．実際，電力量計の中にある演算器（コンピュータ）によって，電流と電圧を掛け合わせて電力量を算出する．まず，演算器へ入力した電圧は，**A/D 変換**

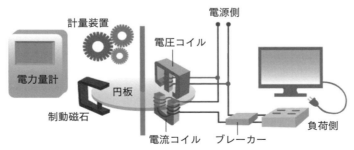

図 12.1.6 誘導形電力量計のメカニズム
（大崎電気工業（株）提供）

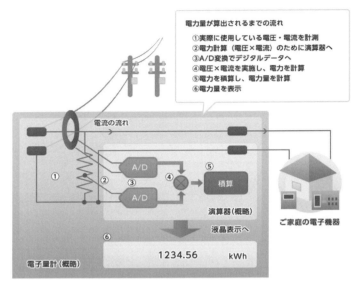

図 12.1.7 電力の算出の流れ
（大崎電気工業（株）提供）

（Analog/Digital conversion）という処理を行う．A/D 変換は，1.4.3 節で説明した**アナログ信号（連続信号）**から**デジタル信号（離散信号）**へ変換する作業をいう．A/D 変換を行うと，入力電圧は一般的に 00010100 の 8 桁（これを**ビット**（bit）という）の 2 進数によるデジタル・データになる．この A/D 変換によって演算器にとって非常に計算しやすい形となる．そのため，短時間で多くの計算を行うことが可能となる．ここでは，デジタル・データを 8 個の数値（8 ビット）で表しているが，実際には必要な精度により，より多くのビットを必要とする（1.00 [V] と表現するのか 1.001 [V] と表現するのかで計算結果に相違が出る）．このようにデジタル信号に変換した値を使って，掛け算を行い，電力を算出し，この電力を積算し電力量とする．電力量がわかれば，あとは表示の [kWh] という単位に合わせてデジタル信号を，私たちが普段使用している数値として電力量計の液晶へ表示する．

12.2 センサ増幅回路

12.2.1 増幅回路

図 12.2.1 に示すように，ある電気回路の入力側に微小な信号を入れた場合，出力側から大きな信号が現れたとき，その信号は「**増幅された**」という．そして，この電気回路を**増幅回路**（bridge circuit）という．この増幅回路を作る素子を**能動素子**[2]（active element）というが，能動素子にはトランジスタ，FET，IC などがある．IC の中でもアナログ IC の代表である**オペアンプ**（operational amplifier）[3] は増幅する際には欠かせない素子である．

---

2) 能動素子とは，電子回路をつくる部品のうちでトランジスタなどのように外部からエネルギーの供給を得て，増幅や発振などの作用を行うことのできる素子の総称である．能動素子の反対語を受動素子（passive element）という．受動素子は抵抗器・コンデンサ・コイルなど，供給された電力を消費・蓄積・放出する素子のこと．

12.2.2 ブリッジ回路

図 12.2.2 には**ブリッジ回路**（bridge circuit）の原理を示す．ブリッジ回路は，4つの**インピーダンス**（impedance）$\dot{Z}_1$, $\dot{Z}_2$, $\dot{Z}_3$, $\dot{Z}_4$ を菱形の各辺にもつように接続した電気回路をブリッジ回路という．測定器などでは G のところへ検出器が置かれる．G の振れがゼロになる条件は，次式が成立するときである．

$$\dot{Z}_1 \cdot \dot{Z}_3 = \dot{Z}_2 \cdot \dot{Z}_4 \qquad (12.2.1)$$

このとき，<u>ブリッジは平衡である</u>という．図 12.2.2 の $\dot{Z}_1$, $\dot{Z}_2$, $\dot{Z}_3$, $\dot{Z}_4$ にさまざまなインピーダンスをもってくると各種のブリッジを作ることができる．ブリッジ回路には，**表 12.2.1** に示すように**ウィーン・ブリッジ**（Wien bridge）**回路**，**ホイートストン・ブリッジ**（Wheatstone bridge）**回路**，**マクス**

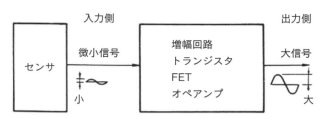

図 12.2.1 増幅回路の概要

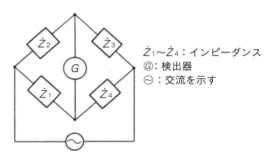

$\dot{Z}_1 \sim \dot{Z}_4$：インピーダンス
Ⓖ：検出器
⊖：交流を示す

図 12.2.2 ブリッジ回路

ウェル・ブリッジ（Maxwell bridge）**回路**などがある．最もよく知られているブリッジ回路は，電気抵抗の計測に使われるホイートストン・ブリッジである．ホイートストン・ブリッジによる未知抵抗の測定は零位法であるため，誤差が少ない精密測定に効果的であるので，7.2.4 項で述べたひずみの測定などにも利用される．マクスウェル・ブリッジは，電気抵抗と静電容量をある値に置き，それを利用して未知のインダクタンスを求めるために使用されるホイートストン・ブリッジの一種である．

12.2.3 振動センサの増幅回路

9.3.2 項で見たように，**振動センサ**には**圧電素子**が使われている．この圧電素子の出力信号は ± 0.2 [V] 程度のアナログ信号であるので，増幅する必要がある．**振動センサの増幅回路**を図 12.2.3 に示す．オペアンプを図のように使って，振動センサからの微少信号をトリガ的なパルスに増幅する．トリガ的なパルスをそのままマイコンへ入力してもマイコンが理解できないので，トリガ・パルスのパルス幅を $1 \sim 3$ [m/s] 程度のパルス幅に拡張してやる．このためにパルス幅変換回路がある．

12.2.4 フォト・トランジスタとその増幅回路

1.4.5 項で見たフォト・トランジスタは，光センサとして使われる．そこで，フォト・トランジスタの増幅回路について見てみる．まず，トランジスタを用いる場合である．図 12.2.4（a）は NPN トランジスタを用いた場合，図（b）は PNP トランジスタを用いた場合である．それぞれコレクタ接地の場合とエミッタ接地の場合を示す．図 12.2.5 に示すような2つのトランジスタの接続方法を**ダーリントン接続**という．ダーリントン接続については 12.5.2 項で述べる．

---

3) オペアンプは演算増幅器と訳され，OP アンプと略称される．非反転入力端子（＋）と反転入力端子（－）と，1つの出力端子を備えた増幅器の電子回路モジュール増幅回路，コンパレータ，積分回路，発振回路など，さまざまな用途に応用可能である．

表 12.2.1　ひずみゲージによる測定例

種類		特徴の説明	図
ウィーン・ブリッジ回路	可聴周波数測定用	平衡するときの周波数 F_x は次式で与えられる． $F_x = 1/2\pi\sqrt{C_1 C_2 R_1 R_2}$	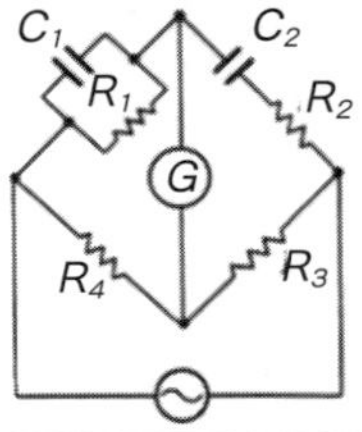
	静電容量測定用	平衡するときの静電容量 C_x は次式で与えられる． $C_x = C_s \cdot R_3 / R_4$	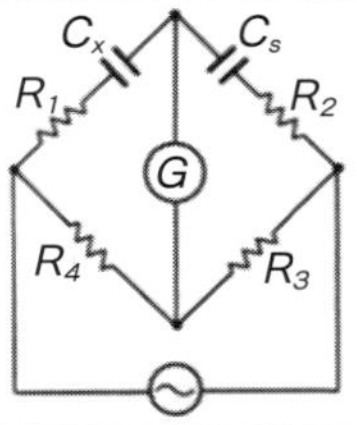
	容量センサとしての利用	静電容量型の C_x の部分を右図のようにすれば，非接触で導電金属の厚さやデコボコやキズなどを検出する容量センサとして応用することもできる．このときのブリッジ回路はまさにセンサ増幅回路といえる．	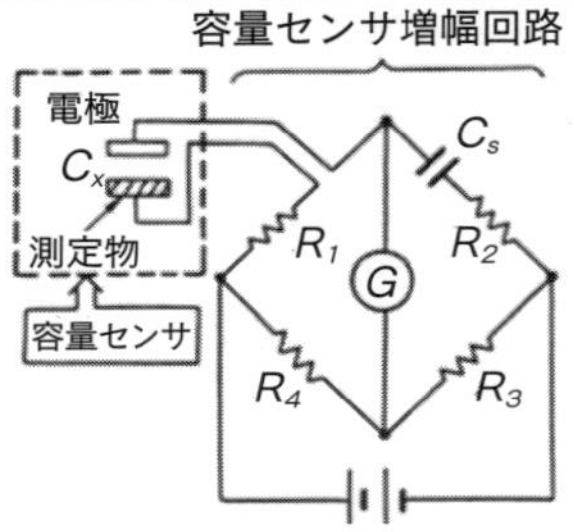
ホイートストン・ブリッジ回路		抵抗測定用のブリッジとして最もよく用いられるブリッジ回路で，高精度の測定には欠かせない．高精度測定する留意点を挙げてみると，まずブリッジを構成する素子自体の温度係数，各部の熱起電力，漏れ電流，接触電位差などがある．右図はサーミスタ（温度センサD33A）をブリッジの一構成要素とした場合のホイートストン・ブリッジ回路．	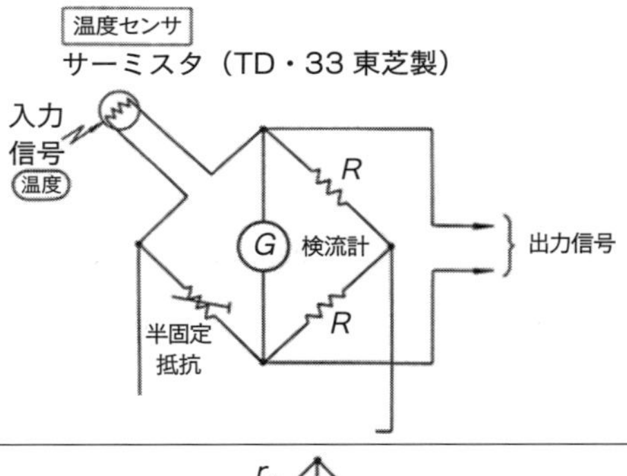
マクスウェル・ブリッジ回路		コイルのインダクタンスと抵抗を測定するブリッジ回路である．ブリッジが平衡になっているときは次式がなり立つ． $L_x = L_s \cdot R_1 / R_2$　および　$r_x = r_s \cdot R_1 / R_2$	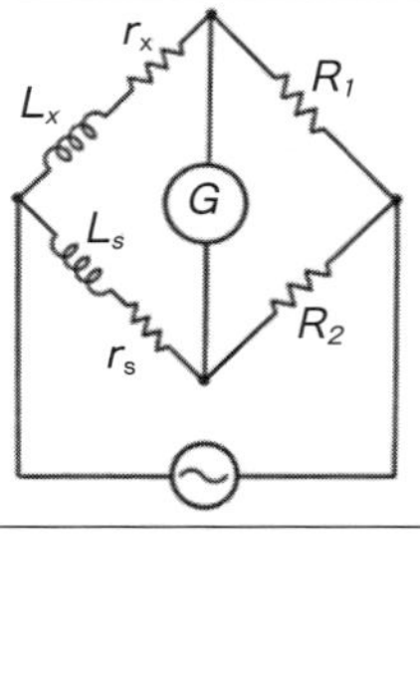

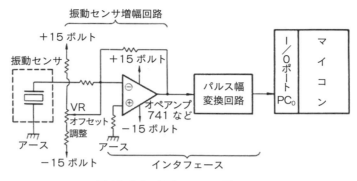

図 12.2.3 振動センサの増幅回路

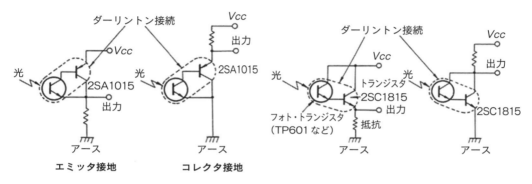

(a) NPN トランジスタ　　　(b) PNP トランジスタ

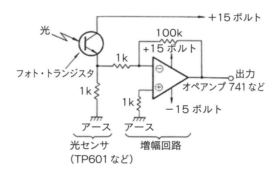

(c) フォト・トランジスタ

図 12.2.4 フォト・トランジスタ（光センサ）の増幅回路
（東芝半導体販売・技術資料）

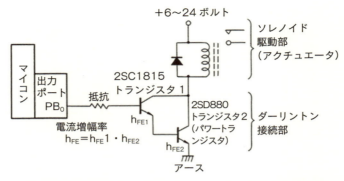

図12.2.5 ダーリントン接続はアクチュエータ駆動回路の花形
(東芝半導体販売・技術資料)

12.3 インタフェース

　図 **12.3.1** に示すように，コントローラ（マイコン）と機械との間で信号の授受を行うには，ダイレクトに電線でつなげばよいかというと，それほど簡単にはいかない．つまり，機械とマイコンとをつなぐには電線だけではダメで，その仲介をする仕組みやその基礎知識が不可欠ということである．これは機械とマイコンの間に限ったものではなく，センサとマイコン，あるいはマイコンとアクチュエータというように，メカトロニクスの6要素に関係する大切なことである．ここで，「**メカトロニクスの6要素**」[4] の取り扱う電気信号というのは，一体どういうものなのかを知る必要がある．

　電線には**シールド線**[5] を使用し，できるだけ短くするというのが原則である[6]．これは，モータやスイッチのオン・オフの回数が多いところではノイズが発生しやすいためである．このように，インタフェースを語る前に，電線といった目には入っているが気が付かないところまで配慮しないと，+5ボルトと0ボルトからなるデジタル信号（ただし，この場合はTTL・ICである）を取り扱うことができない．このように，マイコンと機器を結ぶには，いわゆる**インタフェース回路**（interface circuit）[7] の知識が必要となる．図 **12.3.2** に示すように，マイコンと機械をつなぐ場合，デジタルやアナログの電子回路がこのインタフェースを作るわけである．つまり，マイコンからの信号を機械がわかるような信号に変えたり，逆に機械からの信号をマイコンが理解できるデジタル信号にする回路全体をインタフェースというのである．

図12.3.1 コントローラ（マイコン）と機械との接続は単純ではない

---

4) メカトロニクスの6要素とは，本書では①マイコン（コントローラ），②センサ，③アクチュエータ，④インタフェース，⑤ソフトウェア，⑥インターネット（通信）を指す．
5) シールド線（shielded cable）とは，被覆付き導線の周りを細い導線や金属箔でくるんだ構造の導線で，外部の電磁的・静電気的なノイズが内部導線に入り込まなくなる．これには種々のものがある．
6) デジタル信号では，電線の長さはせいぜい30［cm］程度である
7) インタフェースというのは，もともと物を2つに切ったときの切り口の両断面の様子を意味する．

いわば，インタフェースとはマイコンと機械の仲介人といったところである．上述した電線の長さをさらに長くしたい場合，インタフェース回路によって30［cm］以上の信号伝送ができるようになる．このように，マイコンと機械をつなぐ場合，<u>各メカトロ要素がデジタル信号を取り扱うのかアナログ信号を取り扱うのか，またそれらの信号のレベルはどのようになっているのかを把握しておく必要がある</u>．

図12.3.2 インタフェースはマイコンと機械の仲介人

例えば，センサからマイコンへ信号を伝えようとする場合，センサ信号はアナログ信号かデジタル信号か，またその信号の電圧の大きさはマイコンの理解できるデジタル信号になっているのか，といったことを確認する必要がある．<u>前者の場合，**A/D変換技術**が必要であり，後者で電圧値が小さい場合はトランジスタなどで増幅するのである</u>．さらに具体的には，センサがリミット・スイッチからの単発的なパルス信号やエンコーダなどによる連続的なパルス列信号の場合，マイコンに直接信号を送ることができるが，より確実に信号を授受するには<u>**チャタリング防止**といった**ノイズ対策**</u>が必要となる．さて，サーミスタなどによる微弱なアナログの連続信号をマイコンで授受するには，まず微弱な信号を増幅し，次にA/D変換する．このようにセンサとマイコンとの電気信号のやり取りには，適切な処理が必要となるのである．

図12.3.3には，さまざまなセンサからの信号をマイコンに伝える様子を示す．センサからの信号は大別すると，リミット・スイッチなどによる**単発的なパルス信号**，エンコーダなどによる**連続的なパルス列信号**，サーミスタなどによる**アナログの連続信号**になる．各々の信号をインタフェースが処理して，マイコン用のデジタル信号にするのである．

一方，マイコンから機械などのアクチュエータに信号を伝えようとする場合，**図12.3.4**に示すように，リレーが動作するようにマイコンからのデジタル信号をパワー・アップしたり，モータのトルクや速度を制御するためのアナログ信号にするために，アクチュエータに応じた信号を出力しなければならない．

例えば，12.5節で述べるように，リレーを駆動させる場合，マイコンの出力ポートから出力される信号は1.7［mA］程度の微弱信号であるため，インタフェースで増幅やパワー・アップして，リレー

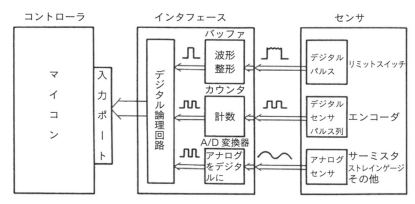

図12.3.3 センサからインタフェースへの仕事あれこれ

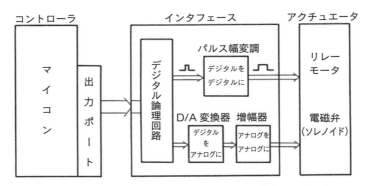

図 12.3.4　マイコンからインタフェースへの仕事のあれこれ

が動作する電流値にしてやる必要がある．デジタル信号をデジタル信号に，デジタル信号をアナログ信号に，アナログ信号をデジタル信号に，あるいは，アナログ信号をアナログ信号にしてやるのが**インタフェース**なのである．

12.4　コントローラ

12.4.1　コントローラ

コントローラ（controller）は，日本語にすると「**制御機器**」となる．ここで**制御**とは，JIS によれば，ある目的に適合するように，対象となっているものに所用の操作を加えることをいう．**図 12.4.1** は制御の分類を示す．

また例えば，**図 12.4.2** に示すように手動でモータのスイッチの ON，OFF をすることがモータ回転の制御といえる．これを**手動制御**という．このスイッチ操作を人の手を介さずに行うのが**自動制御**

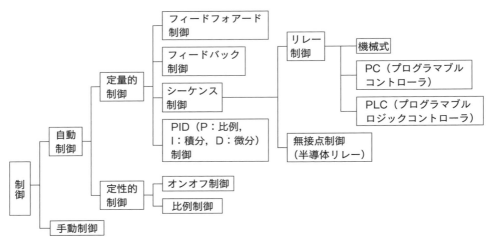

図 12.4.1　制御の分類

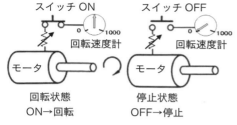

図 12.4.2　スイッチ操作が制御

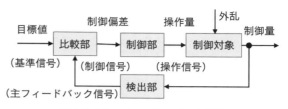

図 12.4.3　フィード・バック制御

(automatic control) である．ここで，モータの回転速度を一定にする制御や **PDI 制御**[8] を **定量的制御** (quantitative automatic control) といい，ON・OFF 制御を **定性的制御** (qualitative automatic control) という．

また，制御の対象になるもの（ここではモータ）を **制御対象** (controlled object) という．そして，目標として与えられた値（ここでは回転速度）を **制御量** (control amount) という．目標として与えられた値（ここでは 500 [rpm]）を **目標値** (target value) といい，制御対象に加える量（ここでは可変抵抗値）を **操作量** (operation amount) という．例えば，図 12.4.2 に示すように制御対象をモータ，操作量を可変抵抗，制御量を回転速度，目標値を 500 [rpm] とした場合，自動制御を行う制御対象全体を **自動制御系** (automatic control system) という．

自動制御は **フィード・バック制御** (feed back control) と **シーケンス制御** (sequence control) に大別される．前者は **図 12.4.3** に示すように，検出部で制御量を検知して，出力されたフィード・バック信号と目標値である基準値とを比較し，両者の差を制御（偏差信号対象）に必要な物理量に変換し，制御信号を制御対象にに合わせた物理量に変更して出力する．つまり，目標値とフィード・バック量を一致させる訂正動作を行う．後者のシーケンス制御は，あらかじめ決められた順序にしたがって，各段階の制御を 1 つずつ行うものである．運搬設備，工作機械，油圧や空圧を利用する FA 工場の現場では，**リレー制御**，**無接点制御**，そして **シーケンス制御** としてコントローラが主流になっている．その中でも **PLC**[9] は汎用性があり，機能や取り扱いの面でも非常に使い勝手が良いので，FA 工場の現場では不可欠のものになっている．

12.4.2　リレー制御

リレー制御[10] は，押しボタンスイッチやソレノイド・リレー（電磁継電器）などの接点をもった **有接点制御** のことで，**図 12.4.4** に示すような接点を用いた有接点回路による制御を **機械式リレー制御** (mechanical relay control) という．例えば，図中のスイッチなどをオン・オフにすることで，1 つの制御が行える．**接点** (contact point) には **表 12.4.1** に示すように 3 種がある．リレー制御による主な

---

8) PID 制御 (Proportional-Integral-Derivative controller) は，フィード・バック制御の一種で，現在値 (PV) と設定値 (SP) の偏差に比例した出力を出す比例動作 (Proportional Action：P 動作) と，その偏差の積分に比例する出力を出す (integral action：I 動作) と，偏差の微分に比例した出力を出す微分動作 (derivative action：D 動作) の和を出力し，目標値に向かって制御する方式である．
9) PLC (Programmable Logic Controller) はプログラマブル・ロジック・コントローラという制御装置で，ハードは一種のパソコンで，ソフトはラダー図でプログラミングする．
10) リレー (relay) とは，入出力間が絶縁（一部除く）されていて，入力小信号でさまざまな出力信号の制御を行うもので，継電器といわれる．

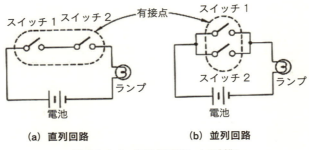

(a) 直列回路 (b) 並列回路

図 12.4.4 有接点回路による制御

表 12.4.1 接点構成

a接点	—o o—	接点が OFF 操作（電圧 OFF）で開き，ON 操作（電圧 ON）で閉じるもの．a接点はメーク接点またはノーマルオープンとも呼ばれる．
b接点	—o/o—	接点が OFF 操作（電圧 OFF）で閉じ，ON 操作（電圧 ON）で開くもの．b接点はブレーク接点またはノーマルクローズとも呼ばれる．
c接点	—o<o o—	接点が ON/OFF 操作（電圧 ON/OFF）で切り替わるもの．c接点はトランスファ接点と呼ばれる

利点を次に挙げてみる．

① 回路それ自体が単純であるから，簡単で正確な操作ができる．
② 単純な論理（オンかオフか）であるから，安定した特性をもつ．このため機器の信頼性を向上させることができる．

表 12.4.2 シーケンス制御用機器

操作用機器（制御対象の操作）	押しボタンスイッチ，切換スイッチ
制御用機器（制御対象の制御）	リレー，タイマ，PLC
駆動用機器（制御対象の駆動）	電磁接触器，電磁開閉器，SSR
検出・保護用機器	各種センサ
表示用機器	ランプ，LED，ブザー，ベル

③ 人間の頭脳の1つの役割である判断機能をこの接点により代行できる．

欠点として，スイッチやリレーなどはメーカ的動作をするから接点不良や寿命が短い，などの問題がある．シーケンス制御を行うためには表 12.4.2 に示すような機器が必要となる．

12.4.3 半導体リレー（無接点）制御

上述の機械式リレー制御に用いたソレノイド・リレーやスイッチなどの接触式リレーではなく，ダイオードやトランジスタ，後述するデジタル IC などの半導体の電気特性を利用したリレーを**無接点リレー**（non-contact relay）という．単に**半導体リレー**（semiconductor relay）ともいう．図 12.4.5 にはダイオードを用いた3入力 AND 回路で，プルダウン回路の様子を示す．このような回路による制御を**無接点制御**（non-contact control）という．機械式リレーでは接点の摩耗などによる寿命があるため，半導体に比べると信頼性やメンテナンスの面で致命的な問題がある．このため，半導体リレーも盛んに使われている．半導体リレーは長寿命，低駆動入力などの利点があるが，オフセット電圧や漏れ電流が大きいなどの問題点がある．最近ではこれらの欠点をかなり解決した MOS-FET を出力素子としたものが主流である．

無接点回路を用いることで，次のような利点がある．

① メーカ的な可動部がないため寿命が長い．振動や衝撃といった悪環境に強いため，信頼性が向上

する．

②小型化が可能で応答性もよくなる．

無接点制御を行うには**図 12.4.6**に示すように，**無接点回路**のほかに入力回路と出力回路が必要である．入力回路は無接点回路（**論理回路**[11]）への入力としてデジタル信号，つまり論理"H"（＋5ボルトのこと）と論理"L"（ゼロボルトのこと）で行う．したがって，論理回路を熟知する必要がある．出力回路はアクチュエータ駆動回路といって，無接点回路（論理回路）からの小さい出力信号を増幅する回路で，これによってリレーなどの比較的大きい負荷を駆動させるための回路である．

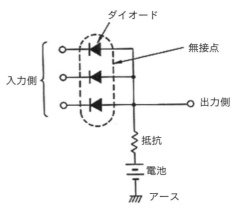

図 12.4.5 無接点回路によるリレー制御

ここで，無接点回路を用いたコントローラの一例を見る．**図 12.4.7**に示すように3つのモータが回転している．この図は3つのモータがすべて回ったとき，検出回路の発光ダイオード（LED）が発光するようになっている．モータが1つでも回転しないと，LEDは発光しない．こういった判断，指令をするのがコントローラである．この図 12.4.7 の場合，コントローラの役割をするのは **AND 回路**[12]である．

図 12.4.6 無接点制御を行うには

AND 回路の前にある**バッファ回路**[13]は，AND 回路に正常な信号を送るための緩衝器的な役割をするインタフェースである．検出回路は目に見えない電気の流れを私たちに知らせる役割をしており，

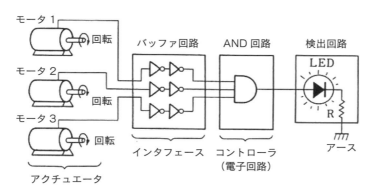

図 12.4.7 コントローラは AND 回路

---

11) 論理回路（logic circuit）は基本的には二進法の「0」と「1」による論理演算を行う電気回路で，これには AND，OR，NOT の基本論理と NAND，NOR の論理回路がある．正論理では「1」を真偽値の「真」に，負論理では「0」を真偽値の「偽」に対応させる．
12) AND 回路は基本的なデジタル IC 回路の1つである．
13) バッファ（buffer）を日本語にすると緩衝演算器となる．

これを**論理チェッカ**（logic check）という．

図 12.4.8 は AND 回路の原理を示すものである．図に示した回路でランプを点灯させる場合，スイッチ（以下，SW）を全部オン（以下 ON）にしないとランプは光らない．3 つの SW を ON にするとランプが点灯する．これが AND の原理である．この機能を **AND 機能** という．SW1ON かつ SW2ON かつ SW3ON という状態でランプがすべて ON する機能である．

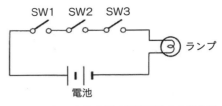

図 12.4.8 AND 回路の原理図上から見た図

図 12.4.7 に対応させると，SW がモータの回転信号になり，ランプが LED である．AND 機能を果たすのが AND 素子による AND 回路で，これがコントローラの役目をしている．

図 12.4.9 に AND 素子の概観と内部構造を示す．ここでは，通常の**デジタル IC**[14] というのは，図 12.4.9 から足（ピン）が 14 本あって，それぞれ足のピン番号が決められており，IC を動作させるのに 7 番ピンはアース，14 番ピンは直流（DC）5 ボルトの安定した電源が必要，ということを理解してもらえばよい．ここの SN7408 という IC の内部構造は 4 つの AND 素子があり，IC を上から見て目印[15] が左前にあり，反時計回りにピン番号がつけられている．

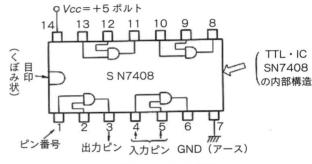

図 12.4.9 AND 素子

図 12.4.7 は電源の取り方や実際に電子部品間を配線したりする実装の仕方などを省略したものである．電気技術者が読む本ではそういった回路図だけで話が進んでいる．しかし，機械技術者にとってそれだけでは煙に巻かれたようなものである．そこで，**図 12.4.10** に図 12.4.7 の**実体配線図**を示す．このような実体配線図があると，どのような部品をどのように接続するのかが一目でわかり，自分で作ろうとするときに大変役立つ．本書では，このような実体配線図を必要に応じて取り入れた．

図 12.4.10 を実際に自分で作る場合，いきなり部品を基板上にハンダ付けして作る前に，その回路をチェックする必要がある．この場合，ハンダ付けの必要が無く，部品の差し替えが可能であるボード[16] がある．これを**ブレッド・ボード**（bread board）という．筆者がよく用いるのは**図 12.4.11** に示すような PB-101 型や PB-104 型である．試作用実験には便利である．

以上のように比較的簡単な操作をコントローラで制御する場合，デジタル IC による無接点回路が用いられ，シーケンス制御に組み込まれる．さらに，タイミングを遅らせたり，時間待ちあるいは連続指令といったような制御，つまり図 12.4.7 でモータ 1 が回ったらモータ 2 が回り，続いて 1 分遅れてモータ 3 が回るといったような制御を行おうとすると，単純な IC 回路だけではどうにもならなく

---

14) デジタル IC には，一般的に大別すると CMOS と TTL の 2 種類があり，ここでは TTL を指す．ちなみに，CMOS は内部回路が MOS-FET というユニポーラトランジスタで構成され，TTL はバイポーラトランジスタで構成されている．実用的な大きな違いは，CMOS の場合 3〜15 [V] とかなり広い電源電圧で動作するが，TTL は 5 [V] ± 5 % という狭い範囲の電源電圧でしか動作しないことである．

15) 目印は切りかきやくぼみになっている．

16) 例えば，サンハヤト，八坂貿易，パワーエース社などから市販されている．

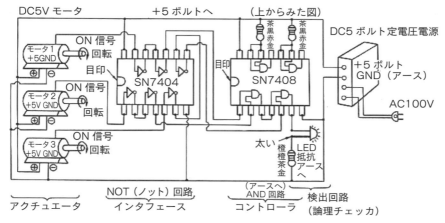

図 12.4.10 図 12.4.7 の実体配線図

なってしまう．こういう複雑な作業を人間の指令どおりに行うコントローラの代表がマイコンである．現場では**シーケンス・コントローラ**[17] の代表である PC（**プログラマブル・コントローラ**）[18] がよく使われる．マイコンや PC は全知全能ではないが，マイコンや PC を使いこなすことによって，かなり複雑な作業も可能にすることができる．

無接点リレーでシーケンス回路を構成するときの基本回路として，自己保持回路，インターロック回路，タイマ回路，フリッカ回路，優先回路などがある．

図 12.4.11 ブレッド・ボード
（サンハヤト（株）提供）

12.5 インタフェース（アクチュエータ駆動回路用）

12.5.1 アクチュエータ駆動回路

センサとマイコンの間のインタフェースとしてセンサ増幅回路があったように，アクチュエータとマイコンの間にもインタフェースがある．このインタフェースは，ここでは**アクチュエータ駆動回路**になるのである．

なぜ，アクチュエータ駆動回路が必要なのだろうか．マイコンそれ自体を動作させるためには，DCプラス 5 [V] で 2 [A] 程度の電源があれば充分である．ところが，マイコンの出力ポートとアクチュエータを直結して，アクチュエータを動作させようとしても，その出力ポート（LSI 素子 8255）か

---

17) シーケース・コントローラはシーケンス制御器と訳され，これは「あらかじめ定められた順序あるいは論理に従って制御の各段階を逐次進める制御」を行うものである．
18) PC（プログラマブル・コントローラ）は，PLC（Programmable Logic Controller）と呼ばれる．

ら出力される信号は 1.7 [mA] と非常に微弱なため，ダイレクトにアクチュエータを駆動させることなど徹底できない．

そこで，マイコンの微弱な信号でアクチュエータを駆動させるための回路が登場するわけである．その回路の主役は半導体などの能動素子である．例えば，トランジスタやサイリスタなどである．また，マイコンはノイズをひどく嫌うため，しばしばマイコン側とアクチュエータ側とを別々にする．この別々の仕方を**アイソレーション**（isolation）という．

12.5.2　ダーリントン接続

マイコンや一般の TTL[19]・IC 回路などからの信号は，通常 1.7 [mA] 程度の微弱な信号である．このとき発光ダイオードや IC ミニチュア・リレー程度ならば，バッファ IC で充分駆動させることもできるが，しかし，それ以上になるとバッファ IC では無理である．こういう際に，マイコンなどの信号を正確にソレノイドやエアシリンダのソレノイド・バルブといったアクチュエータに伝えるための駆動回路として**ダーリントン接続**（Darlington circuit）と呼ばれる方法がある．

図 12.2.5 にマイコンからの信号でソレノイド・リレーを駆動させる様子を示した．この図のトランジスタ 1 は駆動段といい，トランジスタ 2 は出力段という．このうち，トランジスタ 1 はパワー・トランジスタを用いる必要はないが，トランジスタ 2 はパワー・トランジスタを用いる必要がある．最近は，上述の駆動段トランジスタと出力段トランジスタをワンチップ内に組み込んだトランジスタも出てきている．これを**ダーリントン・トランジスタ**といい，TTL・IC などの小電流で数 [A] 程度の駆動能力をもっている．このため各分野でダーリント・トランジスタは用いられている．

図 12.5.1 は自動車用のダーリントン・トランジスタの使用例を示す．自動車の電源は 12 [V] ないし 24 [V] の低電圧バッテリーであるため，微小な入力信号で充分動作できるダーリントン・トラ

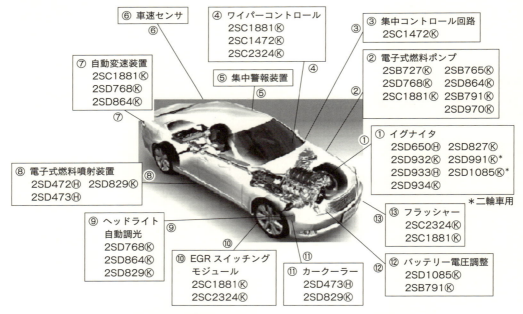

図 12.5.1　自動車用のダーリントン・トランジスタの使用例

---

19) TTL とは Transistor-transistor-logic の略で，バイポーラトランジスタと抵抗器で構成されるデジタル回路の一種．

ンジスタはさまざまな所に用いられている．特に自動車のイグナイタ用のトランジスタは，数百［V］のサージ電圧に耐えられなければならないので，ツェナ・ダイオードも合わせてダーリントン・トランジスタ上に組込だものもある．ダーリントン接続の電流増幅率 h_{FE} は次式で与えられる．

$$h_{FE} = h_{FE1} \cdot h_{FE2} \tag{12.5.1}$$

ここで，h_{FE1} はトランジスタ1の電流増幅率，h_{FE2} はトランジスタ2の電流増幅率である．

12.5.3 フォト・カプラの利用法

表 12.5.1 にフォト・カプラの外観と内部構造を示す．フォト・カプラにはフォト・トランジスタ・カプラとフォト・サイリスタ・カプラがある．これ以外にも種々のフォト・カプラがあることをお断りしておく．

これらのフォト・カプラによって，直流系の TTL・IC やマイコン側と交流系の負荷（小形モータ，リレーなど）とをアイソレーション（絶縁）できる．さらに，マイコンなどの CPU（中央処理装置）と端末機器との信号伝達ができる．また，電力用の絶縁トランスの1次側と2次側を介した信号伝達などに広く応用できる．この様子を図 12.5.2 に示す．

次に，フォト・カプラによるメリットを見てみる．まず，入出力におけるインピーダンス（抵抗成合）の不整合を解消することができる．さらに，入出力間の絶縁能力は飛躍的に向上する．絶縁耐圧（BVS at 1 分間）は AC2,500［V］である．また，誘導起電力を解消したり，ノイズを遮断するのに容易である．このほかに，IC 基板の占有面積の縮小化により実装密度を高くすることができ，信頼性向上によるメンテナンス・フリーになる，などのメリットもある．

さて，自動車の電子制御化が進んでおり，いくつかの電子部品が機能ごとにパッケージ化されたパッケージデバイスのニーズが高まっている．東芝をはじめ各社では，AEC-Q100/101[20] に適合した信頼性の高い製品群を各種車載アプリケーション向けに提供している．その事例として，メカリレー／ソレノイド駆動回路，LED コントロール回路，バッテリーセルバランス回路，ドライブ回路を図 12.5.3 に示す．また車載ラインアップも拡充している．

表 12.5.1 フォト・カプラの外観と内部構造

	外 観	内部構造	備 考
フォト・トランジスタ・カプラ			・4ピン（PIN） ・1チャンネル ・東芝 TLP521-1 相当
			・8ピン（PIN） ・2チャンネル ・東芝 TLP521-2 相当
			・6ピン（PIN） ・1チャンネル ・ベース端子付 ・東芝 TLP532 相当
フォト・サイリスタ・カプラ			・6ピン ・東芝 TLP541G 相当

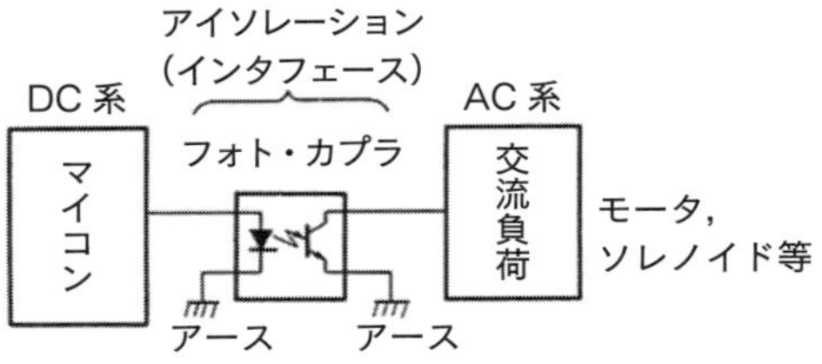

(a) DC 系と AC 系のアイソレーション・インタフェース

(b) マイコン（CPU）と端末機器の信号伝送インタフェース

図 12.5.2　フォト・カプラの応用例

　図 12.5.4 は，パッケージ技術のトレンドを示す．特に車載 MOSFET に関連して，12［V］バッテリーシステム・モータコントロール用をはじめ，多様な車載用途に向け，豊富なラインアップが提供されている．

　東芝パワー MOSFET は，低オン抵抗と高速スイッチングにより，セットの損失の低減や車載用アプリケーションの省エネに貢献している．次のような特徴を有する．

① 微細トレンチ加工技術の開発により，従来デザインに比べ低 RonA を実現．
② DPAK＋/TO-220SM（W）は Cu コネクタ構造を採用し，従来比約 2 倍の大電流通電能力を実現．
③ 175［℃］保証の AEC-Q101 に適合したラインアップを充実．
④ 60［A］以下の用途向けに，民生用途で実績の高い SOP 系パッケージラインアップの充実（SOP Advance, TSON Advance, PS-8）．
⑤ 全数アバランシェ耐量試験実施．
⑥ 静電破壊レベル向上のためにゲート・ソース間ツェナ・ダイオードを内蔵（一部製品は除く）．
⑦ Coss・Rs のチューニングにより VDS リンギングを抑制．EMI ノイズ低減に効果．

---

20) AEC（Automotive Electronics Council）とは，自動車向け電子部品の信頼性および認定基準のこと．半導体関連では，集積回路を対象にした「AEC-Q100」，トランジスタなど個別半導体を対象にした「AEC-Q101」がある．車載グレードの製品は，おおよそ「AEC-Q100」もしくは「AEC-Q101」に沿った規格になっている．動作温度範囲や振動，静電気，湿度，不良率，寿命，供給期間，サンプルの入手時期などで，一般の製品よりも厳しい基準をクリアしたものだけが車載グレードとなる．

12.5 インタフェース（アクチュエータ駆動回路用） 219

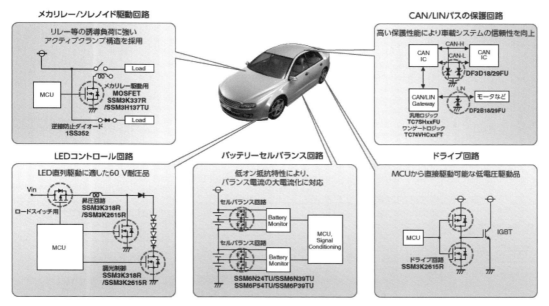

図12.5.3 車載用小型パッケージデバイス
（（株）東芝提供）

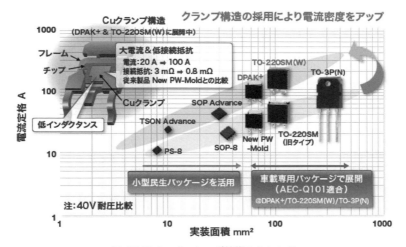

図12.5.4 パッケージ技術のトレンド
（（株）東芝提供）

索　引

【数字・英字】

0 次補間	54
1 次標準	32
2 次元（座標）測定機	119
2 次標準	32
2 色温度計	150
3 次元測定機	120
3 次元ソリッド CAD モデル	125
3 次標準	32
3 点式内側マイクロメータ	73
A/D 変換	203
AE	172
AE 計測	174
AE センシング技術	173
AND 回路	213
AND 機能	214
ANOVA	56
CAD	125
CALS	125
CAT	128
CTR	148
DMM	201
DNC	126
EPMA	200
EWS	126
FET	170
F 分布	53
GPS	159
GUM	31
in situ	173
ISO	31
JCSS	32
JIS	31, 35
JJY	159
Lanczos-n 補間	54
LCR メータ	201
MKS 単位系	35
M 形ノギス	65
NDT	196
NPL 式角度ゲージ	89
NTC	148
PDI 制御	211
PDM	125
phon	167
PLC	211
PSD	22
PTC	148
PZT	176
P パラメータ	103
Q-Q プロット	50
R パラメータ	103
SEM	200
Sinc 関数	54
SI 単位系	36
t 分布	53
W パラメータ	103
X 線	191, 199
X 線 CT 装置	198
X 線応力測定	199
X 線回折装置	198
X 線マイクロアナライザ	198

【ア行】

アイゾット法	194
アイソレーション	216
アクチュエータ駆動回路	215
アクティブ測定法	25
アコースティック・エミッション	172
圧電式加速度振動センサ	164
圧電素子	176, 205
アッベの原理	70, 84
圧力	140
圧力計	140
圧力式	145
圧力伝送器	142
圧力波	172
圧力発信器	142
圧力変換器	142
アナログ	14
アナログ式外側マイクロメータ	70
アナログ信号	14, 204
アナログ測定法	26
粗さ曲線	102
アーラン分布	53
アルカリ性	189
アンペアの右ねじの法則	202
板波	175
位置公差	108
位置センサ	15
インダクタンス	19
インタフェース回路	208
インピーダンス	201, 205
ウィーン・ブリッジ回路	205
上降伏点	139
渦流量計	185
内側マイクロメータ	72
内パス	63
うねり曲線	102
エアリー点	86
永久ひずみ	139
液体圧力計	140
液柱温度計	145
エコー	173
塩化リチウム露点計	157
円周分割基準	89
円筒ゲージ	100
円筒スコヤ	92
応答周波数	29
応答性	29
応力	196
応力-ひずみ線図	195
押し込み硬さ	196
オシロスコープ	202
音	166
オートコリメータ	97
音の大きさ	167
オペアンプ	204
オームの法則	202

オリフィス	184	完全流体	181	形体	108
音圧	166	感度	27	系統誤差	42
音響センサ	167	感度係数	27	計量	1, 10
音速	166	感度限界	27	計量法校正事業者認定制度	32
温度	145	ガンマ分布	53	ゲージ圧	140
温度計	145	管理図	50	ゲージ率	136
温度センサ	146	関連形体	108	ケルビン温度	145
温度単位	145	機械式リレー制御	211	限界ゲージ	82
音波	166	規格表	19	原器	31
		幾何公差	108, 112	検査	1
【カ行】		幾何分布	52	現示	31
		記述統計量	48	検出器	11
回帰係数	52	基準長さ	102	現象量	10
回帰分析	52	擬塑性流体	187	減衰	176
回帰分析	55	気泡管式精密水準器	95	現場力	1
階差数列	54	基本単位	36	高エネルギーX線CT解析装置	
回数計	162	基本統計量	47		199
外挿法	54	基本量	24	光学式変位測定装置	22
回転計	162	吸収率	152	工業計測	10
回転式距離計	8	キュービック補間	54	工業量	9
回転数	162	教示再生	126	工具顕微鏡	119
回転センサ	19, 162	共振法	174	公差	57, 108
回転速度	162	狭帯域放射温度計	150	公差域	108
回転力	135	共分散	55	公差付き形体	108
カイ二乗分布	53	曲線近似	53	校正	31
ガウス分布	43, 53	キルヒホッフの法則	152, 202	合成標準不確かさ	32
角速度	162	近接センサ	17	鋼製巻尺	61
拡大器	11	金属酸化物系湿度センサ	155	広帯域放射温度計	150
拡張不確かさ	32	金属熱量計	158	公転	159
確度	28	空気マイクロメータ	75	光電センサ	18
角度ゲージ	89	偶然誤差	42	硬度	196
角度定規	93	クォーツ時計	159	こう配角	100
角度測定	58	矩形分布	53	光波基準	59, 61
角度比較検査器	100	組み立て	1	降伏応力	139
確率的誤差	42	組立単位	35	降伏現象	139
確率分布	52	組立量	24	高分子系湿度センサ	155
確率密度関数	43	組付け	1	高臨界レイノルズ数	182
かさ密度	142	クライアント・サーバ・システム		氷熱量計	158
加速度	163		126	国際原子時	159
硬さ試験	196	クリギング	54	国際実用温度目盛	145
傾き	52	蛍光X線分析	199	国際標準化機構	31
かたより	43	形状公差	108	黒体	151
可聴周波数帯域	166	形状精度	104	誤差	41, 46
可聴範囲	172	形状測定	58	誤差伝播	44
カルマン渦	185	計装	10	誤差の3公理	42
間隔測定	159	計測	1, 4, 10	固有単位	135
環境放射線	191	計測器	10	コントローラ	210
環状検定器	134	計測技術	3	コンベックス	61
環状ばね型力計	134	計測精度	3		
間接測定法	23	計測評価設備	3		

索 引 223

【サ行】

最確値	44
再現性	28
最小外接円中心	113
最小二乗円中心	113
最小二乗法	52
最小領域円中心	113
最大内接円中心	113
最頻値	48
サインバー	98
座屈試験	196
差動トランスの差動原理	76
座標	39
サーボ式	164
サーミスタ	15, 146
三角分布	53
三角法	100
残差	43
算術平均	42
酸性	189
三点法	111, 116
散布図	55
散布度	48
時間	159
時間周波数標準	159
磁気センサ	18
識別限界	28
次元	41
シーケンス・コントローラ	215
シーケンス制御	211
時刻測定	159
仕事率	135
指数分布	53
姿勢公差	108
下降伏点	139
シックネスゲージ	81
実時間	132
実体配線図	214
湿度	155
湿度センサ	155
実用標準	32
質量	133
質量流量	182
時定数	29
自転	159
自動制御	210
絞り	184
車両検査	1

シャルピー衝撃値	194
シャルピー法	194
重回帰分析	52
従属変数	52
周波数標準	159
周波数分析	168
充満式温度計	145
受信器	11
出力	10
手動制御	210
受動的計測方式	174
ジュロメータ硬さ	196
瞬間流量	182
ジョウ	64
蒸気熱量計	158
衝撃試験	194
情報のフィード・バック	129
触針式表面粗さ測定機	102
試料	42
試料標準偏差	44
試料平均	42, 50
シリンダゲージ	74
シールド線	208
真円度	111
真円度測定機	113
真球度	116
信号	11
身体尺	5
真値	41, 46
振動	163
振動センサ	205
真密度	142
信頼性	30
森林プロット	50
水素イオン（濃度）指数	189
推測統計	50
水平器	95
数値の丸め方	47
すきまゲージ	81
すきみ	92
スケール	61
スコヤ	91
スチール・プロトラクタ	93
ステッピングモータ式	162
ステラジアン	35
ストレインゲージ	15
スーパーフィシャル硬さ	196
スプライン補間	54
すべり	195
寸法公差	108

寸法精度	104
背圧式空気マイクロメータ	76
正確さ	45, 57
正確度	28
正規分布	43, 53
制御	210
制御機器	210
制御対象	211
制御量	211
静的測定	27
静電容量型	176
静電容量式露点計	157
静電容量変化型湿度センサ	156
精度	28, 45
正の相関	55
静ひずみ	27
製品公差	57
精密級温度計	158
精密さ	45, 57
精密天秤	133
精密度	28
赤外線サーモグラフィ	154
赤外線センサ	152
積算流量	182
接触誤差	87
接触測定法	25
接線応力	181
絶対温度	145, 157
絶対測定法	24
絶対粘度	186
接点	211
切片	52
説明変数	52
ゼーベック効果	149
繊維製巻尺	61
線基準	59, 61
線形補間	54
センサ	12
せん断応力	181
線度器	62
潜熱	158
線ひずみゲージ	136
相関	55
相関係数	55
相関図	55
操作量	211
双晶	195
相対湿度	157
増幅回路	204
増幅器	11

層流	182	チクソトロピー	187	電気マイクロメータ	76
測温抵抗体	146	縮み率	134	電子式圧力変換器	142
測定	1	チャタリング防止	209	電子式精密水準器	96
測定顕微鏡	119	中央値	48	電子式電力量計	203
測定値	41, 46	中性	189	電磁放射線	191
測定データ	47	鋳造	1	電磁流量計	184
測定範囲	28	超音波	166, 172	電磁力平衡方式	133
測定標準	31	超音波計測	173	点推定	50
測定量	10	超音波センサ	171	伝送器	11
速度	162	超音波探傷試験	174	伝達動力計	135
速度勾配	186	超音波探傷センサ	173	電波時計	159
測微顕微鏡	119	超音波流量計	184	天秤	133
塑性変形	195	超幾何分布	52	電流センサ	202
塑性流体	187	直尺	61	度, 分, 秒表記	88
外パス	63	直接測定法	23	透過法	174
ソフトウェア	125	直線性	28	等感曲線	167
疎密波	166	直線変位センサ	19	統計学	48
		直角定規	91	統計図表	50
【タ行】		直径法	111, 114, 116	等径ひずみ円	111
		通常大気圧	140	統計量	48
ダイアフラム	142	つる巻線	70	同軸度	115
対数正規分布	53	定格値	16	動的測定	27
体積流量	182	抵抗温度計	158	動粘度	186
代表値	48	定誤差	42	動ひずみ	27
ダイヤルゲージ	77	低周波	166, 172	動力	135
ダイラタント流体	187	定性的制御	211	動力吸収	135
平マイクロメータ	70	ティーチング・プレイバック	126	動力計	135
耐力	139	定量化	3	特性要因図	50
多項式補間	54	定量的制御	211	特定2次標準	32
立ち上がり時間	29	低臨界レイノルズ数	182	特定標準	32
立ち下がり時間	29	てこ式ダイヤルゲージ	78	独立変数	52
縦波	166, 172, 175	デジタル	14	塗装	1
多変量正規分布	53	デジタルIC	214	トヨタ生産方式	1
ダーリントン接続	205, 216	デジタル式外側マイクロメータ		トルク	135
ダーリントン・トランジスタ	216		72	トレーサビリティ	31
たわみ	86	デジタル信号	11, 14, 204		
単位	31	デジタル測定法	26	**【ナ行】**	
単一角度基準	89	デジタルマルチメータ	201		
弾性限界	139	デジタル量	14	内挿法	54
弾性体	172	データ補間	53	長さ測定	58
弾性体圧力計	140	データム	108, 110, 115	長さの基準	59
弾性波	172	テーパ	100	流れ	181
弾性領域	195	テーパ角	100	二元配置分散分析	56
鍛造・焼結	1	テーパ・プラグゲージ	102	二項分布	52
端度器	61	テーパ・リングゲージ	101	二点法	116
単独形体	108	デプスゲージ	67	日本工業規格	10, 31, 35
端面基準	59	デプスマイクロメータ	67, 70	入力	11
断面曲線	102	転位	196	入力信号	10
力センサ	139	転移熱	158	ニュートンの粘性法則	181, 187
置換法	25, 84	電気抵抗変化型の湿度センサ	156	ニュートン流体	181, 187

索　引　225

ヌープ硬さ	196	万能測長機	84	フォト・ダイオード	18
ねじ	70	反応熱	158	フォト・トランジスタ	18
ねじマイクロメータ	70	反発硬さ	196	輻射	151
熱型赤外線センサ	152	汎用角度ゲージ	91	副尺	64
ネッキング	195	ピエゾ素子	176	不確かさ	31, 41
熱処理	1	比較器	84	フックの法則	134, 139, 195
熱電対	146, 149	比較測定器	75	物理量	9
熱放射	150	比較測定法	24, 77	歩留まり	44
熱容量	157	光AE計測型	176	負の相関	55
熱量	157	光センサ	18	負の二項分布	52
熱量計	158	比重	143	ブラッグ角	199
粘性	181	ヒストグラム	50	ブラッグの回折条件	199
粘性応力	181	ひずみ	134	ブリッジ回路	205
粘性係数	186	ひずみゲージ	135	ブリネル硬さ	196
粘性率	186	非接触カラーレーザ顕微鏡	107	振れ係数	27
粘性流体	181	非接触測定法	26	振れ公差	108
粘度	186	ひっかき硬さ	196	プレス成形	1
ノイズ	17	ビッカース硬さ	196	ブレッド・ボード	214
ノイズ対策	209	ピッチ	70	フレミングの左手の法則	203
能動素子	204	ビット	204	プログラマブル・コントローラ	
ノギス	64	引張・圧縮試験	194		215
ノズル	184	引張強さ	139	ブロックゲージ	79
伸び率	134	被導波	175	分解能	28
		ピトー管	183	分散	43, 48
【ハ行】		非ニュートン流体	181, 187	分散分析	55
		比熱	158	平均	48
歯厚マイクロメータ	70	非粘性流体	181	平均の分散	50
ハイトゲージ	68	非破壊検査法	172	平行度	115
バイプロット	50	非破壊試験	196	平面角	35
バイメタル	145	非ビンガム流体	187	ベクトルの外積	135
はかり	133	標準	31	へこみ	85
計る，測る，量る	1	標準化	31	ベックマン温度計	158
箔ひずみゲージ	136	標準器	31	ベッセル点	86
ハーゲン・ポアズイユの法則	188	標準尺	62, 119	ベルヌーイの定理	182
バーコール硬さ	196	標準電波	159	変位	163
パス	63	標準不確かさ	32	変位センサ	19
パスカル分布	52	標準偏差	43, 48, 57	偏位法	24
パターン放射計	150	標本	42	変換	11
白金測温抵抗体	147	表面粗さ	106	偏差	43
白金抵抗温度センサ	149	表面性状	105	ベンチュリ管	184
パッシブ測定法	25	表面波	175	ポアソン比	136
バッファ回路	213	秤量機構	133	ポアソン分布	52
波動	166	比例限界	139	ホイートストン・ブリッジ回路	
ハードウェア	125	ビンガム流体	187		136, 205
パルス幅	29	ファラデー電磁誘導の法則	184	ボイルシャルルの法則	143
パルス反射法	174	フィード・バック制御	211	棒形内側マイクロメータ	70
半径法	111	フォトIC	18	棒グラフ	50
半導体ひずみゲージ	136	フォト・インタラプタ	18	放射温度計	147, 152
半導体リレー	212	フォト・カプラ	217	放射性物質	191
万能試験機	196	フォト・センサ	17	放射線	190

放射束	151
放射能	191
放射率	151
膨張式	145
放物線補間	54
補外法	54
補間	54
補間法	54
母集団	42
補償法	25
母数	43
補正	43
母性原理	104
ボックスプロット	50
ボディ組付け	1
ポテンショメータ	20
母平均	42
ポリゴン鏡	93
ホール素子	202
本尺	64
ボンベ熱量計	158

【マ行】

マイクロフォーカス X 線	198
マイクロメータ	70
マイヤ硬さ	196
巻尺	61
マクスウェル・ブリッジ回路	205
丸め誤差	47
丸める	47
見える化	1, 3
見かけ密度	142
幹葉図	50
水熱量計	158
密度	142
無次元	41, 134
無接点回路	212
無接点制御	211
無接点リレー	212
メカトロニクスの 6 要素	208
メジャー	61
メートル	35
目盛円板	92
面精度	104
毛細管式粘度計	188
目的変数	52
目標値	211
モノトロン硬さ	196
モーメント	135

【ヤ行】

ヤード	35
ヤング率	134
有効数字	46
有接点制御	211
誘導形電力量計	203
ユニット検査	1
ユニバーサル・ベベルプロトラクタ	94
要約統計量	48
横弾性係数	138
横波	172, 175
ヨハンソン式角度ゲージ	89
より上位の測定標準	33
四点法	116

【ラ行】

ラグランジュ補間	54
ラジアン	35, 88
ラジウム	191
ラジオアイソトープ	198
ラム波	175
ランチャート	50
乱流	182
力学量	9
離散型確率分布	52
離散信号	204
立体角	35
リード	70
リード・センサ	17
リミット・スイッチ	15
流速	182
流体	181
流動熱量計	158
流量	182
流量計	183
流量式空気マイクロメータ	75
両球マイクロメータ	70
量子型赤外線センサ	152
リレー制御	211
輪郭曲線	102
輪郭ゲージ	118
輪郭度	118
零位法	24, 133
冷却式露点計	157
レイノルズ数	182
レベル	95
連続一様分布	53
連続型	175
連続型確率分布	53
レンツの法則	203
ローカル座標系	126
ロータメータ	184
ロータリ・エンコーダ	21, 162
ロックウェル硬さ	196
露点計	157
ロードセル	138
論理回路	213
論理チェッカ	214

【ワ行】

ワイブル分布	53
割出し円板	93
ワールド座標系	126

著者紹介

武藤　一夫（むとう　かずお）

[略歴] 1998年東京農工大学大学院工学研究科博士後期課程修了
[現在] 八戸工業大学工学部機械情報技術学科准教授・工学博士
武藤技術研究所（MIT）所長
[専攻] 精密機械，CAD/CAM
[著書] 『図解よくわかる機械加工』（共立出版）2012年
『図解CAD/CAM入門―CAD/CAE/CAM/CATによるモノづくりを解説』（大河出版）2012年
『進化し続ける トヨタのデジタル生産システムのすべて』（技術評論社）2007年
『実践　メカトロニクス入門』（オーム社）2006年
ほか多数

図解　よくわかる機械計測 Schematic Well Understood Mechanical Measurement 2016年10月25日　初版第1刷発行 2021年3月20日　初版第2刷発行	著　者　武藤一夫　©2016 発行者　南條光章 発行所　共立出版株式会社 〒112-0006 東京都文京区小日向4-6-19 電話　03-3947-2511（代表） 振替口座　00110-2-57035 www.kyoritsu-pub.co.jp 印　刷　新日本印刷 製　本　加藤製本

検印廃止
NDC 501.22
ISBN 978-4-320-08213-7

一般社団法人
自然科学書協会
会員

Printed in Japan

JCOPY　<出版者著作権管理機構委託出版物>
本書の無断複製は著作権法上での例外を除き禁じられています．複製される場合は，そのつど事前に，出版者著作権管理機構（ＴＥＬ：03-5244-5088，ＦＡＸ：03-5244-5089，e-mail：info@jcopy.or.jp）の許諾を得てください．

■ 機械工学関連書　　　　　　　　　　　　　　http://www.kyoritsu-pub.co.jp/　共立出版

工学公式ポケットブック 第2版	太田　博訳
機械工学概論	佐藤金司他著
詳解 機械工学演習	酒井俊道編
ヘルスモニタリング	山本鎭男編著
構造健全性評価ハンドブック	構造健全性評価ハンドブック編集委員会編
環境材料学	長野博夫他著
基礎 材料工学	渡邊慈朗他著
機械系の基礎力学	山川　宏著
有理連続体力学の基礎	徳岡辰雄編
基礎と応用 機械力学	清水信行他著
弾性力学	荻　博次著
わかりやすい材料力学の基礎 第2版	中田政之他著
かんたん材料力学	松原雅昭他著
工学基礎 材料力学 新訂版	清家政一郎著
演習形式 材料力学入門	寺崎俊夫著
材料力学 第2版	清水篤麿著
詳解 材料力学演習 上・下	斉藤　渥他著
新形式 材料力学の学び方・解き方	材料力学教育研究会編
複合材料の力学	岡部朋永他訳
破壊力学	小林英男著
破壊事故	小林英男編著
超音波による欠陥寸法測定	小林英男他編集委員会代表
衝撃工学の基礎と応用	横山　隆編著
基礎 振動工学 第2版	横山　隆他著
構造振動学	千葉正克他著
機械系の振動学	山川　宏著
わかりやすい振動工学	砂子田勝昭他著
詳解 振動工学 基礎から応用まで	武田信之著
振動工学概論	明石　一著
機械材料 第2版	田中政夫著
改訂 機械材料	佐野　元著
金属材料の加工と組織	森永正彦他編
基礎 金属材料	渡邊慈朗他著
材料加工プロセス ものづくりの基礎	山口克彦他編著
機械技術者のための材料加工学入門	吉田総仁他著
機械・材料系のためのマイクロ・ナノ加工の原理	近藤英一著
ナノ加工学の基礎	井原　透著
機械工作法 I・II 改訂版	朝倉健二・橋本文雄著
先端機械工作法	末澤芳文著
実用切削加工法 第2版	藤村善雄著
新編 機械加工学	橋本文雄他著
図解 よくわかる機械加工	武藤一夫著
図解 よくわかる機械計測	武藤一夫著
基礎 精密測定 第3版	津村喜代治著
最新工業計測 新訂版	佐藤泰彦著
基礎 制御工学 増補版（情報・電子入門シリーズ2）	小林伸明他著
制御工学の基礎	尾崎弘明著
詳解 制御工学演習	明石　一他著
基礎 メカトロニクス	神崎一男著
工科系のためのシステム工学	山本郁夫他著
システム工学 エンジニアリングシステムの解析と計画	赤木新介著
基礎から実践まで理解できるロボット・メカトロニクス	山本郁夫他著
ロボットハンドマニピュレーション	川﨑晴久著
概説 ロボット工学	西川正雄著
ロボティクス 機構・力学・制御	三浦宏文他訳
身体知システム論	伊藤宏司著
工業熱力学の基礎と要点	中山　顕他著
工業熱力学 第2版	斎藤　孟他著
熱流体力学	中山　顕他著
基礎 伝熱工学	北村健三著
空力音響学 渦音の理論	淺井雅人他訳
ネットワーク流れの可視化に向けて交差流れを診る	梅田眞三郎著
流体工学と伝熱工学のための次元解析活用法	五十嵐　保他著
流体力学の基礎と流体機械	福島千晴他著
例題でわかる基礎・演習流体力学	前川　博他著
対話とシミュレーションムービーでまなぶ流体力学	前川　博著
工科系 流体力学	中村育雄他著
工学基礎 機械流体工学	中村育雄他著
流体工学の基礎	大坂英雄他著
詳解 流体工学演習	吉野章男他著
アイデア・ドローイング 第2版	中村純生著
わかりやすい機構学	伊藤智博他著
工学基礎 機構学 増訂版	太田　博著
技術者必携 機械設計便覧 改訂版	狩野三郎著
標準 機械設計図表便覧 改新増補5版	小栗冨士雄他著
JIS対応 機械設計ハンドブック	武田信之著
JIS機械製図の基礎と演習 第4版	熊谷信男他著
製図基礎 第2版	金元敏明著
気体軸受技術 設計・製作と運転のテクニック	十合晋一他著
配管設計ガイドブック 第2版	小栗冨士雄他著
CADの基礎と演習 AutoCAD 2011を用いた2次元基本製図	赤木徹也他著
はじめての3次元CAD SolidWorksの基礎	木村　昇著
SolidWorksで始める3次元CADによる機械設計と製図	宋　相樹他著
CAD/CAMシステムの基礎と実際	古川　進他著
CAEのための数値図形処理	金元敏明著